도란도란
탄소 이야기

유기화학 입문자들에게 들려주는

도란도란 탄소 이야기

윤용진 지음

자유아카데미

책을 펴내며

오늘날 인류는 첨단과학 덕분에 풍요로운 삶을 누리고 있습니다. 그리고 첨단과학의 중심에는 바로 화학이 있습니다. 그러한 이유로 화학을 중심 과학central science이라고 합니다.

생명과학, 나노과학, 재료과학과 같은 첨단과학 분야가 비약적으로 발전하면서, 화학 내에서도 이 모든 분야와 연관되는 유기화학이 차지하는 비중이 또한 더욱 높아졌습니다. 유기화학은 다른 화학 분야보다 범위가 넓고 양이 방대합니다. 따라서 화학에 관심을 가지거나 전공하려는 이들도 유기화학을 어려워합니다.

유기화학은 '탄소 화합물의 화학'이라고 정의합니다. 따지고 보면 유기화학은 탄소가 자신의 언어로 쓰고, 표현하는 '탄소의 몸짓 그 자체'입니다. 따라서 유기화학은 탄소를 이해하는 것부터 시작해야 합니다.

이 책에서는 탄소의 이해로부터 시작하여, 유기화학을 공부하면서 만나게 되는 기본적인 질문에 대해서 답하고자 합니다.

왜 탄소는 다른 원소들보다 더 특별한가?

유기화학에 필요한 기초 이론은 무엇인가?

유기물의 이름은 어떻게 붙이나?

다양한 유기 분자는 어떻게 표현하나?

유기물의 반응성은 어떻게 이해할 수 있나?

유기물의 구조는 어떻게 알 수 있을까?

유기화학을 처음 접하는 분들을 위해, 최대한 쉽게 읽을 수 있도록 서술하였습니다. 모쪼록 이 책이 유기화학을 쉽게 이해하고 좋아할 수 있는 계기를 만드는 입문서가 되길 바랍니다.

아울러 이 책이 출판될 수 있도록 도움을 주신 자유아카데미에 깊은 감사를 드립니다.

2022년 초가을에

차례

제3강 유기화학에 필요한 화학의 기초 이론

제4강 유기 분자의 이름은 체계적이다

제5강 유기 분자는 다양하게 표현한다

제6강 유기화학은 작용기 화학이다

제7강 탄화수소는 지방족과 방향족으로 구분한다

제8강 산소와 질소 작용기의 반응은 다양하다

제9강 생체 물질은 다작용기 분자이다

제10강 유기 분자가 금속을 만나다

제11강 빛이 구조 정보를 제공한다

제1강

삶의 중심에 유기물이 있다

살아 있는 유기체들은 유기 화합물로 만들어져 있습니다. 사람의 피부, 근육 및 머리털을 만드는 단백질, 유전 물질인 DNA, RNA, 우리가 섭취하는 음식물, 치료용 의약품, 합성 섬유 및 자동차 타이어 등 모두가 유기물입니다. 유기물은 탄소를 중심으로 만들어진 물질이며, 이런 물질들을 연구하는 분야가 곧 유기화학organic chemistry이죠. 따라서 얼마간의 유기화학 지식은 우리의 삶을 이해하고, 질을 높이기 위해서 필요합니다. 그러나 유기화학이 그저 화학이나 관련 학문을 전공하는 사람들만 다루는 전문 분야로 인식되고 있으니 아쉬울 따름입니다.

탄소 화합물을 연구하는 유기화학이 화학의 한 분야가 된 이유는 무엇일까요? 초기 인류에게는 생존을 위해 이용할 수 있는 것과 그렇지 않은 것을 구별하는 것은 중요한 일이었습니다. 예를 들어 '나무 열

매나 채소는 먹을 수 있지만 흙이나 돌은 먹을 수 없고, 나무나 풀은 태워서 따뜻하게 할 수 있지만 돌이나 흙은 태울 수 없다' 등으로 말이죠. 이런 지식은 오랜 세월 동안 수많은 경험에서 얻어지고, 축적되었습니다. 인류의 지식이 축적되면서 이런 물질의 본질에 대해 알기 시작했죠. 살아 있는 유기체에서 나오는 물질에는 '생명의 본질'이 있다고 믿었습니다. 이 이론이 곧 생기론vitalism입니다.

생기론을 바탕으로 유기체에서 얻을 수 있는 물질을 유기물organic substance, 有機物이라고 했습니다. 반면에 생명력이 없는 무기체로부터 얻어지는 물질은 무기물inorganic substance, 無機物이라고 불렀죠. 유기물에는 생명력이 있다고 생각했기 때문에 유기물은 실험실에서 다루기도 어려우며, 또한 합성되기 어렵다고 생각했습니다. 그러나 1800년대 초에 비누를 만드는 과정에서 글리세린glycerin과 지방산fatty acid이 분리되기도 하였고, 무기 염인 사이안산 암모늄ammonium cyanate($NH_4^+OCN^-$)을 가열하여 요소urea($(H_2N)_2C{=}O$)를 합성해내기도 했습니다. 요소는 소변에서 발견되기 때문에 유기물입니다. 이런 몇 가지 실험적인 결과로 인해 생기론은 타격을 입기 시작했죠.

시간이 지나면서 생기론과 반대되는 결정적 증거들이 많이 나타났습니다. 결국 과학자들은 물질을 어디서 얻든지, 또한 크기나 종류에 상관없이 모든 물질의 거동을 동일한 원리로 설명할 수 있다고 생각하게 되었습니다. 즉 유기 화합물과 무기 화합물의 근본적인 차이가 없다는 것을 알게 되었습니다. 유기물과 무기물을 구별하는 특성은 단지 모든 유기물에는 탄소가 포함되어 있다는 것뿐입니다.

오늘날에는 물질 구조의 기본 골격이 탄소로 이루어진 물질을 유

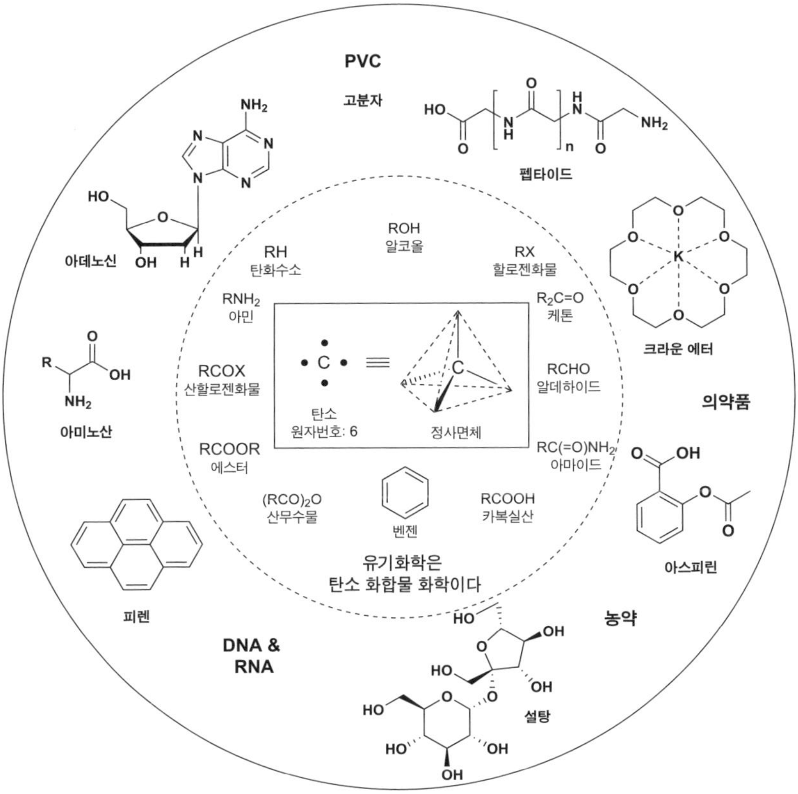

그림 1.1 탄소와 유기 화합물

기 화합물organic compound, 有機 化合物이라고 합니다. 이런 유기 화합물을 다루는 학문 분야가 곧 유기화학입니다.

유기화학을 연구하는 데에는 많은 이유들이 있겠죠. 그러나 가장 큰 이유는 생명현상은 물론 주변의 유기 화합물의 세계를 원자와 분자의 관점에서 독특하고도 매우 훌륭하게 해석해 낼 수 있기 때문일 겁니다. 실제로 유기화학을 경험한 사람이라면, 유기물의 다양한 변화를 유기화학 이론과 방법으로 쉽게 이해할 수 있다는 사실에 매혹될 수밖에 없게 됩니다. 유기화학은 탄소가 쓴 학문 영역인 셈이죠. 따라서 유기화학을 알려면 탄소의 속성을 아는 것이 중요합니다.

지구상의 탄소는 순환한다

탄소는 지구상의 대기와 물, 동·식물 그리고 흙이나 암석 등에 존재하며 끊임없이 순환합니다. 이러한 탄소의 순환carbon cycle은 지구의 화학적 및 열적 진화에 매우 중요합니다.

탄소는 지구환경에서 매우 다양한 형태로 존재합니다. 이산화 탄소carbon dioxide(CO_2)는 기체이며 열역학적으로 매우 안정한 분자입니다. 뿐만 아니라 생체 물질의 대사를 통해 만들어지는 최종 물질이기도 합니다. 탄소의 형태에는 이외에도 석유, 석탄, 탄산염 등이 있습니다. 이들 탄소 물질들은 여러 가지 경로로 끊임없이 순환하죠. 이런 탄소의 순환 과정을 조금 더 자세히 살펴볼까요?

녹색 식물은 이산화 탄소를 이용한 광합성을 통해 다양한 탄소 화합물을 만듭니다. 또한 이산화 탄소는 긴 시간 분해되고 퇴적 과정을 거쳐 석유나 석탄 같은 에너지원으로 변환되기도 하며, 물에 녹아 탄산 염carbonate salt으로 존재하기도 합니다. 녹색 식물은 광합성을 통해 무기물인 물과 이산화 탄소로부터 당sugar이나 셀룰로스cellulose 같은 유기물을 만들어 냅니다. 이렇게 생성된 유기물은 이들을 섭취하여 소화하는 생명체의 호흡(대사)을 통해 다시 이산화 탄소로 재생됩니다. 나머지 유기물은 생물체의 구성 성분으로 이용되어 먹이 사슬을 따라 이동합니다. 이렇게 전달된 유기물은 대사와 호흡을 통해 대기권으로 다시 방출됩니다.

한편 이산화 탄소는 화산 분출이나, 유기 탄소의 융기, 화석 연료의 연소 및 침식 등에 의해 대기권으로 공급되기도 합니다. 이산화 탄소는 대기권 구성 물질 중 네번째로 많은 성분입니다. 그렇다면, 대기권에서 이산화 탄소의 역할은 무엇이며, 또 양은 어떻게 조절될까요?

이산화 탄소는 수증기, 먼지, 산소 및 구름 등과 함께 태양 에너지가 지표면에 도달하는 것을 조절합니다. 실제로 지표면에 도달하는 태양 에너지는 50% 정도이며, 이 중 1% 정도만이 식물의 광합성에 이용됩니다. 한편 이산화 탄소는 태양 에너지를 가려 막는 역할 외에 다른 역할도 합니다. 지표면에 도달한 햇빛의 일부가 복사될 때 대기권의 수증기, 산소, 이산화 탄소가 이 복사열을 흡수합니다. 이 흡수된 열이 지표면으로 다시 복사되면 지표면의 온도가 상승하게 되죠. 이런 현상을 온실효과green-house effect라고 합니다. 이런 지구 대기권의 온실효과에 크게 기여하는 기체로는 수증기, 이산화 탄소, 메테인(CH_4), N_2O, CFCs 등 여러 물질이 지목되고 있습니다. 그 중에서도 이산화 탄소의 기여도가 가장 크다고 알려져 있습니다(지구온난화 방지 교토 회의, 1997).

대기권의 이산화 탄소는 다른 기체와의 화학 반응과 광합성을 통해 제거되거나, 물에 녹아서 제거됩니다. 또한 빗물에 용해되어 지표의 암석과 반응하여 제거되기도 하죠.

탄소는 암석에 훨씬 더 많이 존재하지만, 대기에 존재하는 이산화 탄소(CO_2)나 일산화 탄소(CO) 같은 물질이 더 중요한 의미를 가집니다. 이 물질들과 깊이 연관되어 있는 '지구 온난화'와 '온실효과' 등이 현대 과학의 중심어로 등장하고 있다는 것이 이를 증명합니다.

탄소(C)는 생명체의 중심 원소다

왜 굳이 탄소를 포함하는 유기 화합물의 연구가 화학의 한 연구 분야로 되었을까요? 이유는 생명현상을 가능하게 하는 모든 분자 골격이 탄소를 주요 원소로 이루어져 있기 때문입니다. 따라서 생명체 내에서 일어나는 화학반응은 곧 유기 화합물들의 반응이죠.

그렇다면 왜 생명체의 중심에 탄소가 있을까요? 그 이유는 아마도 유기물이 지구환경에서 안정하여 어디에나 존재할 수 있으며, 지구 화학적 순환이 쉽기 때문일 겁니다.

지구에 존재하는 생명체의 중심 원소가 탄소라면, 생명체에 필요한 수많은 유기 분자와 유기적인 조직들은 어디서, 어떻게 만들어졌을까요? 이런 생명 기원의 철학적 질문에 실험적으로 접근한 시도가 있었습니다. 이 실험이 밀러-유리 실험•입니다.

• **밀러-유리 실험**Miller-Urey experiment 초기 지구의 가상적인 환경을 실험적으로 만들어, 그 조건에서 화학 진화chemical evolution가 일어나는지를 알기 위한 실험이었다.

이들은 살균된 유리 실험 장치에 원시대기와 같은 조성의 수증기(H_2O), 메테인(CH_4), 암모니아(NH_3), 수소(H_2)를 넣고 전기 방전을 시켜 유기 물질이 합성되는 것을 확인했습니다. 밀러-유리 실험에서는 생명체에서 발견되는 20개의 아미노산 중 무려 13개가 생성되었습니다.

이후에도 이들과 연계된 실험들이 많이 이루어졌습니다. 원시대기에서 생성된 이들 유기물이, 현재의 지구 환경에서 안정한 물질들로 다양하게 변화되어 생명활동에 관여한다고 볼 수 있습니다. 따라서 지구상에 있는 생명체의 중심에 탄소가 있는 거죠.

그렇다면 이런 유기물의 다양성은 어떻게 가능할까요? 유기물의 다양성은 탄소의 특성 때문입니다. 이러한 탄소의 특성은 제2강에서 자세히 다루겠습니다.

유기화학에서는 무엇을 다루나

화학의 중심 장르로서 유기화학에서는 무엇을 다룰까요? 유기화학은 유기물을 다루는 화학입니다. 화학이 시작되던 초기에 유기물은 '살아 있는 유기체로부터 만들어지는 물질'로 정의했으나, 오늘날에는 이들과 더불어 사람들이 만드는 탄소가 중심인 물질(플라스틱 등)들도 포함됩니다. 그만큼 유기화학의 범위가 넓어졌습니다.

유기 화합물은 대부분 탄소(C)와 수소(H)로 구성되며, 그 외에도 질소(N), 산소(O), 할로젠(X), 인(P), 황(S) 등과 같은 헤테로 원자[••]들도 포함되어 있습니다. 이런 헤테로 원자가 포함됨으로써 유기물이 구조, 반응성 및 성질 면에서 더 다양성을 가지게 되었습니다. 분자 내의 결합 종류와 탄소와 헤테로 원자가 이루는 집단이 분자의 모양, 성질 및 반응성을 전적으로 좌우합니다. 따라서 이런 부분을 작용기functional group라고 하며, 대부분의 교과서도 작용기별로 유기화학을 다루고 있습니다. 작용기 화학을 잘 이해하면, 많은 유기화학을 이해할 수 있기 때문입니다. 따라서 유기화학을 작용기 화학functional group chemistry이라고도 할 수 있습니다.

유기화학에서는 유기 화합물들의 구조, 조성, 명명, 성질, 반응 및 제조(합성) 등을 다룹니다. 유기물은 탄소가 중심이 되는 물질이므로, 탄소 원자의 특성을 이해하는 것이 곧 유기화학의 시작입니다. 탄소 원자의 전자 구조가 유기물의 삼차원 모양(구조), 성질 및 반응 결과 등 많은 부분을 이해할 수 있게 하기 때문입니다.

특별히 '물질의 합성(제조)'이라는 영역이 유기화학을 매우 창조적인 과학이 되게 합니다. 오늘날 대부분의 유기화학자들이 새로운 화합물의 합성과 제조 방법의 개선에 많은 시간을 투자하고 있습니다.

한편 우리가 알고 있는 유기물의 숫자는 방대합니다. 이런 물질을 다루고 이해하기 위해서는 합당한 명명 규칙이 필요했습니다. 이 필요성은 IUPAC 명명법IUPAC nomenclature이라는 규칙으로 해결되었습니다. 이 명명법은 국제 순수 및 응용 화학 연합International Union Pure and

●● **헤테로 원자**heteroatom 탄소와 수소를 제외한 원소들

Applied Chemistry, IUPAC에서 제정하여 국제적으로 통용되고 있는 것입니다(제4강 참고).

유기화학은 어디에 이용될까요? 유기 화합물은 우리의 모든 일상생활에서 만날 수 있습니다. 액정화면 같은 많은 첨단 장치뿐 아니라, 의약품, 식품, 연료, 농약, 염료, 화장품, 세제 등 많은 부분의 중심에 유기 화합물들이 있습니다. 이런 유기 화합물들은 국가 경제 성장에 매우 중요하며, 또한 관련 학문 분야의 기초 학문으로서 매우 중요합니다.

유기화학의 과거, 현재 그리고 미래

유기화학은 근대 과학의 초기인 17세기 화학혁명기chemical revolution부터 시작되었습니다. '세상을 이루는 물질들은 수많은 화학종으로 이루어졌다'는 사실을 밝힌 것이 곧 유기화학의 시작이라고 볼 수 있죠. 근대 과학의 초기에는 생물과 유기물이 밀접한 관계를 가진다고 믿었으나(생기론), 프레드리히 뵐러Friedrich Wöhler, 1800~1882가 무기물(사이안산 암모늄)로부터 유기물인 요소(NH_2CONH_2)를 합성하면서 유기물이 독립된 화학의 연구 대상으로 부각되었습니다.

한편 1718년 프랑스의 조프루아Étienne François Geoffroy, 1672~1731가 친화력표affinity table라는 것을 발표했습니다. 이 표는 약산 물질들의 '결합력 순서'를 정리한 것입니다. 곧 물질들은 화학종들 사이의 어떤 힘

(즉 결합력)에 의해 만들어진다는 것을 인식한 결과였습니다. 이 결과를 시작으로 연구를 거듭한 끝에, 오늘날 우리는 분자가 원자들의 결합에 의해 만들어진다는 것을 알게 되었습니다.

18세기에 들어 이산화 탄소가 발견되었습니다. 이 사건을 화학혁명의 한 가지 이정표로 보기도 하죠. 아울러 공기가 여러 기체 성분들로 되었다는 사실도 알게 되고, 연소 이론combustion theory과 질량 보존의 법칙law of conservation of mass 등이 제안되면서 유기화학도 크게 발전하게 되었습니다.

오늘날 우리의 일상생활에는 다양한 유기 화합물이 이용되고 있지만, 19세기까지는 대부분의 유기 화합물은 자연계의 생물로부터 만들어졌고, 이들로부터 얻어지는 유기 재료를 생활에 이용해왔습니다. 20세기에 화학 기술과 방법이 놀랍게 발전하면서, 천연에서 순수한 유기 화합물을 분리하거나 실험실에서 새롭게 합성하기 시작했습니다. 아직도 상당량의 유기 화합물 자원을 자연에서 얻지만, 이들을 변형하거나 새롭게 창조하는 방법으로 엄청난 종류의 유기 화합물을 만들어 이용하고 있습니다.

유기 화합물은 공유 결합으로 이루어진 물질입니다. 따라서 새로운 유기 분자를 만들려면 출발 물질의 공유 결합을 분해하고, 생성물의 새로운 결합을 만들어야 하죠. 사실 선택적으로 특정 공유 결합을 분해하고 만든다는 것은 매우 정교한 기술이 필요합니다. 오늘날에는 이러한 합성 기술들이 놀라울 정도로 발전하였습니다.

유기물을 만드는 분야를 유기 합성organic synthesis이라고 합니다. 즉 유기 합성은 유기 분자의 제조 기술을 다루는 분야입니다. 유기 화학자들은 천연물 또는 자연에 없는 새로운 물질들을 합성하기도 합니다. 오늘날 일상에서 흔하게 접하는 비닐, 고분자, 의약품, 염료, 합성섬유, 조미료 등 수많은 유기물들이 합성된 물질들입니다. 예를 들어 아스피린aspirin이나 주목 나무로부터 얻는 항암제인 택솔도 실험실에서 합성합니다. 택솔Taxol($C_{47}H_{51}NO_{14}$)은 무려 47개의 탄소로 이루어진 거대한 천연 유기 분자입니다.

유기 합성은 '화학의 꽃'이며, 화학이 창조 과학이 되도록 합니다. 오늘날 합성 화학자들은 보다 나은 인류의 삶을 위해 친환경적이고도 지속가능한 합성 방법을 추구하는, 더 큰 목표를 지향하고 있습니다.

현대 사회는 온통 탄소 화합물로 둘러 쌓여 있습니다. 즉 유기화학이 우리 삶의 중심에 있게 되었습니다. 뿐만 아니라 생명과학, 의학, 약학, 나노과학 등의 첨단 학문이 발달하면서 유기화학은 더 중요하게 되었죠. 유기화학 지식이 없이는 생명과학이나 의/약학 및 나노과학 같은 관련 분야를 이해하거나 다룰 수 없습니다. 유기화학은 유기화합물을 다루는 모든 학문 분야에 요구되는 기초 지식이기 때문이죠. 유기화학 지식은 생명의 세계를 이해하고, 약물의 작용 기전을 밝히고, 나노 세계를 들여볼 수 있는 열쇠입니다. 유기화학을 배우는 것은 이런 물질들의 미지 세계를 알 수 있는 첫 걸음이 될 것입니다.

제2강

탄소는 특별하다

화학을 공부하려면 물질을 만드는 기본 단위인 원자부터 이해해야 합니다. 마찬가지로 유기화학을 공부하려면 유기물의 기본 구성 원자인 탄소에 대한 이해로부터 시작해야 합니다. 뿐만 아니라 화학 전반에서 사용되는 기초 지식과 화학의 언어도 알아야 합니다.

지금까지 알려진 5억 개 이상의 화합물의 대부분이 탄소를 포함한 화합물입니다. 왜 탄소 화합물의 수는 이처럼 많을까요? 무엇이 탄소 화합물을 이렇게 다양하도록 할까요? 이런 탄소의 다양성을 이해하기 위해서, 탄소 원자에 대해 자세히 알아봅시다.

무엇이 탄소를 특별하게 할까?

탄소가 특별한 이유는 무엇일까요? 즉 탄소는 어떻게 다른 원소보다 더 특별한 다양성을 나타낼까요? 이 질문의 답은 탄소의 전자 구조와 주기율표상의 위치로부터 찾을 수 있습니다.

탄소의 특성

- ☑ 원소 기호: C, 원자 번호: 6, 원자가전자 수: 4개
- ☑ 동위 원소: ^{12}C, ^{13}C, ^{14}C
- ☑ 다양한 원소(C, H, N, O, X, P, S등)와 결합할 수 있다.
- ☑ 단일 결합, 이중 결합, 삼중 결합을 형성할 수 있다.
- ☑ 탄소, 흑연, 다이아모드는 동소체다.
- ☑ 생명체를 구성하는 주요 원소이다.
- ☑ 탄소는 지구상 어디에나 존재하며 순환한다.

탄소의 영어 이름인 'carbon'은 숯을 의미하는 라틴어 'carbo'로부터 유래되었습니다. 우리말 이름인 탄소炭素 역시 일본어 '炭素'를 음독한 것으로, 숯(炭)에서 유래된 원소라는 뜻입니다.

탄소의 원자 번호는 6번으로, 주기율표에서 4A족에 속하며, 결합에 이용되는 원자가전자 수는 4개입니다. 이는 탄소가 최대 4개의 강한 공유 결합을 형성할 수 있다는 뜻입니다.

탄소는 일찍 알려진 원소이며, 탄소의 동위 원소에는 ^{12}C, ^{13}C 및 ^{14}C 등이 존재하죠. ^{12}C와 ^{13}C는 태양계가 형성될 때 생긴 대표적인 동

위 원소입니다. ^{12}C는 ^{13}C보다 반응성이 좋고, ^{13}C의 결합력은 ^{12}C의 결합력보다 강해서 생명체가 자유롭게 이용하기에는 다소 버겁죠. 따라서 지구상의 생물들은 ^{12}C를 주로 이용합니다.

한편 ^{14}C는 반감기•가 약 5730년인 방사성 동위 원소입니다. 탄소 화합물에 포함된 ^{14}C의 조성비를 측정하여, 그 화합물이 만들어진 연대를 측정할 수 있습니다. 이 측정법을 탄소 연대 측정법 또는 방사성 탄소 연대 측정법radiocarbon dating method이라고 합니다. 고고학의 유물 연대 측정에 가장 많이 이용되죠.

탄소는 우주 전체에서 수소(H), 헬륨(He), 산소(O) 다음으로 풍부한 원소입니다. 또한 우리 몸에서는 산소 다음으로 풍부합니다. 따라서 탄소는 안정하고도 다양한 유기 화합물을 만들 수 있어, 우리 삶과 밀접한 관련이 있습니다.

탄소, 흑연graphite 및 다이아몬드diamond는 모두 탄소만으로 구성된 물질로, 이런 물질들을 동소체••라고 합니다. 이들은 모두 상온에서 고체이지만, 흑연은 검은색으로 불투명한 반면 다이아몬드는 투명하고 아름답습니다. 흑연은 연해서 연필심으로 사용할 수 있지만, 다이아몬드는 천연물 중에서 가장 단단한 물질입니다. 또 흑연은 열전도율이 가장 높은 좋은 전도체이지만, 다이아몬드는 그렇지 않습니다. 흑연은 열역학적으로 가장 안정한 구조를 이루고 있어, 산소와 반응

• **반감기**half-life 방사성 동위 원소가 초기 양의 절반으로 변하는 데 걸리는 시간.

•• **동소체**allotrope 한 종류의 원소로 이루어졌으나 그 성질이 다른 물질로 존재할 때, 이들 여러 형태를 부르는 이름.

하려면 높은 온도가 필요합니다.

이 외에도 새롭게 합성하거나 흑연에서 분리된 탄소 동소체들이 더 알려져 있습니다. 이 새로운 탄소 동소체들은 각기 독특한 성질을 가지고 있어, 첨단과학 분야에서 다양한 연구가 이루어지고 있습니다. 그래핀•, 탄소 나노 튜브••, 풀러렌••• 등이 그 예입니다(그림 2.1).

탄소는 생명체의 기본 원소들인 수소(H), 질소(N), 산소(O), 황(S),

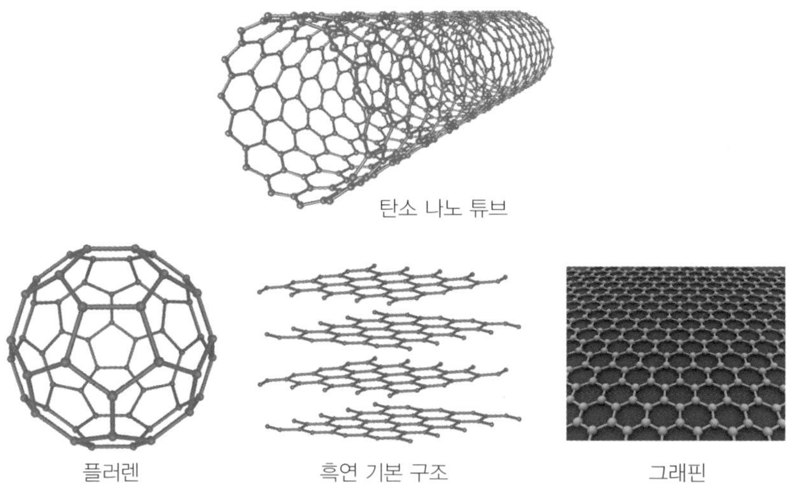

그림 2.1 탄소 동소체의 예

출처: 탄소 나노 튜브, 풀러렌, 흑연: Created by Michael Ströck (mstroeck), CC BY-SA 3.0, Wikimedia Commons / 그래핀: AlexanderAlUS, CC BY-SA 3.0, Wikimedia Commons

• **그래핀**graphene 탄소 원자들이 2차원 평면을 이루고 있는 구조물. 각 탄소 원자들은 육각형의 격자를 이루며 육각형의 꼭지점에 탄소 원자가 위치하고 있다.

•• **탄소 나노 튜브**carbon nanotube 그래핀 구조의 탄소로 된 원기둥 모양의 구조물.

••• **풀러렌**fullerene 탄소로 구성된 공 또는 타원형 구조물.

인(P) 등과 다양한 형태의 결합을 형성합니다. 이 결합들은 매우 안정합니다. 단백질의 기본 구성 요소인 아미노산amino acid은 탄소 골격 구조에 수소, 산소, 질소 및 황 원자들이 포함되어 구성되죠. 또한 유전과 관련된 DNA와 RNA도 탄소가 주요 원소이며, 수소, 질소, 산소, 인을 포함하고 있습니다. 뿐만 아니라 탄소는 같은 탄소 원소 간에도 결합하여 긴 사슬이나 다양한 고리도 형성할 수 있고, 다중 결합(이중 결합 및 삼중 결합)도 형성할 수 있습니다. 이러한 결합은 산소, 질소 황 및 인과도 가능합니다. 이렇게 다양한 결합 능력이 엄청난 수의 탄소 화합물이 존재할 수 있게 하는 다양성의 기초가 됩니다.

탄소의 결합

☑ **단일 결합** 탄소와 다른 원소들 사이에서 2개의 전자를 공유하여 만들어진 시그마(σ) 결합
예) C–C, C–O(N, S, P, X) 등

☑ **이중 결합** 탄소와 다른 원소 사이에서 1개의 시그마(σ) 결합과 1개의 파이(π) 결합으로 구성된 결합
예) C=C, C=O(S, N) 등

☑ **삼중 결합** 탄소와 다른 원소 사이에서 1개 시그마(σ) 결합과 2개 파이(π) 결합으로 구성된 결합
예) C≡C, C≡N 등

탄소 원자는 탄소를 포함한 다른 원자와 최대 4개의 시그마 단일 결합single bond을 형성할 수 있습니다. 이렇게 4개의 시그마 결합을 형성하는 탄소의 구조는 정사면체 모양을 합니다. 탄소는 다른 원소들

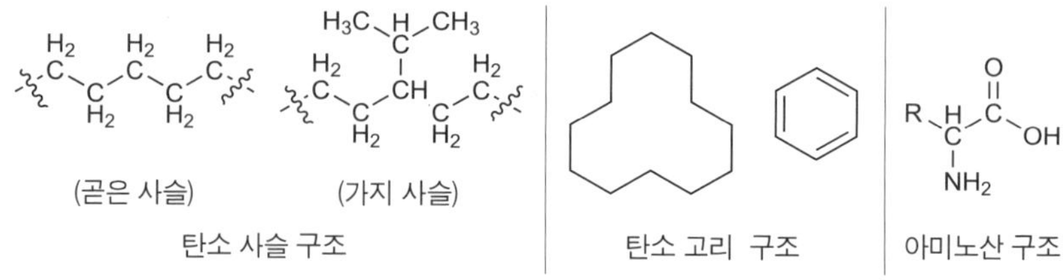

그림 2.2 탄소가 이루는 구조의 예

과 이중 결합double bond 및 삼중 결합triple bond 등을 형성할 수도 있습니다. 이중 결합을 하는 탄소 중심은 평면 구조를 이루고, 삼중 결합을 하는 탄소 중심은 선형 구조를 이룹니다. 따라서 탄소의 결합 형태에 따라 화합물의 구조도 달라지게 됩니다. 즉, 어떤 결합을 형성하는지가 곧, 분자의 구조(모양)를 결정하는 중요한 요소입니다.

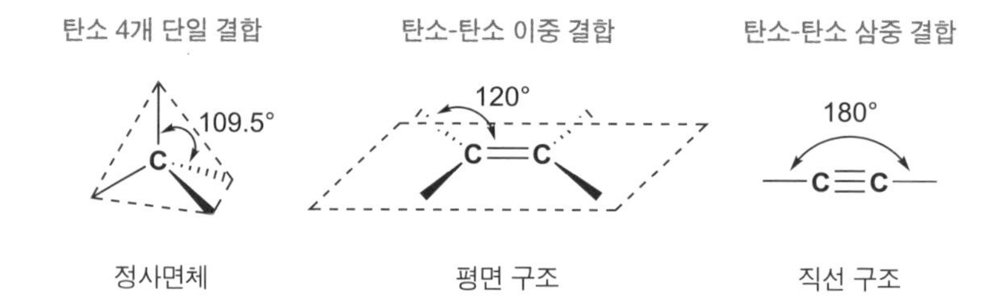

그림 2.3 탄소 결합에 따른 분자 구조

탄소는 어떻게 4개의 결합이 가능한가?

어떤 원자가 몇 개의 결합을 형성할 수 있는지를 예측할 수 있을까요? 가능합니다. 원자들이 가진 원자가전자 수를 알면 가능하죠. 공유 결합은 원자들이 원자가전자들을 서로 공유함으로써 만들어지기 때문이죠. 원자가전자valence electron는 핵으로부터 가장 멀리 있는 전자 껍질을 점유하고 있는 전자들을 말합니다.

탄소의 전자 배치를 살펴봅시다. 탄소는 원자 번호와 같은 6개의 전자를 가지고 있습니다. 이 6개의 전자는 핵에 가장 가까운 오비탈(1*s*)에 2개, 그리고 그 다음으로 핵으로부터 더 멀리 떨어져 있는 전자 오비탈(2*s*와 2*p*)에 4개의 전자를 가지고 있습니다. 이런 탄소의 전자 배치를 $1s^2 2s^2 2p^2$로 표시합니다. 총 6개 전자 중에서 결합에 이용되는 4개의 전자는 핵에서 더 멀리 있는 오비탈(2*s*와 2*p*)에 존재합니다. 이들 4개 전자를 원자가전자라고 하죠. 이 4개 원자가전자는 홀 전자*로 존재하므로, 다른 원자의 원자가전자와 각각 4개의 공유 결합을 형성할 수 있습니다. 하나의 공유 결합은 두 원자가 한 개의 전자쌍electron pair을 공유함으로써 형성됩니다. 따라서 하나의 탄소 원자는 각기 다른 4개의 원자와 4개의 공유 결합을 할 수 있죠.

그렇다면, 탄소가 이루는 모든 결합은 동일한 공유 결합일까요? 즉 4개의 결합은 모두 단일 결합일까요? 대답은 그럴 수도 있고, 아닐 수

* **홀 전자**odd electron 쌍pair을 이루지 않은 체 홀로 존재하는 전자

도 있습니다.

예를 들어 에테인ethane(H_3C-CH_3)인의 7개 결합은 모두 단일 결합(C−H와 C−C)으로 이루어져 있습니다. 그러나 $H_2C=CH_2$로 표시되는 에텐ethene 분자는 4개의 단일 결합(C−H)과 1개의 이중 결합(C=C)으로 이루어져 있죠. 물론 에텐의 각 탄소는 각각 4개의 결합을 하지만, 3개는 시그마(σ) 결합이고 1개는 파이(π) 결합입니다. 또 에타인ethyne(HC≡CH)은 2개의 단일 결합(C−H)과 1개의 삼중 결합(C≡C)으로 이루어져 있습니다. 에타인의 각 탄소가 형성하는 4개의 결합 중, 2개는 시그마 결합이고 2개는 파이 결합입니다.

단일 결합은 결합이 하나라는 의미이며, 시그마 결합(σ 결합)으로 이루어집니다. 단일 결합은 두 원자가 2개(한 쌍)의 전자를 공유하여 만드는 결합이므로 C:C 또는 C−C와 같이 표시합니다. 이중 결합은 하나의 시그마 결합과 하나의 파이 결합(π 결합)으로, 삼중 결합은 하나의 시그마 결합과 두 개의 파이 결합으로 이루어 집니다.

이중 결합은 두 원자가 4개(두 쌍)의 전자를 공유하여 만드는 결합이므로, C::C 또는 C=C와 같이 표시합니다. 삼중 결합은 두 원자가

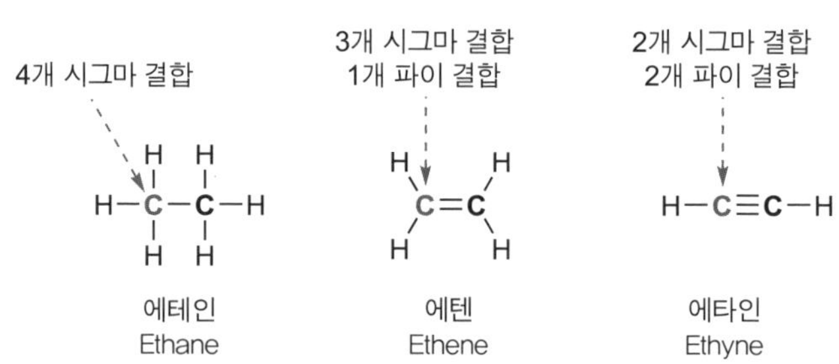

그림 2.4 탄소 결합의 예

6개(세 쌍)의 전자를 공유하여 만드는 결합이므로 C:::C 또는 C≡C와 같이 표시합니다.

시그마 결합과 파이 결합은 어떻게 다를까요? 시그마 결합과 파이 결합은 3차원 모양이 다릅니다. 따라서 분자의 모양에 영향을 미치죠. 시그마 결합과 파이 결합을 구분하려면 결합 오비탈의 단면을 보면 쉽게 구분할 수 있습니다.

시그마 결합은 두 원자 오비탈이 직선적으로 최대한 겹쳐져서 이루어진 결합이며, 매우 강한 결합입니다. 시그마 결합은 구형인 *s* 오비탈

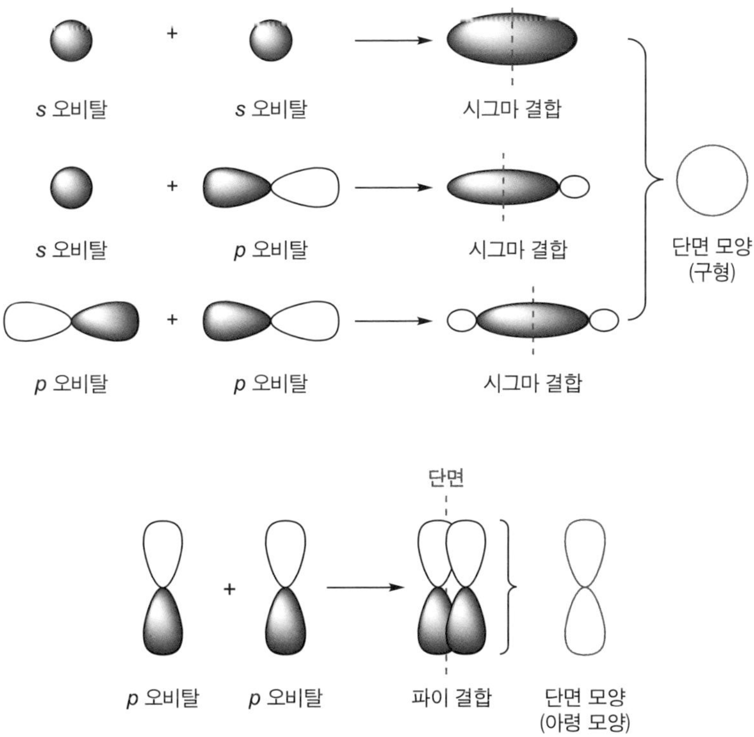

그림 2.5 시그마 결합과 파이 결합의 단면 모양

과 아령 모양인 p 오비탈의 겹침으로 형성되지만, 시그마 결합의 전자 구름 모양은 원통형이므로 시그마 결합의 단면은 원 모양입니다.

파이 결합은 시그마 결합을 이루는 원자의 혼성에 참여하지 않고 남아 있는 p 오비탈들이 부분적으로 겹쳐져서 이루는 결합입니다. 아령 모양인 p 오비탈들로 구성된 파이 결합의 단면은 아령 모양입니다. 파이 결합이란 명칭은 p 오비탈을 뜻하는 그리스어 π(파이)로부터 유래되었죠. 파이 결합은 시그마 결합을 이루는 축과 직각으로 배열되고, 파이 결합 전자들은 핵 전하로부터 더 멀리 있어 시그마 결합보다 세기가 약합니다. 따라서 파이 결합이 시그마 결합보다 더 쉽게 반응에 참여하므로 작용기로 취급합니다.

탄소의 오비탈은 혼합된다

탄소가 이렇게 다양한 형식(단일, 이중, 삼중)으로 결합할 수 있는 이유는 무엇일까요? 사실 초기 유기 화학자들이 이 질문의 답을 얻기까지는 오랜 시간이 걸렸습니다. 이 문제 해결에 양자 화학이 상당한 기여를 했습니다.

전자의 양자화를 인정하면서, 탄소 원자의 결합 다양성에 대한 답을 얻었습니다. 만일 양자화된 전자 오비탈의 에너지 차이가 적으면 서로 혼합되어 제삼의 에너지 준위로 재배열될 수 있을 것이라고 생각한 것입니다. 즉 동일한 주양자수* 값을 가지는 오비탈의 전자들은 혼합(혼성)될 수 있다고 생각한 거죠.

탄소 원자의 경우 2*s*와 2*p* 오비탈은 에너지 준위를 결정하는 주양자수(즉 2)가 같아서 에너지 차이가 적습니다. 그러나 2*s*보다 2*p* 오비탈이 더 높은 에너지 준위에 있습니다. 그렇다면 낮은 에너지 준위에 있는 2*s* 오비탈 전자가 더 높은 에너지 준위에 있는 2*p* 오비탈과 어떻게 혼성될 수 있을까요? 또 이 같은 혼성화에 에너지가 필요할까요, 아니면 필요하지 않을까요?

혼성화는 에너지 준위가 다른 오비탈 전자들의 재배열이므로 얼마간의 에너지가 요구됩니다. 따라서 탄소 원자의 혼성화에도 작지만 에너지가 필요합니다. 그러나 이 혼성화에 필요한 에너지보다, 전체 반응으로 얻어지는 에너지가 더 크기 때문에 오비탈의 혼성은 에너지적으로는 문제가 없다고 인식하고 있습니다.

탄소가 할 수 있는 혼성화는 2*s*와 2*p* 오비탈 간의 혼성이며, 그 결과로 $2sp^x$ 혼성 오비탈이 형성됩니다. 여기서 p^x의 위 첨자 x는 혼성에 참여한 *p*오비탈의 개수를 나타냅니다. x가 1인 경우에는 표시하지 않습니다.

탄소 오비탈의 혼성화는 2*s* 오비탈과 2*p* 오비탈의 에너지 준위가 재배열되는 현상입니다. 혼성화된 $2sp^x$ 오비탈의 에너지 준위는 2*s*보다는 높고, 2*p*보다는 낮은 제삼의 에너지 준위에 새롭게 형성되죠. 이 현상을 오비탈의 혼성hybridization of orbital이라고 합니다. 즉 $2sp^x$ 혼성 오

- **주양자수**principle quantum number 원자에 있는 전자들의 에너지 준위level를 결정하는 양자수.

비탈의 에너지 준위는 $2s$ 오비탈과 $2p$ 오비탈 에너지 준위의 사이에 있습니다. 혼성에 참여한 전자들의 에너지 준위는 혼성되기 전의 에너지 준위와 다르다는 점에 주의해야 합니다.

혼성에 참여하지 않는 $2p$ 오비탈의 전자들은 혼성화 이전의 에너지 준위에 있습니다. 한편 $1s$ 오비탈은 하나뿐이며, 내부 껍질에 있으므로 혼성에 포함되지 않습니다.

탄소 원자는 $2s$와 $2p$ 오비탈에 각각 2개씩 모두 4개의 원자가전자를 가지고 있습니다. 이 4개의 원자가전자는 혼성화 이후에 형성된 $2sp^x$ 오비탈이나 혼성에 참여하지 않는 $2p$ 오비탈에 재배치되며, 시그마 또는 파이 결합 형성에 참여합니다.

그렇다면 탄소 원자는 몇 개의 $2sp^x$ 혼성 오비탈을 만들 수 있을까요? 탄소 원자에는 1개의 $2s$ 오비탈과 3개의 $2p$ 오비탈이 있습니다. 이들 4개의 오비탈이 혼성화를 할 수 있는 경우의 수는 모두 3가지입니다.

경우 1 1개의 $2s$ 오비탈과 3개의 $2p$ 오비탈이 모두 혼성화되는 경우입니다. 이 혼성화에서는 $2sp^3$ 혼성 오비탈 4개가 형성됩니다. 즉 $1(2s) + 3(2p) \rightarrow 4(2sp^3)$

경우 2 1개의 $2s$ 오비탈과 2개의 $2p$ 오비탈만 혼성화 되고, 하나의 $2p$ 오비탈이 남는 경우입니다. 이 혼성화에서는 $2sp^2$ 혼성 오비탈 3개가 형성되고 하나의 $2p$ 오비탈($2p_z$)은 그대로 남아 있습니다. 즉 $1(2s) + 3(2p) \rightarrow 3(2sp^2) + 2p_z$

경우 3 1개의 $2s$ 오비탈과 1개의 $2p$ 오비탈만 혼성화되고, 두개의 $2p$ 오비탈이 남는 경우입니다. 이 혼성화에서는 $2sp$ 혼성 오비탈 2개가 형성되고, 두개의 $2p$오비탈($2p_y$, $2p_z$)은 그대로 남아 있습니다. 즉 $1(2s) + 3(2p) \rightarrow 2(2sp) + 2p_y + 2p_z$

경우 ①에서 형성되는 4개의 $2sp^3$ 혼성 오비탈은 각 오비탈마다 결합을 형성하므로, 4개의 시그마(σ) 결합이 가능합니다. 경우 ②에서는 3개의 $2sp^2$ 오비탈이 형성되므로, 3개의 시그마(σ) 결합이 형성되고, 혼성에 참여하지 않은 $2p_z$ 오비탈들이 하나의 파이(π) 결합을 형성하죠. 경우 ③에서는 형성된 $2sp$ 오비탈 2개는 시그마(σ) 결합을 형성하고, 혼성에 참여하지 않은 2개 $2p_y$와 $2p_z$ 오비탈은 2개의 파이(π) 결합을 형성합니다.

혼성 이론이 탄소 분자의 많은 비밀을 이해하게 한다

초기 유기 화학자들의 또 다른 숙제는 메테인methane(CH_4) 분자가 이루는 정사면체 구조의 비밀을 밝히는 것이었습니다. 혼성화 이론이 등장하기 전에는 메테인 분자가 어떻게 존재할 수 있으며, 정사면체 모양인 이유는 무엇이며, 또 이들의 결합각이 109.5°인 이유를 설명하지 못했습니다. 혼성화 이론은 탄소 분자의 이런 비밀을 풀 수 있게 해준 이론입니다.

탄소 원자는 $2s$ 오비탈에 2개의 전자, $2p$ 오비탈에 2개의 전자를 가지고 있습니다. 공유 결합은 2개 원자가 한 개의 전자쌍(각각 하나씩의 전자)을 공유하여 만듭니다. 이것이 사실이라면 2*s* 오비탈에는 2개 전자가 이미 채워져 있으므로 결합에 관여할 수 없습니다. 2*p* 오비탈은 $2p_x$, $2p_y$, $2p_z$ 3개의 오비탈이 있고, 이들은 서로 직각(90°)으로 배열되어 있습니다. 이 3개 오비탈 중에서 $2p_x$와 $2p_y$에는 2개의 전자가 각각 하나씩 점유되고, 나머지 $2p_z$ 오비탈은 비어 있습니다. 따라서 $2p_x$와 $2p_y$에 점유된 전자는 수소 전자 1개와 서로 쌍을 이루어 결합을 형성할 수 있고, 이들의 결합각은 90°이어야 합니다. 또 나머지 비어 있는 $2p_z$ 오비탈에 두 개의 수소가 전자를 제공하여 결합을 이룬다면, 이 결합은 동일 직선상에 놓여야 합니다. 이런 결합은 불가능합니다. 따라서 CH_4가 정사면체인 것을 설명하는 데는 새로운 모델이 필요했던 겁니다. 그렇다면 과학자들은 메테인 분자 모양의 정사면체 수수께끼를 어떻게 풀 수 있었을까요?

우선 혼성 오비탈의 공간 배향이 어떠한지 생각해 봅시다. 혼성 전에 *s* 오비탈은 공 모양이고, *p* 오비탈은 아령 모양입니다. 또 3개의 *p* 오비탈은 원자 핵을 중심으로 *x*, *y*, *z* 축으로 배열되어 있습니다. 이들 오비탈이 혼성화를 이루면 당연히 공간 모양과 공간 배열이 달라집니다. $2sp^3$ 혼성 오비탈은 탄소를 중심으로 정사면체로 배열되며, $2sp^2$ 오비탈은 삼각 평면, 그리고 2*sp* 혼성 오비탈은 직선으로 배열됩니다(그림 2.3. 참고). 즉 혼성 상태에 따라 형성되는 분자 구조가 결정되는 거죠. 따라서 탄소 화합물의 구조와 모양이 다양해지는 것입니다. 혼성화 이론으로 CH_4 분자가 왜 정사면체이고, HC≡CH(ethyne 또는 acetylene) 분자가 왜 직선 분자인지를 이해할 수 있게 되었습니다.

탄소 원자가 혼성화를 통해 형성하는 분자 모양을 보다 구체적으

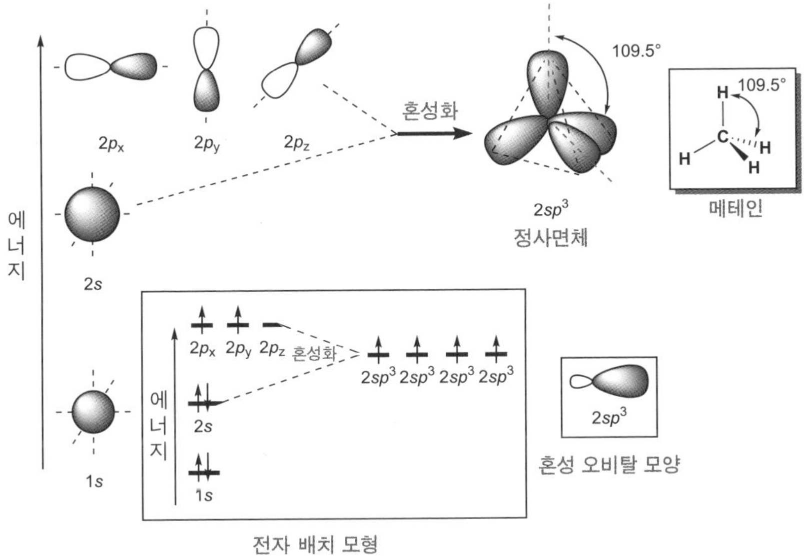

그림 2.6 탄소 오비탈의 혼성

로 이해할 수 있게 되면서 효소나 단백질 같은 생체 분자들의 기능을 이해할 수 있게 되었습니다. 효소를 포함한 단백질은 모두 아미노산으로 구성된 거대 분자입니다. 이런 분자들은 특별한 분자나 반응 자리를 구별하여 선택적으로 반응합니다. 이런 기능은 해당 분자의 특정 탄소 원자가 정사면체 구조를 이루기 때문에 가능합니다.

$2sp^3$ 혼성 탄소가 정사면체를 이루는 것이 왜 특별할까요? 앞에서 언급한 메테인(CH_4)은 $2sp^3$ 혼성 탄소에 동일한 원자인 수소(H) 4개가 결합되어 있습니다. 이런 경우는 분자 구조가 정사면체라도 특별하지 않습니다. 그러나 만일 탄소를 중심으로 만들어지는 정사면체의 각 꼭지점에 존재하는 원자가 모두 다르면 특별한 현상이 관찰됩니다.

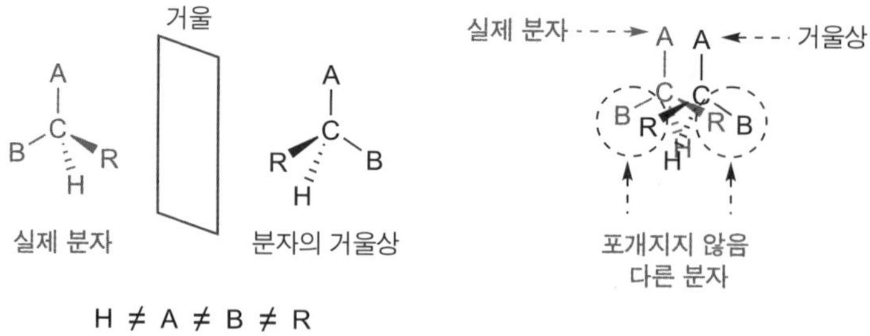

그림 2.7 거울상 이성질체

그림 2.7에 예로 든 분자의 4개 치환기는 모두 다릅니다(H ≠ A ≠ B ≠ R). 따라서 왼쪽의 실제 분자와 거울에 비친 거울상은 서로 포개어지지 않는 다른 분자입니다. 실제로 분자식이 동일하지만 공간 배열이 다른 두가지 화합물이 존재합니다. 이들은 실체와 거울상 관계에 있어 거울상 이성질체•enantiomer라고 합니다. 이들 두 분자는 물리적 성질 중에서 편광 회전에 대한 성질만이 다릅니다. 예를 들어 실제 분자가 편광을 시계 방향으로 10도 회전시킨다면, 이 분자의 거울상은 시계 반대 방향으로 10도를 회전시키죠.

뿐만 아니라 이런 분자들은 선택적인 반응을 하기도 합니다. 효소와 아미노산들이 그런 예입니다. 탄소의 정사면체 구조가 하나의 생체 소통 언어로 사용되는 거죠. 사실 혼성화는 탄소 분자의 다양성에 대한 놀라운 비밀 병기 중 하나입니다.

- **거울상 이성질체** 두 분자가 동일한 분자식을 가지며 실체와 거울상 관계에 있는 분자

탄소는 다양한 원소와 공유 결합을 한다

탄소는 다양한 원소들과 결합할 수 있는 능력이 있습니다. 탄소끼리 결합하여 긴 사슬이나 고리를 만들 수도 있습니다. 또한 다른 원소들과도 다양한 공유 결합을 형성합니다. 이처럼 탄소가 다른 원소와 결합하면 다양한 작용기*가 됩니다. 분자들은 작용기로 자기만의 성질과 반응성 같은 특성을 발현합니다. 따라서 이러한 작용기의 형성 능력 또한 탄소가 가지는 특성이기도 합니다.

이런 작용기가 탄소 화합물을 더 특별하고 다양성을 가지게 하죠. 작용기는 각 분자들에서 반응이 일어나는 자리이기도 합니다. 탄소 원자만으로 구성된 작용기에는 탄소–탄소 이중 결합(C=C)과 탄소–탄소 삼중 결합(C≡C)이 있습니다. 이 두 가지를 제외한 모든 유기 작용기는 탄소와 헤테로 원자의 단일 결합, 이중 결합 및 삼중 결합으로 이루어져 있습니다. 예를 들어 C–Cl, C–O, C=O, C–N, C=N, C≡N, C–S, C=S가 유기 작용기에서 찾을 수 있는 결합들입니다.

왜 탄소가 헤테로 원자와 결합되면 작용기가 될까요? 탄소와 헤테로 원자의 전기음성도**를 비교하면 이해할 수 있습니다. 공유 결합 구성 원자들의 전기 음성도 차이가 0.5~2 정도로 나면, 극성 공유 결

- * **작용기**functional group 분자의 성질과 반응성을 좌우하는 원자나 원자 집단
- ** **전기음성도**electronegativity 원자가 공유 결합을 할 때, 공유 전자를 끌어당기는 능력의 척도

합polar covalent bond이라고 합니다. 극성 공유 결합은 온전한 공유 결합도 온전한 이온 결합도 아닌 중간 형태의 결합입니다. 즉 극성 공유 결합이란 결합 전자 구름이 어느 한 원자 쪽으로 더 많이 편중된 공유 결합이죠. 예를 들어 탄소(C)가 염소(Cl) 원자와 결합하면 $C^{\delta+}-Cl^{\delta-}$ 형태의 극성 공유 결합이 되는데, 이때 염소(Cl) 원자의 전기음성도가 더 크므로 염소 원자가 부분적으로 음이온 성질을 가집니다. $C^{\delta+}-Cl^{\delta-}$의 표현에서 'δ(델타)는 0~100%의 사이 값을 뜻합니다.

그렇다면 극성 공유 결합은 어떻게 작용기 역할을 할까요? 앞에서 언급한 것처럼 작용기의 결합 전자 구름이 불균등한 극성 공유 결합이나 비결합 전자쌍을 가지기 때문에 특성을 발휘합니다. 이런 전자 구름의 불균등이 그 분자의 물리적, 화학적 성질에 영향을 미치죠. 즉 이런 극성 공유 결합을 가진 분자들은 그들 간의 상호 작용력이 커지며, 그에 따라 물리적 성질(끓는점 및 녹는점 등)에 영향을 줍니다.

또한 전기음성도가 큰 원자가 부분 음전하(δ^-)를 띠면 부분 양전하(δ^+)나 또는 양전하(+)를 띠는 화학종과 쉽게 반응할 수 있습니다. 반대로 부분 양전하(δ^+)를 띠는 원자는 부분 음전하(δ^-) 또는 음전하(−)인 화학종과 반응하죠. 결국 극성 공유 결합 자리가 분자의 반응 자리가 되는 것입니다.

요약하면, 탄소는 원자가전자수, 혼성화 능력, 다양한 결합 능력, 작용기 형성 능력 등의 특성 때문에 독특한 성질과 다양성을 발현하게 됩니다.

제3강

유기화학에 필요한 화학의 기초 이론

유기화학은 유기 화합물의 성질과 반응을 다루는 분야입니다. 따라서 유기물의 성질과 반응을 이해하고 설명하기 위해서는 화학의 기초 이론을 알아두어야 할 필요가 있습니다.

분자들의 물리적 성질은 분자간 작용하는 힘과 구조에 영향을 받습니다. 이 중에서 유기 분자의 구조에는 구성 원자의 종류, 탄소의 혼성화, 결합 형태 및 비공유 전자쌍•이 결정적인 역할을 하죠. 또한 유기물의 반응(즉, 화학적 성질)은 구성 원자들의 원자가전자에 의해 결정되죠. 따라서 유기화학을 이해하기 위해서는 구성 원자들의 전자

- **비공유 전자쌍**unshared electron pair 다른 원자들과 결합을 이루지 않은 채로 특정 원자에 남아 있는 전자쌍. 영어로 unshared electron pair, lone pair electron, nonbonding electron pair 등으로 표기된다. 이 책에서는 대한화학회 술어집에 따라 '비공유 전자쌍'이란 용어를 사용한다.

배치와 결합의 형성과 분해를 이해하는 것부터 시작해야 합니다.

원자의 반응은 원자가전자가 일으킨다

화학에서 물질의 물리적·화학적 특성은 무엇에 근거할까요? 바로 물질을 구성하는 원자에 속한 전자와 핵이라고 할 수 있겠습니다. 원자는 핵과 그 주위에 분포된 전자로 구성되죠. 핵은 다시 양전하를 띤 양성자와 전기적으로 중성인 중성자로 구성됩니다.

전자는 이 핵 주위에 상대적으로 넓은 공간에 분포되어 있습니다. 전자는 음전하를 띠고 있고, 전기적으로 중성인 원자에서는 양성자와 전자가 동일한 수를 갖습니다. 그 결과로 원자는 전기적으로 중성인 알갱이입니다. 원자의 전자 수는 원자 번호atomic number로 나타냅니다. 따라서 원자의 양성자 수는 원자 번호로 쉽게 알 수 있습니다. 중성인 원자가 전자를 얻으면 음이온이 되고, 전자를 잃으면 양이온이 됩니다. 그러나 원자의 양성자 수는 변하지 않습니다.

여러 개 전자를 가지는 원자들의 전자는 어떻게 분포되어 있을까요? 핵 주변에는 전자들이 분포될 수 있는 껍질shell들이 여러 겹 둘러싸여 있습니다. 첫 번째 껍질은 핵에서 가장 가깝고 가장 작습니다. 두 번째 껍질은 첫 번째 껍질보다 핵으로부터 더 멀리 있고, 세 번째 껍질은 그보다 더 멀리 떨어져 있습니다. 전자가 핵에서 가까울수록 전자의 에너지는 더 낮습니다. 즉 핵에 더 가까운 껍질에 있는 전자일

수록 더 안정하다는 거죠. 이유는 전자가 양성자와 더 가까이 있어 상호 인력이 더 크기 때문입니다. 이들 각 껍질에는 오비탈orbital이라고 부르는 부껍질subshell이 있습니다. 첫 번째 껍질(n = 1)은 1s(1개) 오비탈이라고 부르는 하나의 부껍질만으로 이루어지고, 두 번째 껍질(n = 2)은 2s(1개)와 2p(3개) 오비탈 등의 두 개 부껍질로 이루어져 있습니다. 세 번째 껍질(n = 3)은 3s(1개), 3p(3개) 및 3d(5개) 세 개의 부껍질로 이루어져 있습니다.

각 오비탈의 기호(s, p, d) 앞에 붙여진 숫자 1, 2, 3··· 등은 주양자수(n)입니다. 두 번째 껍질에 있는 3개의 2p 오비탈은 동일한 에너지를 가집니다. 각 껍질을 K, L, M 껍질로 부르기도 하지만, 이 문자들에 특별한 의미는 없습니다.

핵 주위에 분포된 전자의 상태(에너지 준위, 모양, 스핀 및 자기적 성질)는 양자수quantum number로 나타냅니다. 에너지 준위는 주양자수principle quantum number(n)로, 모양은 각운동량 양자수angular momentum

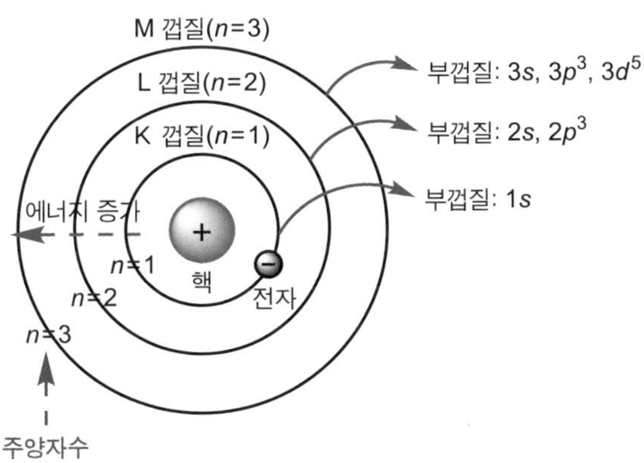

그림 3.1 원자의 전자 껍질과 부껍질

quantum number(l)로, 전자의 스핀 상태는 스핀 양자수spin quantum number(m_s)로, 그리고 자기적 성질은 자기 양자수magnetic quantum number(m_l)로 나타냅니다.

특정한 전자 껍질을 나타내기 위해 숫자와 기호를 이용합니다. 각 운동량 양자수(l) 값에 따라 오비탈을 *s*, *p*, *d* 및 *f* 등으로 부르죠*. 즉 l 값이 0이면 *s*로, 1이면 *p*로, 2이면 *d* 등으로 나타냅니다. 우리에게는 이런 문자가 더 친숙하죠. *s* 오비탈 모양은 공 모양이고, *p* 오비탈은 아령 모양이며, *d* 오비탈은 5개이며 공간 배열이 모두 다릅니다. 따라서 어

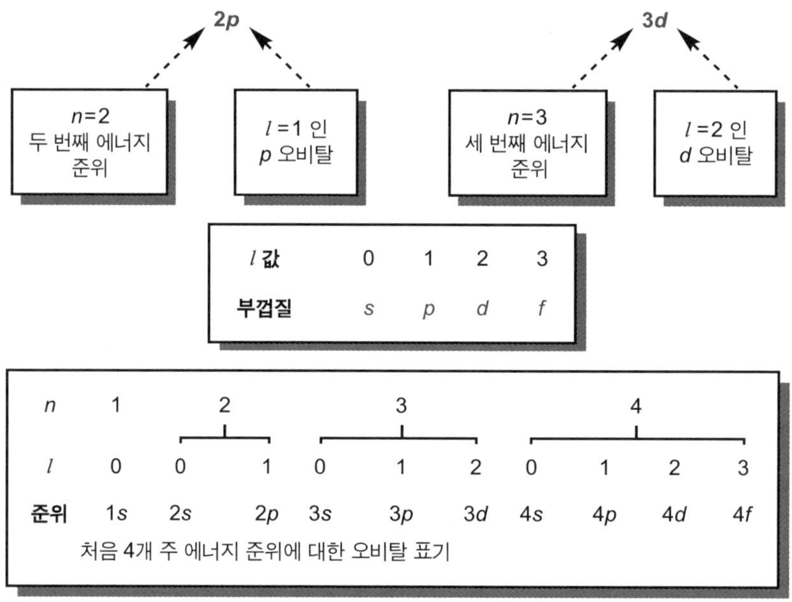

그림 3.2 전자 껍질 표기법

- 오비탈 약기호 *s*, *p*, *d*, *f*는 알칼리 금속 분광선 설명에 사용하던 sharp, principal, diffuse, fundamental에서 유래되었다.

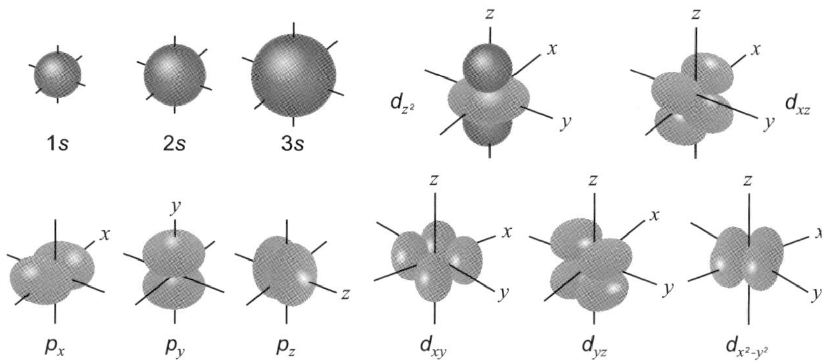

그림 3.3 오비탈의 종류(*s*, *p*, *d*)와 모양

떤 오비탈 전자들이 결합하는가에 따라 분자 구조(모양)가 결정되죠.

원자가 가지는 전자 수에 따라 원자의 오비탈에 전자가 모두 채워질 수도 있고, 그렇지 않을 수도 있습니다. 하나의 오비탈에는 최대 2개의 전자만 채워집니다. 그렇다면 전자가 어떻게 원자 오비탈에 배열되는지 알 수 있을까요?

예, 예측할 수 있습니다. 바닥 상태 원자의 전자는 에너지가 낮은 오비탈에서부터 채워집니다. 바닥 상태ground state는 원자가 에너지적으로 가장 안정한 상태입니다. 여러 개 전자를 가지는 원자들의 바닥 상태 전자 배치는 오비탈 도표로 나타냅니다.

오비탈 도표에서는 전자 오비탈을 하나의 상자(□)로 나타냅니다. 파울리의 배타 원리Pauli exclusion principle에 따라 하나의 상자 안에는 최대 2개의 전자만 채워질 수 있습니다. 상자 안의 전자는 화살표(↑ 또는 ↓)로 표시합니다.

오비탈 도표에서 전자를 왜 화살표로 표시할까요? 이유는 전자의 스핀 방향을 나타내기 위함이죠. 위로 향하는 화살표(↑)는 양수의 스핀 양자수($m_s = +\frac{1}{2}$)를 나타내고, 아래로 향하는 화살표(↓)는 음수의 스핀 양자수($m_s = -\frac{1}{2}$)를 나타냅니다. (↑)는 스핀-업spin-up, (↓)는 스핀-다운spin-down이라고도 합니다.

하나의 오비탈에 방향이 다른 두 화살표가 채워지면 '짝을 지었다'고 합니다. 즉 [⇅]와 같은 모양이 되죠. 짝을 짓지 않고 하나만 채워지면 [↑]와 같이 표시합니다. 짝짓지 않은 전자는 홀전자라고 합니다.

전자가 여러 개인 원자의 전자 배치는 어떻게 할까요? 바닥 상태 원자의 전자 배치는 '각각의 오비탈은 두 개 전자를 초과하지 않으면서, 오비탈 에너지가 증가하는 순서대로' 채웁니다. 이를 쌓음 원리aufbau principle라고 하죠. 또 동일한 에너지 준위에 여러 개 오비탈이 있는 경우에는 각 오비탈마다 한 개씩 먼저 채우고, 그 다음부터 짝을 이루도록 채웁니다. 오비탈의 에너지 준위가 동일한 경우에는, 전자들의 스핀 방향이 모두 동일할 때 더 안정하기 때문입니다.

전자 수가 6개인 탄소의 전자 배치를 오비탈 도표로 나타낸 것이 그림 3.4입니다. 탄소의 오비탈 에너지는 $1s \rightarrow 2s \rightarrow 2p$ 순으로 에너지가 커지므로 전자는 핵에서 가장 가까운 $1s$ 오비탈에 2개, $2s$ 오비탈에 2개를 채웁니다. 나머지 2개는 3개의 $2p$ 오비탈 중에서 두 박스에 각각 하나씩만 채우고 나머지 하나는 비워둡니다.

한편 $1s^2 2s^2 2p^2$나, $[\mathrm{He}]2s^2 2p^2$와 같이 식으로 나타내기도 합니다. 문자의 위 첨자는 해당 오비탈에 점유된 전자 수를 나타냅니다. 이 방식을 축약형 전자 배치condensed electron configuration라고 합니다. 즉 반응에 참여하지 않는 핵심부 전자를 [원소 기호]로 표시하고, 원자가전자만

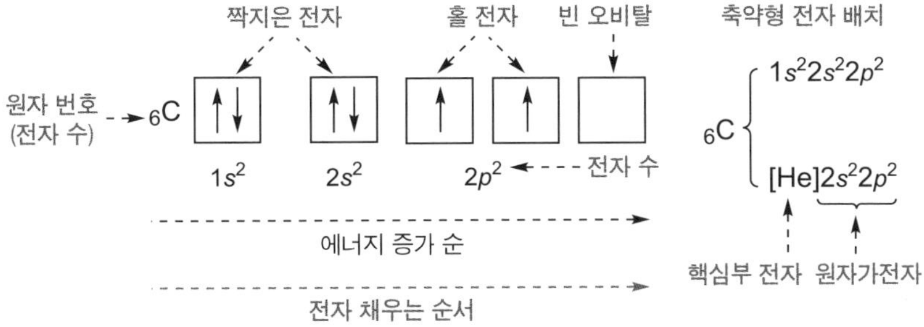

그림 3.4 탄소의 전자 배치 표현법

표시하는 겁니다. 원자가전자는 핵심부 전자 외부에 있는 전자들이며, 에너지가 높은 최외각 전자로써 반응에 참여하므로 중요합니다 핵심부 전자core electron는 원자가전자를 제외한 나머지 전자이고, 반응에 참여하지 않습니다. 이런 전자 배치는 반응에 참여하는 원자가전자의 수와 오비탈 배열 형태를 예측할 수 있어 유용합니다.

공유 결합은 어떻게 설명하나

유기 분자는 공유 결합으로 이루어져 있습니다. 공유 결합을 하고 있는 물질의 수는 방대합니다. 이온 결합이나 금속 결합 물질보다 훨씬 많습니다. 그만큼 유기 분자의 다양성은 크죠.

공유 결합은 '두 원자가 전자쌍을 서로 공유하여 만드는 결합'입니다. 물(H_2O) 분자의 O:H(또는 O–H) 결합은 산소(O) 원자와 수소(H) 원자가 각각 하나씩 총 2개 전자를 서로 공유하므로 형성됩니다.

그렇다면 전자를 공유하면 왜 원자들 사이에 인력이 생길까요? 두 결합 원자가 멀리 떨어져 있으면, 두 원자 사이에는 어떤 인력도 없습니다. 그러나 두 원자가 충분히 가까워지면, 원자들 사이에 결합할 수 있는 알짜 인력이 생깁니다. 그 결과로 결합이 형성되죠. 이 알짜 인력은 한 원자의 핵의 양전하가 다른 원자의 전자를 당김으로써 생기는 힘입니다.

화학자들은 공유 결합을 설명하는 데 두 가지 이론, 즉 원자가 결합 이론valence bond theory, VBT과 분자 오비탈 이론molecular orbital theory, MOT을 사용합니다.

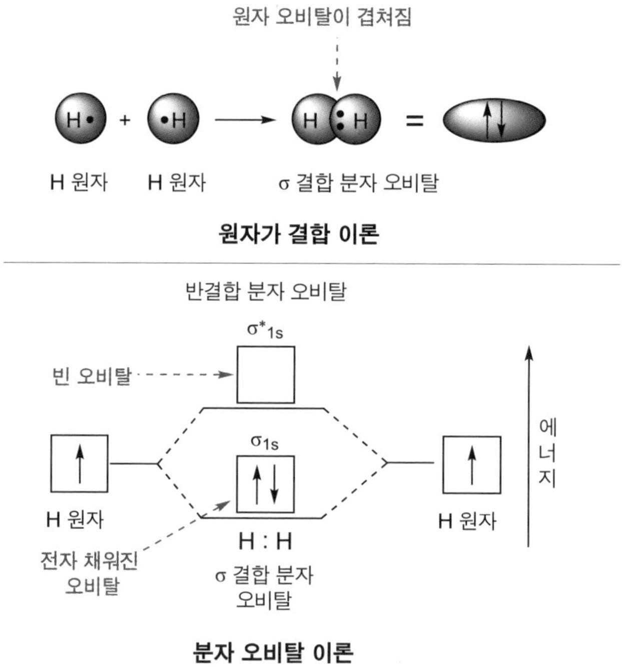

그림 3.5 공유 결합을 설명하는 두 가지 이론

원자가 결합 이론에서는 한 원자의 전자 오비탈과 다른 원자의 전자 오비탈이 겹쳐져 공유 결합을 형성한다고 생각합니다. 원자가 결합 이론에서는 원자가 껍질의 오비탈과 전자만을 고려하여 설명하죠.

예를 들어 2개 수소(H·) 원자가 결합하여 수소(H:H) 분자를 이루는 경우를 보죠. 두 수소 원자가 가까이 접근하여 서로의 핵에 이끌려 두 전자의 스핀이 쌍을 이루게 되면, 하나의 결합 오비탈을 형성하여 수소 분자를 이루게 됩니다. 즉 두 수소 원자의 오비탈이 서로 겹쳐져 쌍을 이룬 두 개 전자들을 공유한다는 거죠. 결합 오비탈bonding orbital은 전자 공유로 형성되며, 이것이 곧 분자 오비탈molecular orbital입니다.

원자가 결합 이론은 원자 오비탈 및 분자의 기하 구조를 설명하는데 부분적으로는 도움을 줍니다. 그러나 '분자가 어떻게 색을 띠고, 빛을 흡수하는가?'와 같은 분자의 특성을 설명할 수는 없습니다. 화학자들은 이런 특성을 설명하기 위해 분자 오비탈 이론을 도입했습니다.

원자 오비탈은 원자의 전자들이 점유하고 있는 공간이고, 분자 오비탈은 분자를 이루고 있는 전자들이 점유하는 공간입니다. 하나의 공유 결합은 두 개의 전자가 공유되어 만들어진다는 것을 기억하세요. 하나의 결합이 형성되려면, 두 개의 원자 오비탈이 사용되어야 합니다. 그렇다면 형성된 분자의 오비탈은 몇 개일까요?

두 개의 원자 오비탈이 분자 오비탈을 형성하면, 역시 두 개의 분자 오비탈이 생성됩니다. 즉 분자 오비탈은 결합에 사용되는 원자 오비탈의 수만큼 생성됩니다. 결합 형성 전과 후의 오비탈 개수가 보전되는 거죠.

그렇다면 모든 분자 오비탈에 전자가 채워질까요? 그렇지 않습니다. 생성된 분자 오비탈의 절반에만 전자가 채워집니다. 결합 전자가 채워진 오비탈을 결합 분자 오비탈bonding molecular orbital이라고 합니다.

나머지 절반의 오비탈은 전자가 없이 비워져 있습니다. 이 비워진 분자 오비탈의 에너지 준위는 결합 분자 오비탈보다 높기 때문이죠. 이 빈 오비탈을 반결합성 분자 오비탈antibonding molecular orbital이라고 합니다. 분자에서는 결합 분자 오비탈의 에너지가 반결합성 분자 오비탈보다 더 낮아서 더 안정합니다.

반결합성 분자 오비탈이 있다는 것을 알 수 있는 증거가 있을까요? 분자에 빛을 쪼이면 빛이 흡수되는 현상이 그 증거입니다. 어떻게 분자가 빛을 흡수할 수 있을까요?

빛을 흡수하면, 낮은 에너지 준위에 있던 전자가 더 높은 에너지를 가지게 됩니다. 에너지가 높아진 전자는 더 높은 에너지 준위의 오

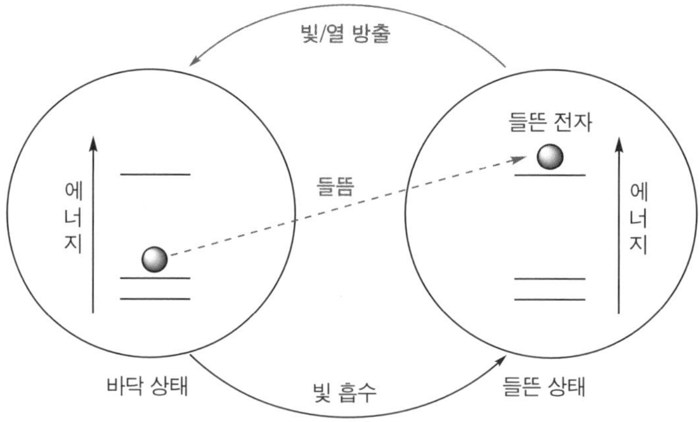

들뜸 현상: 전자가 낮은 에너지 오비탈에서 높은 에너지 오비탈로 전이 되는 현상

그림 3.6 전자의 들뜸 현상

비탈로 이동합니다. 이런 전자의 이동을 '전자가 들뜬다(전자 들뜸electron excitation)'고 말합니다. 앞에서 이야기했듯이, 전자의 에너지는 양자화되어 있어 들뜰 수 있습니다. 전자가 들뜨려면, 더 높은 에너지 준위의 빈 오비탈이 있어야 가능합니다. 만일 반결합 오비탈이 없다면, 전자는 더 높은 에너지 준위 오비탈로 들뜰 수 없습니다.

전자 들뜸 현상을 보다 구체적으로 살펴볼까요. 예를 들어, 바닥 상태에 있는 전자에 빛을 쪼이면, 에너지를 흡수한 전자는 더 높은 에너지 준위로 들뜨게 됩니다. 그러나 에너지 공급원인 빛을 쪼이지 않으면 들뜬 전자가 바닥 상태로 되돌아옵니다. 이때 전자가 더 가지고 있던 에너지는 빛이나 열로 방출되죠.

공유 결합의 안정도는 결합 차수로 평가할 수 있다

공유 결합은 얼마나 안정할까요? 분자 오비탈 이론에서 공유 결합의 안정도는 결합 차수로 평가합니다. 결합 차수bond order는 곧 결합수와 반결합수의 차이입니다. 다르게 말하면, '결합성 전자의 수와 반결합성 전자의 수의 차이를 2로 나눈 값'으로 정의합니다. 결합이 전자쌍(2개 전자)으로 이루어지므로 차이를 2로 나누는 거죠. 이를 식으로 표현하면 다음과 같습니다.

$$\text{결합 차수} = \frac{1}{2} \times (\text{결합 전자수} - \text{반결합 전자 수})$$

수소 분자(H_2)의 경우를 보면 분자 결합 오비탈 전자 수($\sigma_{1s}{}^2$)가 2이고, 반결합성 분자 오비탈 전자 수는 0이므로, 결합 차수는 $\frac{1}{2}(2-0)=1$ 입니다. 따라서 하나의 결합이 가능한 겁니다.

헬륨 분자(He_2)의 경우는 $\frac{1}{2}(2-2)$로 결합 차수가 0이므로 결합을 할 수 없습니다. 따라서 헬륨은 He_2라는 분자 상태로는 존재하지 않습니다.

현대 과학에서 중요한 반도체 띠 이론, 자기적 성질과 태양 전지 원리 등도 분자 오비탈 이론으로 설명할 수 있습니다.

공유 결합도 종류가 다르다

유기물의 다양성 또한 공유 결합의 종류에 의존합니다. 종류가 다른 공유 결합은 다른 유기물질을 만듭니다.

공유 결합에는 시그마(σ) 결합과 파이(π) 결합 두 종류가 관여합니다. 시그마 결합은 '결합에 참여하는 두 원자가, 그 핵을 잇는 결합 축을 따라 오비탈이 겹쳐져 형성된 결합'입니다. 따라서 시그마 결합은 결합 축에 대해 원통형 대칭 모양입니다. 시그마 결합은 원자들의 *s* 오비탈과 *p* 오비탈 들이 서로 결합하여 만들어집니다. 시그마 결합의 세기는 강해서, 분자의 주 골격을 이룹니다.

이중 결합이나 삼중 결합은 하나의 시그마 결합 이외에 하나 또는 두 개의 파이 결합을 더 가지고 있습니다. 파이 결합은 *p* 오비탈들 사

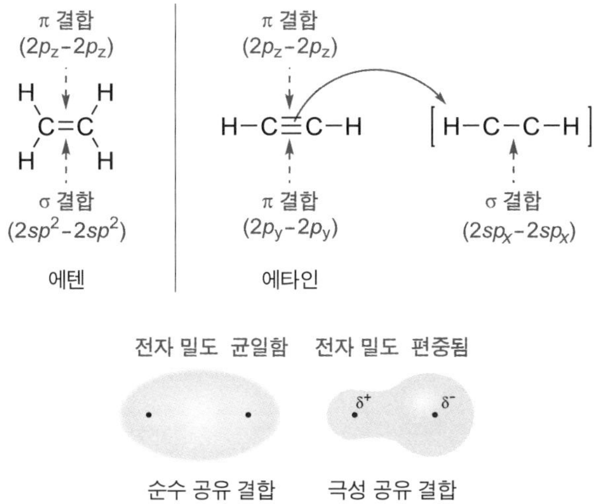

그림 3.7 에텐과 에타인의 결합, 순수 공유 결합 및 극성 공유 결합

이에서 이루어지는 결합이죠. *p* 오비탈들은 서로 직각인 *x*, *y*, *z* 축으로 배열되어 있습니다. 따라서 파이 결합 전자의 구름은 분자 축에 대하여 직각(90°)으로 분포되어 있습니다. 파이 결합의 전자 구름은 마치 땅콩 껍질을 벌려 놓은 것과 같은 아령 모양입니다. 파이 결합의 세기는 시그마 결합보다 약합니다. 따라서 파이 결합 전자는 비결합 전자와 함께 분자에서 다른 원자로 이동이 가능하므로 반응성이 좋습니다. 이런 이유로 파이 결합을 가진 C=C와 C≡C 결합을 작용기로 인정합니다.

공유 결합은 극성 유무에 따라 극성 공유 결합과 비극성 공유 결합으로 구분하기도 합니다. 비극성 공유 결합은 순수 공유 결합pure covalent bond이라고도 하죠. 비극성 공유 결합은 결합 전자의 분포가 두 원자에 동일하게 이루어진 결합입니다. 반면에 극성 공유 결합은 두 원자 사이에 전자 분포가 불균등해서 부분적으로 극성을 띠는 결합을 말합니다. 극성 공유 결합이 생기는 원인은 두 결합 원자들의 전기 음성도가 다르기 때문입니다.

결합 원자들의 전기 음성도가 차이 나면 결합 전자의 밀도가 불균등해지죠. 두 원자가 동일하면 전기 음성도가 동일하므로, 공유 결합 전자가 균등하게 점유됩니다. 그러나 두 원자 중에서 한 원자의 전기 음성도가 크면 공유하고 있는 전자의 구름은 불균등해집니다. 즉 전기 음성도가 작은 원자는 부분적으로 양전하(δ^+)를 띠고, 전기 음성도가 큰 원자는 부분적으로 음전하(δ^-)를 띠게 됩니다. 따라서 이 결합은 부분적으로 극성을 띠게 됩니다.

크기가 같고 부호가 반대인 두 전하가 떨어져 있으면 쌍극자dipole가 형성되죠. 쌍극자 크기의 정량적 척도를 쌍극자 모멘트dipole moment라고 합니다. 각 극성 결합마다 결합 쌍극자 모멘트를 가집니다. 예를 들어 H−Cl 결합에서는 H는 부분 양전하(δ^+), Cl은 부분 음전하(δ^-)를 가집니다. 이런 쌍극자 모멘트의 방향성은 [+→] 모양의 화살표로 나타내죠.

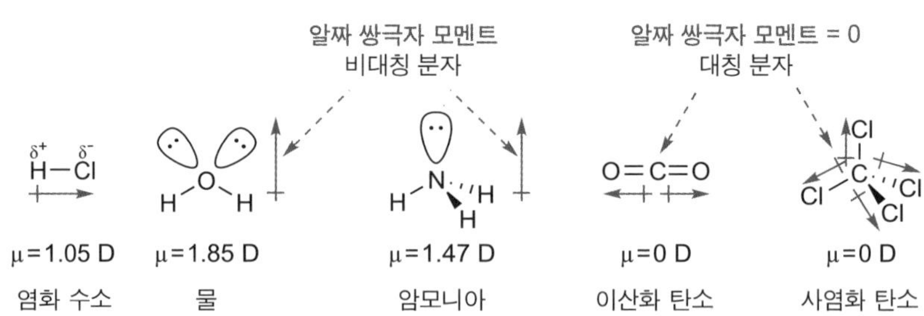

그림 3.8 몇 가지 화합물의 쌍극자 모멘트

쌍극자 모멘트(μ, 뮤라고 읽음)는 어떤 계 안에서 양전하와 음전하가 분리된 정도를 나타내는 벡터 값입니다. 단위는 데바이debye(D)입니다.

극성 결합이 한 개 이상인 극성 분자에서의 쌍극자 모멘트는 어떨까요? 극성 결합이 하나 이상인 분자의 쌍극자 모멘트는 각 극성 결합의 쌍극자 모멘트를 모두 더한 값으로 나타냅니다. 극성 결합을 가지고 있는 분자가 실제로 나타내는 쌍극자 모멘트 값을 알짜 쌍극자 모멘트net dipole moment라고 합니다. 일반적으로 비대칭 분자들은 알짜 쌍극자 모멘트를 가지며, 대칭 분자들은 각 결합들의 쌍극자 모멘트가 서로 상쇄되므로 알짜 쌍극자 모멘트를 가지지 않습니다.

그림 3.8을 예로 들어 볼까요? 물(H_2O, μ=1.85 D)은 2개의 $O^{\delta-}-H^{\delta+}$ 극성 결합을 가지고 있고, 굽은 결합 모양이어서 알짜 쌍극자 모멘트를 가집니다. 즉 두 O−H 결합의 쌍극자 모멘트 백터의 합이 '0'이 아닙니다. 따라서 극성 물질입니다.

피라미드 구조를 이루는 암모니아ammonia(NH_3)도 3개의 $N^{\delta-}-H^{\delta+}$ 결합을 가지며, 알짜 쌍극자 모멘트(μ=1.47 D)를 가지는 극성 분자입니다.

한편, 극성 결합을 갖지만 비극성인 분자도 있습니다. 이산화 탄소(O=C=O)는 2개의 $C^{\delta+}=O^{\delta-}$ 극성 결합으로 이루어져 있지만, 알짜 쌍극자 모멘트는 0입니다. 사염화 탄소carbon tetrachloride(CCl_4)도 4개의 $C^{\delta+}-Cl^{\delta-}$ 극성 결합으로 이루어졌지만 알짜 쌍극자 모멘트가 0이죠. 따라서 이 두 분자들은 비극성 분자입니다.

극성 결합을 가진 CO_2와 CCl_4가 비극성인 이유는, 분자 내의 극성 결합들이 대칭적으로 배열되어 있어 쌍극자 모멘트가 서로 상쇄되기 때문입니다. 알짜 쌍극자 모멘트도 분자 구조의 영향을 받는 거죠.

공유 결합의 길이와 세기는 다르다

공유 결합의 길이와 세기는 물질이나 결합 종류에 따라 다릅니다. 공유 결합의 길이는 가장 안정한 상태의 분자에서 결합하고 있는 원자들의 핵 간 거리로 정의합니다. 공유 결합 길이와 세기는 결합에 공유된 전자의 수, 원자의 크기(반지름)와 원소들의 전기 음성도에 영향을 받습니다.

결합 길이에 대한 몇 가지 경향성을 살펴보죠. 하나는, 결합 원자들의 원자 크기가 커지면 결합 길이도 길어집니다. 원자 반지름이 커지면 원자가전자가 점유하는 오비탈의 거리가 핵으로부터 더 멀어지기 때문이죠. 예를 들면, 이원자 할로젠 분자들의 결합 길이는 플루오린fluorine(F_2)에서 아이오딘iodide(I_2)으로 갈수록 증가합니다. 할로젠 족에서는 주기율표에서 아래로 내려 갈수록 원자 반지름의 크기가 커지기 때문입니다.

원자 반지름 증가 순서 $F < Cl < Br < I$

분자 결합 길이 증가 순서 $F{-}F < Cl{-}Cl < Br{-}Br < I{-}I$

두 번째로, 결합 종류가 동일할 때는 결합된 원자 사이의 전기 음성도의 차이가 클수록 결합 길이는 짧아집니다. 전기 음성도 차이가 커지면 두 원자 간에 서로 당기는 인력이 증가하기 때문이죠.

예를 들어, 탄소–질소(C–N) 결합은 탄소–탄소(C–C) 결합이나 질소–질소(N–N) 결합보다 짧습니다. 탄소(2.5)와 질소(3.0) 원자의 전기 음성도 차이 때문입니다. 또 질소의 전기 음성도가 탄소보다 더 크므로, C–C 결합보다 N–N 결합 길이가 더 짧습니다.

전기 음성도 증가 순서	탄소(C = 2.5) < 질소(N = 3.0)
결합 원자 전기 음성도 차이	C–N(차이 = 0.5), N–N(차이 = 0), C–C(차이 = 0)
결합 길이 증가 순서	C–N < N–N < C–C

마지막으로, 결합 종류가 다르면 결합 길이도 달라집니다. 즉 이중 결합이나 삼중 결합 같은 다중 결합의 길이는 단일 결합의 길이보다 짧습니다. 결합 원자들 사이에 전자가 추가로 배치되면 핵 간 반발이 감소합니다. 그 결과로 알짜 인력이 증가하므로 결합 길이가 짧아지죠. 이런 경향성은 같은 원자들로 구성된 결합의 길이를 비교하면 알 수 있습니다.

예를 들면, 탄소–탄소 단일 결합(C–C)보다 탄소–탄소 이중 결합(C=C)이 더 짧고 탄소–탄소 삼중 결합(C≡C)이 가장 짧습니다.

결합에 포함된 공유 전자의 수가 많을수록 세기는 더 강하고, 길이는 짧아집니다. 따라서 세기는 C–C < C=C < C≡C 순으로 증가하고,

길이는 $C\equiv C < C=C < C-C$ 순으로 증가하죠.

한편, 결합의 세기는 결합 에너지로 판단할 수 있습니다. 결합 세기도 결합 원자들의 공유 전자 수와 전기 음성도에 영향을 받습니다.

결합 원자들 사이의 전자 수가 많을수록 결합은 강해지고, 따라서 더 큰 결합 에너지•를 갖습니다. 즉 단일 결합 < 이중 결합 < 삼중 결합 순으로 결합 세기가 증가하고, 결합 에너지도 따라서 증가합니다.

그러나 결합 에너지는 그 외의 다양한 요인들에 대해서도 영향을 받습니다. 따라서 앞에서 언급한 경향성에 예외인 것들도 많이 있습니다.

유기 분자는 산성, 염기성 및 중성으로 구분된다

유기 물질을 산성, 염기성 및 중성으로 구분할 수 있습니다. 초기 화학자들은 신맛을 내는 물질을 산acid이라고 했습니다. 'Acid'는 '시다'라는 의미의 라틴어 *acidus*로부터 유래되었습니다. 식용 식초의 주성분은 아세트산acetic acid(CH_3COOH)이죠. 또한 산을 중화시키는 물질을 염기base라고 하며, 산도 염기도 아닌 물질은 중성 물질입니다. 산과 염기가 반응하면 중성 물질인 염salt이 생성되죠. 산과 염기의 반

• **결합 에너지(결합 엔탈피)** 일정한 압력에서 기체 상태 분자의 결합을 끊어 완전히 분리시키는 데 요구되는 에너지

응을 산–염기 반응acid–base reaction이라고 합니다.

산과 염기의 반응을 설명하기 위해서는, 먼저 산과 염기를 과학적으로 정의해야 했습니다. 산–염기 이론은 H^+, HO^- 또는 전자쌍 등을 기준으로 하여 정의할 수 있습니다.

최초의 산–염기 정의는 아레니우스Svante Arrhenius, 1859~1927의 방법입니다. 아레니우스는 물에 녹아 양성자(H^+)의 농도를 증가시키는 물질을 산, 수산화 이온(HO^-)의 농도를 증가시키는 물질은 염기라고 정의했죠. 그러나 이 개념은 몇 가지 한계가 있었습니다. 이 문제를 해결할 수 있는 더 넓은 개념으로 브뢴스테드Johannes Nicolaus Brønsted, 1879~1947–로우리Thomas Martin Lowry, 1874~1936 정의가 등장했습니다.

브뢴스테드–로우리 정의의 기준은 H^+이며, 'H^+를 주는 물질은 산, H^+를 받는 물질은 염기'로 정의합니다. 이 개념은 오늘날 생명과학 분야에서 폭넓게 이용합니다. 그러나 많은 반응이 양성자를 주거나 받

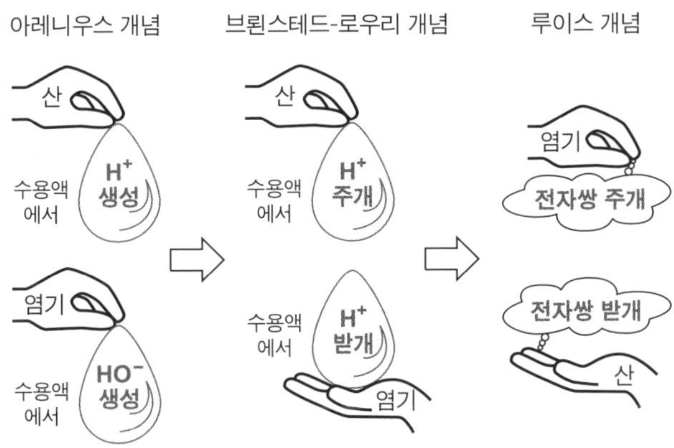

그림 3.9 산–염기 개념의 발전 과정

는 거동으로만 국한되지 않기 때문에 보다 넓고 포괄적인 개념이 필요했습니다. 이런 문제점을 해결하는 방법으로 루이스Gilbert Newton Lewis, 1875~1946는 전자쌍을 기준으로 하는 새로운 산-염기 개념을 제안했습니다.

이 개념에서 루이스는 '전자쌍을 주는 물질은 염기, 전자쌍을 받는 물질은 산'으로 정의하였습니다. 이들을 특별히 루이스 산Lewis acid 또는 루이스 염기Lewis base라고 부르죠. 이 개념에 따르면 H^+ 같은 양이온은 전자쌍을 받을 수 있어 루이스 산입니다. 또 암모니아(:NH_3) 같은 비공유 전자쌍을 가지는 물질이나, 음이온은 전자쌍을 줄 수 있어 루이스 염기에 해당합니다.

오늘날 유기화학에서는 루이스 산-염기 개념이 폭넓게 이용됩니다. 특별히 유기 반응의 메커니즘을 다룰 때 유용하죠.

분자는 상호 작용한다

물질은 기체, 액체, 고체 등의 세 가지 상태로 존재할 수 있습니다. 심지어 분자식이 같으면서도 각기 다른 상태로 존재하기도 합니다. 이런 이유는 물질을 이루고 있는 '입자 간의 상호작용하는 힘' 때문입니다. 물질을 이루는 원자, 분자 또는 이온은 어떤 형태이든 상호작용하는 힘이 있습니다. 이런 입자(물질) 간 상호작용은 구성하는 원자들의 전자 밀도의 불균형 때문에 나타납니다.

일반적으로 고체 물질에서는 분자 간 상호작용하는 힘이 크고, 액체 물질에서는 이보다 작고, 기체 물질에서는 액체 물질 보다 분자간 상호작용하는 힘이 더 작습니다.

분자 간 상호작용하는 힘은 공유 결합이나 이온 결합보다는 약한 힘이죠. 그렇더라도 물리적 성질에는 상당히 영향을 미칩니다.

입자들의 상호작용하는 힘의 세기를 어떻게 알 수 있을까요? 가장 쉽게는 물질의 녹는점*과 끓는점**으로 그 세기를 가늠할 수 있습니다. 녹는점과 끓는점은 입자간 상호 작용력에 크게 의존하기 때문입니다. 분자 간 상호작용하는 힘이 큰 물질은 분자들이 서로 강하게 잡혀 있습니다. 이처럼 강하게 잡혀 있는 고체 분자들을 떼어내서 액체가 되게 하려면, 그만큼 더 많은 에너지가 필요한 거죠. 고체에서는 분자간 거리가 가까워서 분자들이 서로 강하게 잡혀 있습니다. 액체 상태에서 분자들의 거리는 고체 분자들의 거리보다 더 멀고, 따라서 서로 잡는 힘이 그만큼 약합니다. 한편 분자 간 거리가 가장 먼 기체 분자들은 상호작용을 거의 할 수 없습니다.

물질의 상태가 동일하더라도 각 물질의 구성 분자들이 다르면, 상호작용하는 힘의 종류와 세기는 각기 다릅니다. 일반적으로 입자들의 상호작용하는 힘은 4가지입니다. 분산력, 쌍극자–쌍극자 상호작용, 이온–쌍극자 상호작용 및 수소 결합 등입니다.

- * **녹는점**melting point 고체 물질이 열을 흡수하여 액체 상태로 되는 온도
- ** **끓는점**boiling point 액체 물질이 기체 상태로 되는 온도

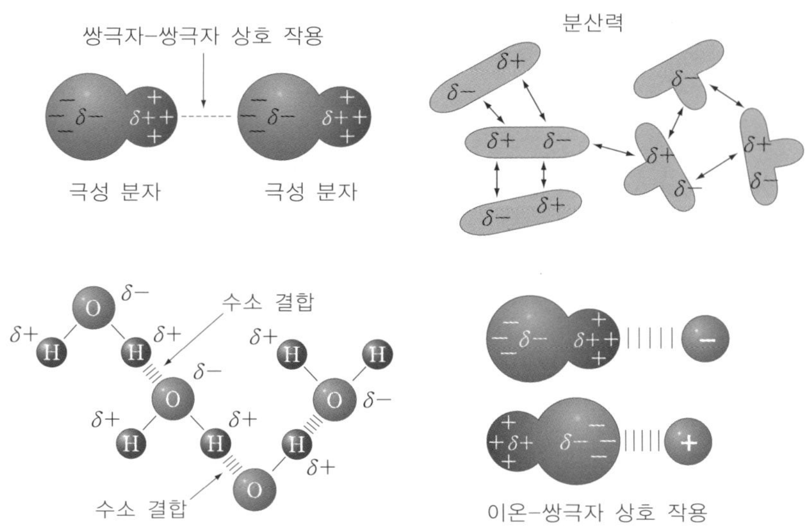

그림 3.10 입자 간 상호 작용하는 힘의 종류

입자들의 상호작용하는 힘의 세기는 구성 물질의 종류마다 다릅니다. 즉 입자 상호간에 작용하는 힘의 종류에 따라 다른 거죠. 물질에 작용하고 있는 분자간 힘은 물질의 조성과 구조를 고려하여 이해해야 합니다.

분산력dispersion force은 '극성이 없는 분자의 순간 편극화에 의한 상호작용 현상'입니다. 즉, 분산력은 분자의 부분 음전하(δ^-)를 띤 전자 구름과 이웃 분자의 부분 양전하(δ^+)를 띤 원자 사이에서 생기는 인력입니다. 이런 부분 전하는 순간적인 전자 구름의 불균형에 의해 생겨납니다. 분산력은 모든 물질에서 관찰되며, 각기 크기도 다릅니다.

분산력의 크기는 분자의 전자 구름이 얼마나 쉽게 변형될 수 있는가에 달려 있습니다. 이런 변형의 정도를 편극화polarizability라고 합니

$CH_3(CH_2)_8CH_3$
n-데케인
n-Decane
(끓는점: 174.1℃)

$CH_3(CH_2)_3CH_3$
n-펜테인
n-Pentane
(끓는점: 36.1℃)

$(CH_3)_4C$
2,2-다이메틸프로페인
2,2-Dimethylpropane
(끓는점: 10℃)

그림 3.11 분자 표면적과 끓는점 관계

다. 편극화는 분자 주변의 전자 밀도가 얼마나 쉽게 변형될 수 있느냐의 정도를 나타냅니다.

분산력은 분자의 크기, 구조 및 전자 수에 영향을 받습니다. 표면적이 넓으면 표면적이 작은 분자보다 더 큰 분산력이 작용하죠. 따라서 평면 구조의 분산력이 둥근 모양 분자보다 더 큽니다. 또 분산력은 전자 수에 따라 영향을 받습니다. 예를 들면, 전자 수가 18개인 플루오린(F_2) 분자보다 전자 수가 108개인 아이오딘(I_2) 분자의 분산력이 더 큽니다.

또한 분자의 크기나 모양도 분산력에 영향을 줍니다. 분산력은 분자가 클수록, 표면적이 넓을수록 그에 따라서 증가합니다.

예를 들어보죠. 탄소가 5개인 *n*-펜테인*n*-pentane(C_5H_{12})의 끓는점(36.1℃)은 탄소가 10개인 *n*-데케인*n*-decane($C_{10}H_{22}$)의 끓는점(174.1℃)보다 낮습니다. *n*-데케인의 표면적이 더 넓기 때문이죠.

n-펜테인과 2,2-다이메틸프로페인2,2-dimethylpropane은 분자식이

C_5H_{12}로 동일하므로, 탄소 수와 전자 수도 동일합니다. 그러나 *n*-펜테인의 끓는점이 2,2-다이메틸프로페인보다 더 높습니다. 2,2-다이메틸프로페인이 훨씬 더 조밀한 구조를 이루고 있어 표면적이 작기 때문입니다. 이런 구조적인 이유로 2,2-다이메틸프로페인의 분산력이 작고, 따라서 끓는점도 상대적으로 낮습니다. 분산력은 작은 힘이지만 이처럼 물질의 성질에 상당한 영향을 미칩니다.

물질의 끓는점 차이를 분산력으로 설명했습니다. 그러나 높은 온도에서 끓는 액체 물질의 경우에는 분산력만으로 끓는점 차이를 설명하기에는 부족합니다.

예를 들어, 분자 모양과 전자 수가 유사한 아세톤acetone(C_3H_6O, 전자 수 24개)과 2-메틸프로페인2-methylpropane(C_4H_{10}, 전자 수 26개)을 살펴보죠. 2-메틸프로페인($(CH_3)_3CH$)은 극성 결합이 없고, 아세톤($(CH_3)_2C=O$)은 C=O라는 극성 결합이 있습니다. C=O 결합에서 상대적으로 전기 음성도가 큰 산소는 부분적으로 음전하를 띱니다. 반대로 탄소는 부분적으로 양전하를 띠죠. 즉 $[C^{\delta+}=O^{\delta-}]$ 형태이죠. 이런 극성 공유 결합으로 인해 분자 간에 쌍극자-쌍극자 상호작용이 가능합니다. 이런 상호작용때문에 2-메틸프로페인(끓는점 −11.7℃)보다 아세톤(끓는점 56℃)의 끓는점이 더 높습니다.

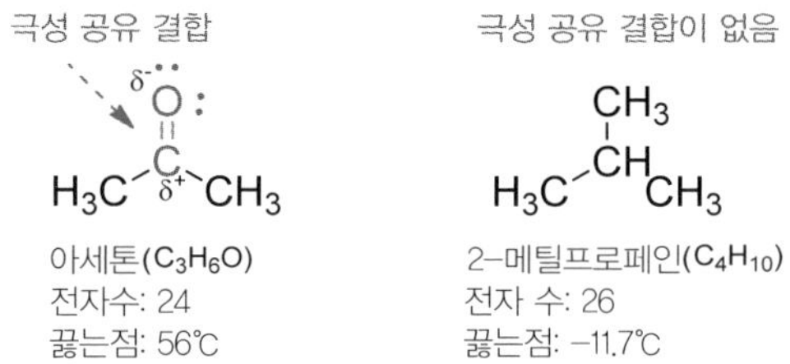

극성 결합이 존재하는 분자에는 쌍극자가 존재합니다. 전하의 분포가 균일하지 않은 결합에는 쌍극자가 있습니다. 이런 쌍극자들의 상호작용을 쌍극자–쌍극자 상호작용dipole–dipole interaction이라고 합니다. 이 상호작용은 한 분자의 음전하와 다른 분자의 양전하 사이에서 일어나는 분자 간 상호작용입니다. 즉 극성 공유 결합을 가지는 분자들은 서로 잡혀 있게 되는 거죠. 이 쌍극자–쌍극자 상호 작용력은 분산력보다 더 강합니다. 따라서 분산력보다 쌍극자 쌍극자 상호작용력이 분자의 물리적 성질에 더 큰 영향을 미칩니다.

결론적으로 대략 유사한 질량과 크기를 가진 분자들에서는 분자의 극성이 증가하면, 따라서 상호작용력도 증가하고, 끓는점도 또한 증가합니다.

한편, 이온과 쌍극자도 상호작용을 할 수 있습니다. 즉 양이온(+)은 극성 분자 쌍극자의 부분 음전하(δ^-)와 상호작용합니다. 또 음이온(–)은 극성 분자 쌍극자의 부분 양전하(δ^+)와 상호작용합니다. 이 현상을 이온–쌍극자 상호작용ion–dipole interaction이라고 합니다. 엄밀히 말하면 이 작용은 동일한 화학종들의 상호작용은 아닙니다. 그러나 소금물같이 극성 액체 속에 이온 물질이 녹아 있는 용액에서는 매우 중요합니다.

소금이 물에 녹으면 소듐 양이온(Na^+)은 부분 음전하를 띠는 물 분자의 산소와 상호작용하여 안정화되죠. 또 염소 음이온(Cl^-)은 부분 양전하를 띠는 물 분자의 수소와 상호작용하여 안정화됩니다. 이런 상호작용이 소금을 물에 잘 녹게 하죠. 이처럼 용질이 물에 녹아 이온–쌍극자 상호작용에 의해 안정화되는 현상을 수화hydration라고 합니다.

수소 결합은 화합물 내의 결합만큼은 아니지만, 꽤 강한 분자 간 작용하는 힘입니다. 수소 결합은 전기 음성도가 큰 질소(N), 산소(O), 플루오린(F)과 수소 원자가 결합된 공유 결합을 포함하는 화합물에서 발견됩니다.

수소 결합은 어떻게 가능할까요? 전기 음성도가 작은 수소(H) 원자가 전기 음성도가 큰 원자(N, O, 할로젠 등)와 결합하면 $H^{\delta+}-Y^{\delta-}$ 형태(Y = N, O, 할로젠 등)의 극성 공유 결합을 형성하죠. 즉 $H^{\delta+}-O^{\delta-}$, $H^{\delta+}-N^{\delta-}$, $H^{\delta+}-F^{\delta-}$ 등의 극성 결합이 됩니다. 이렇게 되면 수소 원자는 전자를 상대 원자에게 상당량 빼앗겨 양성자와 유사한 상태가 되고, 상대 원자는 음이온과 유사한 상태가 됩니다. 즉 아주 강한 쌍극자가 되는 것이죠. 이런 쌍극자들이 상호작용하여 수소 결합을 이루게 됩니다. 수소 결합은 수소 원자가 포함된 쌍극자–쌍극자 상호작용인 셈입니다.

수소 결합은 분자 간에 이루어지는 수소 결합과 분자 내에서 일어나는 수소 결합으로 구분됩니다. 물 분자의 수소 결합은 분자 간intermolecular 수소결합입니다.

분자 간 수소 결합은 녹는점과 끓는점 등에 영향을 줍니다. 그러나 분자 내intramolecular 수소 결합은 녹는점과 끓는점 같은 물리적 성질에 크게 영향을 주지 않습니다.

수소 결합은 생물학적으로나 다른 화학 분야에서도 매우 중요합니다. 예를 들어, 수소 결합은 단백질의 삼차원 구조를 안정화시키는 데 도움을 줍니다. 또 DNA의 이중 나선 구조를 형성하는 주요 수단이기도 합니다. 이 나선 구조는 유전적 기능에서 매우 중요합니다.

유전정보의 저장과 전달과 단백질 합성에도 수소 결합이 이용됩니다. 수소결합은 일종의 화학적 언어인 셈입니다.

반응성과 메커니즘은 어떻게 이해하나

유기 물질의 반응을 이해하려면, 분자 내 반응 자리를 찾는 것이 중요합니다. 분자의 반응 자리는 불포화 결합이나 헤테로 원자들입니다.

유기물 반응은 다음 순서로 분석하면 쉽게 이해할 수 있습니다. 먼저 분자 내 작용기를 찾습니다. 그 다음으로 작용기를 구성하는 원자 중 전자가 풍부한 원자(친핵성 자리)와 전자가 부족한 원자(친전자성 자리)를 구분합니다. 이 원자들이 곧 분자의 반응 자리입니다.

유기 반응은 일반적으로 루이스 산-염기 반응입니다. 즉 전자가 부족한 원자(루이스 산)와 전자가 더 많은 원자(루이스 염기) 사이의 반응인 거죠. 유기화학에서는 산/염기라는 용어보다 친핵체/친전자체라는 용어를 더 자주 사용합니다. 특히 반응 메커니즘을 설명할 때 그렇습니다. 전자가 풍부한 염기는 친핵체nucleophile라고 하며, 전자가 부족한 산은 친전자체electrophile라고 합니다. 친핵체란 곧 핵(양전하)을 좋아한다는 의미이고, 친전자체란 곧 전자(음전하)를 좋아한다는 의미입니다.

전자가 풍부한 친핵체는 양이온(+)이나 부분적으로 양이온성(δ^+)을 띠는 원자들과 반응합니다. 한편 전자가 부족한 친전자체는 음이온(–)이나 부분적으로 음이온성(δ^-)을 띠는 화학종과 반응하죠.

친핵체

- 새로운 공유 결합 형성을 위해 전자쌍을 제공하는 물질
- 음이온, 파이 결합 전자 또는 비공유 전자 쌍을 가진 화학종
- 루이스 염기
- 친핵성 치환 반응 및 첨가 반응을 함

예: 음이온, HO^-, C=O의 산소, H_3N의 질소

친전자체

- 전자쌍을 받아들여 새로운 공유 결합을 형성하는 물질
- 양이온 또는 전자가 부족한 화학종
- 루이스 산
- 천전자성 치환 반응 및 첨가 반응을 함

예: 양이온, H^+, C=O의 탄소

반응의 이해를 위한 다음 단계는 실제 반응에서 반응물들이 어떻게 거동하는지 예상하는 것입니다.

반응에서 반응 물질이 생성물로 변환되는 과정을 반응 메커니즘 reaction mechanism이라고 합니다. 반응 메커니즘은 결합의 분해 및 생성 과정에서의 전자의 거동을 단계별로 나타낸 것입니다.

화학자들은 반응 진행 과정을 표현하기 위해 몇 가지 화살표를 이용합니다. 전자쌍(:)이 이동할 때는 온전한 굽은 화살표(⌒)로 나타내고, 하나의 전자(·)만 이동할 때는 낚시바늘 모양 화살표(⌒)로 나타내죠. 화살표의 방향은 전자를 제공하는 원자로부터 전자를 받는

원자를 향하도록 그립니다. 즉 전자 이동의 시작 원자부터 시작되어, 전자를 받는 원자로 화살표 머리가 향하도록 그리는 겁니다. 항상 전자가 풍부한 원자(친핵체)에서 전자가 부족한 원자(친전자체)로 향하도록 화살표를 그립니다.

전자가 이동하고 나면 어떤 결과가 나타날까요? 결합 전자가 이동하면 결합이 분해되고, 이온이 생성되죠. 그러나 결합 전자 중에서 하나만 이동하면 홀전자 화학종인 라디칼radical이 생깁니다.

반응을 온전히 이해하기 위해서는 반응 자리에 대한 정보와 메커니즘만으로는 부족합니다. 반응이 일어나려면 적합한 에너지의 변화가 수반되어야 하기 때문입니다.

따라서 반응의 이해를 위한 또 다른 수단으로 반응 에너지 도표가 이용됩니다. 반응 에너지 도표reaction energy diagram는 반응이 진행되는 동안 반응에 참여하는 모든 화학종의 변화와 상대적인 에너지 준위를 나타낸 그림입니다.

대부분의 화학 반응은 생성 물질의 에너지 준위가 반응 물질의 에

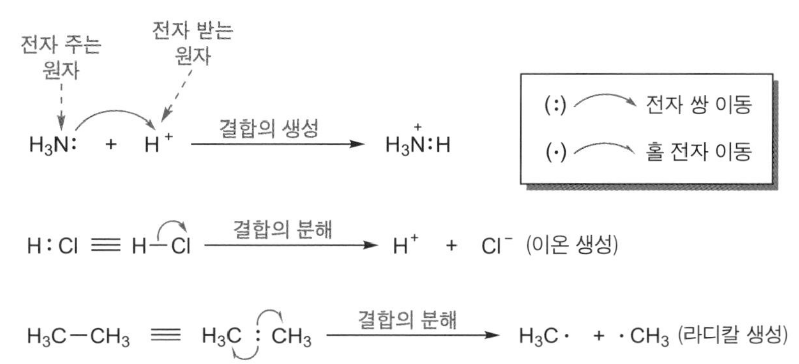

그림 3.12 화살표를 이용한 결합의 생성과 분해의 표현 예

너지 준위보다 낮아야 일어납니다. 반응 에너지 도표는 반응물이 생성물로 전환되는 과정별로 에너지 변화를 나타낸 것이기도 하죠. 앞에서 언급한 것처럼 반응에서는 기존의 결합이 분해되면서 새로운 결합이 생성되어야 하므로, 이 순간에 만들어지는 화학종은 가장 불안정하죠. 이 화학종을 전이 상태transition state라고 합니다. 즉 전이 상태의 에너지가 전체 반응 과정 중에서 가장 높은 상태에 놓입니다. 반응 에너지 도표에서 전이 상태는 [A···B···C]‡ 식으로 나타냅니다. 여기서 점선은 부분 결합을 의미합니다.

한 단계 반응은 전이 상태가 하나이고, 두 단계 반응은 전이 상태가 두 개입니다. 반응물이 전이 상태로 진입하기 위해 필요한 에너지를 활성화 에너지activation energy(ΔE_a)라고 합니다. 반응물이 생성물로 변환되려면 이 에너지 장벽을 넘어야 하는 거죠. 전이 상태로 전환된 화학종은 에너지를 내놓으면서 에너지 준위가 낮은 생성물로 됩니다. 반응물과 생성물의 에너지 차이를 반응열heat of reaction이라고 합니다.

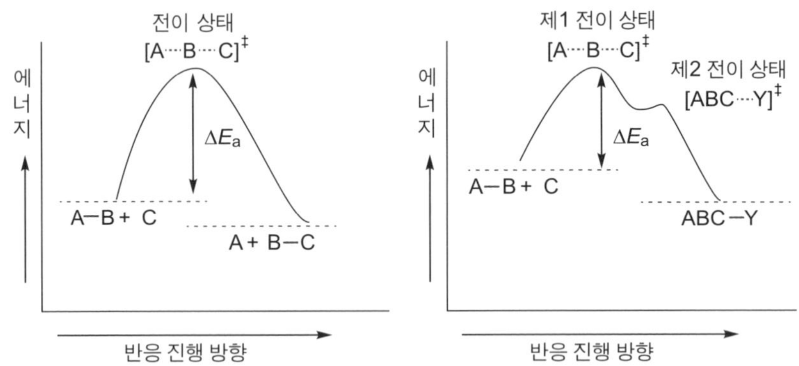

그림 3.13 반응 에너지 도표 예

열을 흡수해야 반응이 일어나는 반응을 흡열 반응endothermic reaction, 반대로 반응 중에 열을 발산하는 반응을 발열 반응exothermic reaction이라고 합니다.

화학자들은 반응 메커니즘과 반응 에너지 도표로부터 반응에 대한 많은 정보를 얻습니다. 유기반응은 메커니즘의 유형에 따라 몇 가지 종류로 구분할 수 있습니다. 일반적으로 첨가 반응, 제거 반응, 치환 반응, 축합 반응, 중합 반응, 자리옮김 반응 등으로 구분됩니다.

첨가 반응addition reaction은 이중 결합이나 삼중 결합 같은 불포화 결합에 2개 또는 4개의 화학종(원자)이 첨가되는 반응입니다. 하나의 불포화 결합에 2개의 화학종(원자)이 첨가될 수 있습니다.

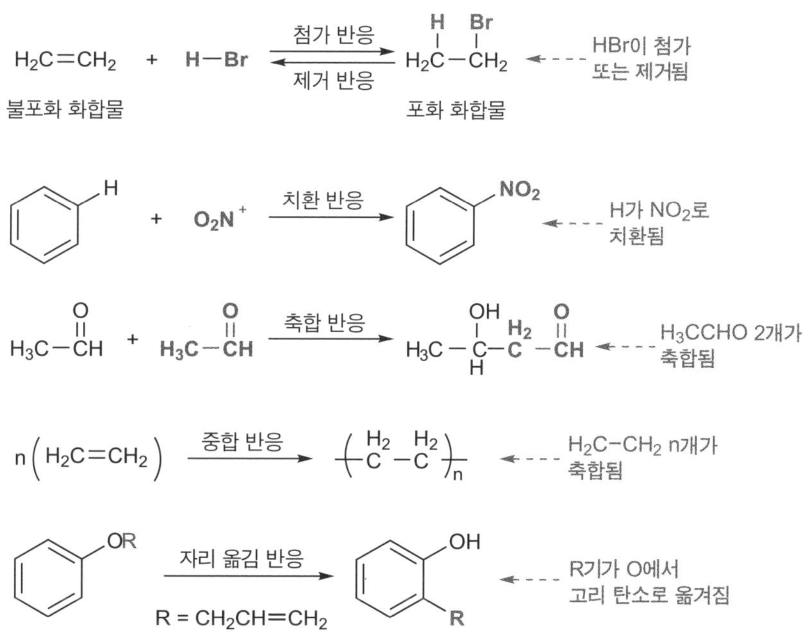

그림 3.14 대표적인 유기 반응의 종류

제거 반응elimination reaction은 반응물에서 두 개 또는 네 개의 화학종(원자)이 제거되면서 불포화 결합을 형성하는 반응입니다. 즉 제거 반응과 첨가 반응의 과정은 서로 반대 과정에 해당합니다.

한편, 치환 반응substitution reaction은 반응물의 특정 원자나 원자단이 다른 화학종으로 치환되는 반응이고, 축합 반응condensation reaction은 두 반응물이 하나의 생성물을 생성하는 반응입니다. 중합 반응polymerization은 간단한 반응물이 연속적으로 반응하여 큰 분자인 중합체polymer를 형성하는 반응이며, 축합 반응과 유사합니다. 자리옮김 반응rearrangement reaction은 반응물 분자의 특정 원자나 원자단이 다른 원자로 이동하여 새로운 생성물을 생성하는 반응 형태입니다.

반응에 관여하는 촉매, 물질의 산화-환원 상태 및 반응물의 전자 상태 등으로 반응을 구분하기도 하죠. 이에 따라 촉매 반응catalytic reaction, 산화-환원 반응oxidation-reduction reaction, 라디칼 반응radical reaction 등으로 부릅니다.

제4강

유기 분자의 이름은 체계적이다

오늘날 문헌에 기록된 유기 화합물의 수는 무려 5억 개가 넘습니다. 이들은 모두 다른 성질을 갖는 물질들입니다. 따라서 각기 다른 이름으로 구분합니다. 만일 이 엄청난 화합물의 이름이 규칙 없이 나라마다 다르게 명명된다면 대단히 혼란스러울 겁니다. 뿐만 아니라 언어가 다른 국가간 소통과 무역 등 여러 분야에서 어려움을 겪게 될 것입니다.

19세기 초반까지만 해도, 유기 화합물은 발견자가 임의로 불렀습니다. 예를 들어 양귀비에서 채취해 진통제로 쓰는 모르핀morphine은 그리스 꿈의 신인 모르페우스Morphenus의 이름을 따서 붙였습니다. 또 개미의 꽁무니에서 분리한 개미산formic acid의 이름은 개미를 뜻하는 라틴어 '*formica*'에서 유래되었습니다.

발견되는 유기물의 수가 크게 증가하면서 체계적인 명명법의 필요성이 계속적으로 대두되었습니다. 1892년에 34명의 유럽 화학자들이 모여 제네바 규칙Geneva Rule이라는 유기 화합물 명명 체계를 만들었습니다. 이 단체로부터 국제 순수 및 응용 화학 연합International Union Pure and Applied Chemistry, IUPAC이 태동되었고, 이 명명 규칙도 받아들여졌습니다. 지금은 IUPAC(아이-유-팩이라고 발음함) 명명법으로 불리며, 정기적으로 개정됩니다.

IUPAC 규칙에 따라 붙여진 화합물의 이름을 계통명systematic name이라고 하죠. 또 IUPAC 규칙이 나오기 전에 사용되었던 모르핀이나 개미산 같은 이름은 관용명common name이라고 합니다. IUPAC 명명법으로는 분자의 구조적 정보 등도 나타낼 수 있어 유용하게 이용되고 있습니다. 오늘날 IUPAC 명명법에서도 이전의 관용명 사용을 부분적으로 허용하고 있습니다.

유기 화합물 이름은 세 부분으로 구성된다

IUPAC 명명 체계에서 유기 화합물의 이름은 접두사prefix, 모체parent 및 접미사suffix의 세 부분으로 구성되어 있습니다.

[접두사]에는 치환기의 종류와 개수 및 위치를 나타내고, [모체]는 분자를 이루는 주된 탄소 사슬의 탄소 수를 나타냅니다. [접미사]는 분자가 어떤 작용기(또는 계열)를 포함하고 있는가를 나타냅니다.

IUPAC 명명의 첫 번째 순서는 분자의 중심 탄소 골격을 찾는 일입니다. 이 중심 탄소 골격이 명명에서 모체 사슬로 사용되기 때문입니

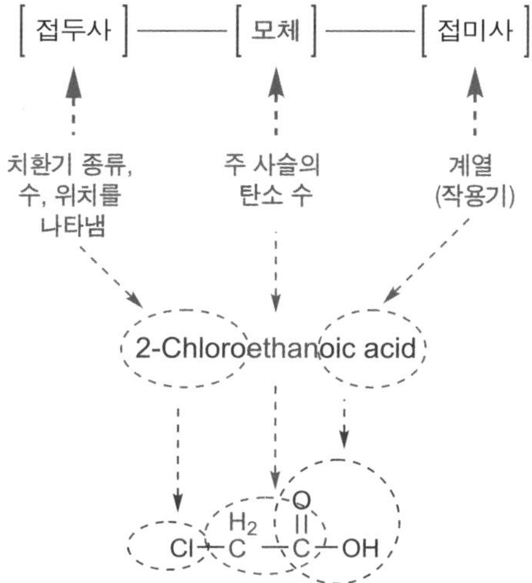

그림 4.1 유기 화합물 이름의 구성

다. 유기 분자의 모체는 지방족 탄화수소aliphatic hydrocarbon, 방향족 탄화수소aromatic hydrocarbon 및 헤테로 고리 화합물heterocyclic compound로 구별할 수 있습니다. 탄소와 수소만으로 구성된 유기 분자를 탄화수소hydrocarbon라고 하는데, 이 탄화수소를 지방족과 방향족으로 구분합니다.

지방족 화합물은 방향족 화합물을 제외한 나머지 화합물을 말하므로 비방향족 화합물nonaromatic compound이라고도 합니다. 지방족 화합물은 구조적으로 곧은 사슬, 가지 사슬 및 고리 형태를 이루며, 탄소-탄소 단일 결합, 이중 결합 및 삼중 결합을 포함하기도 합니다.

단일 결합만으로 이루어진 화합물은 포화 화합물saturated compound이라고 하며, 이중 결합 및 삼중 결합을 포함한 화합물은 불포화 화합물unsaturated compound이라고 합니다. 포화saturated라는 단어의 의미는 탄소 원자가 4개의 다른 원자와 결합하고 있음을 의미하고, 불포화unsaturated란 4개보다 더 작은 수의 원자들과 결합하였다는 것을 의미합니다.

지방족 고리 탄화수소aliphatic cyclohydrocarbone의 이름은 고리를 이루는 탄소 수에 해당하는 곧은 사슬 탄화수소의 모체 이름 앞에 cyclo–를 덧붙여 명명합니다. 예를 들어 6개 탄소로 구성된 고리 탄화 수소의 이름은 cyclohexane(cyclo+hexane)이라고 명명합니다. 따라서 3개 탄소로 구성된 고리 화합물은 cyclopropane(cyclo+propane)이고, 4개 탄소로 구성된 고리 화합물 이름은 cyclobutane(cyclo+butane)이며, cyclopentane(cyclo+pentane)은 5개 탄소로 구성된 고리 탄화수소입니다.

방향족 화합물은 벤젠benzene(C_6H_6)과 같은 물리 화학적 특성을 가지는 부류의 화합물을 말하죠. 벤젠이 가지는 이런 특성을 방향족성aromaticity이라고 하며, 방향족성을 가지는 분자는 특별히 안정합니다. 방향aroma, 芳香이라는 단어는 이 부류 화합물들이 독특한 향을 가지므로 붙여졌습니다.

헤테로 고리 화합물은 분자의 주 골격이 탄소와 수소 이외의 다른 원자들을 함께 포함하고 있는 고리 화합물들입니다. 헤테로 고리 화합물은 매우 다양하고 그 수도 엄청나 명명법도 그에 비례해서 복잡합니다. 따라서 대부분의 유기화학 교재에서는 깊이 다루지 않습니다.

가장 긴 연속된 탄소 사슬이 모체이다

지방족 화합물의 모체는 가장 긴 곧은 탄소 사슬 화합물을 바탕으로 합니다. 따라서 유기화학을 이해하려면 최소한 탄소 10개까지의 분자식과 이름을 알고 있어야 합니다.

모체로 사용되는 사슬들은 지방족 포화 탄화수소입니다. 지방족 포화 탄화수소 계열 화합물의 이름은 사슬 탄소 수를 나타내는 수사와 끝이름(접미사)으로 구성됩니다. 이 계열의 끝 이름(접미사)은 -ane(-에인)입니다. 사슬 탄소 수 1개부터 4개까지의 탄소 수를 나타내는 수사, meth-(1개), eth-(2개), prop-(3개), but-(4개)를 제외한 다른 수사는 모두 탄소 수를 나타내죠. 즉 pent-는5개, hex-는6개, hept-는7개, oct-는8개, non-는9개, dec-는10개를 나타내는 수사입니다. 물론 이들보다 훨씬 많은 100개가 넘는 사슬들의 모체 이름도 정해져 있습니다.

이중 결합과 삼중 결합을 포함하는 불포화 탄화수소의 이름은 다중 결합이 포함된 주 사슬을 기준으로 명명합니다. 따라서 이런 불포화 탄화수소의 이름은 주 사슬 탄소 수를 나타내는 수사와 접미사로 구성됩니다. 즉 이중 결합 화합물인 알켄alkene의 끝 이름은 -ene(-엔)이고, 삼중 결합 화합물인 알카인alkyne의 끝 이름은 -yne(-아인)입니다. 표 4.1에 몇 가지 사슬 탄화수소들의 구조와 이름을 나타냈습니다.

지방족 탄화 수소는 곧은 사슬 형태와 가지 사슬 형태로 구분할

표 4.1 몇 가지 사슬 탄화수소의 분자식과 이름

탄소 수	분자식	탄소 수를 뜻하는 접두사	영어 이름	우리말 이름
1	CH_4	meth-(메트-)	methane	메테인
2	CH_3CH_3	eth-(에트-)	ethane	에테인
	$CH_2=CH_2$	eth-(에트)	ethene	에텐
	$CH\equiv CH$	eth-(에트)	ethyne	에타인
3	$CH_3CH_2CH_3$	prop-(프로프-)	propane	프로페인
	$CH_2=CHCH_3$	prop-(프로프-)	propene	프로펜
	$CH\equiv CCH_3$	prop-(프로프-)	propyne	프로파인
4	$CH_3(CH_2)_2CH_3$	but-(뷰트-)	butane	뷰테인
	$CH_2=CHCH_2CH_3$	but-(뷰트-)	1-butene	1-뷰텐
	$CH\equiv CCH_2CH_3$	but-(뷰트-)	1-butyne	1-뷰타인
5	$CH_3(CH_2)_3CH_3$	pent-(펜트-)	pentane	펜테인
	$CH_2=CH(CH_2)_2CH_3$	pent-(펜트-)	1-pentene	1-펜텐
	$CH\equiv C(CH_2)_2CH_3$	pent-(펜트-)	1-pentyne	1-펜타인
6	$CH_3(CH_2)_4CH_3$	hex-(헥스-)	hexane	헥세인
7	$CH_3(CH_2)_5CH_3$	hept-(헵트-)	heptane	헵테인
8	$CH_3(CH_2)_6CH_3$	oct-(옥트-)	octane	옥테인
9	$CH_3(CH_2)_7CH_3$	non-(노느-)	nonane	노네인
10	$CH_3(CH_2)_8CH_3$	dec-(데크-)	decane	데케인

수 있습니다. 가지 사슬 탄화수소의 명명은 곧은 사슬 탄화수소인 알케인, 알켄 및 알카인의 이름을 토대로 명명합니다.

가지 사슬 지방족 탄화수소의 명명은 모체 사슬을 찾아 명명하고, 치환기를 찾아 명명하여 모체 사슬 이름 앞(접두사)에 붙여서 명명합니다.

탄소 사슬로부터 유도된 알킬 치환기(R-로 표시함)의 이름은, 치환기 사슬의 모체 이름을 이용해서 명명합니다. 예를 들어, 메틸기

$(-CH_3)$는 모체인 메테인(CH_4)에서 수소(H) 한 개가 없는 집단으로 생각하는 거죠. 따라서 methane에서 $-ane$ 대신 $-yl$을 붙여 'methyl–'로 명명합니다. 또 CH_3CH_2-기는 'ethyl–', $CH_3CH_2CH_2-$기는 'propyl'로 명명합니다.

그러면 $CH_2=CH-$기와 $HC\equiv C-$기는 어떻게 명명할까요? 이들 치환기는 각각 $CH_2=CH_2$와 $HC\equiv CH$로부터 유도된 것이므로 각각 'ethenyl'과 'ethynly'로 명명합니다. 즉 ethene을 ethenyl로, ethyne을 ethynyl로 변형한 것입니다. 만일 'ethene'을 'ethyl'로 변환한다면, 이중

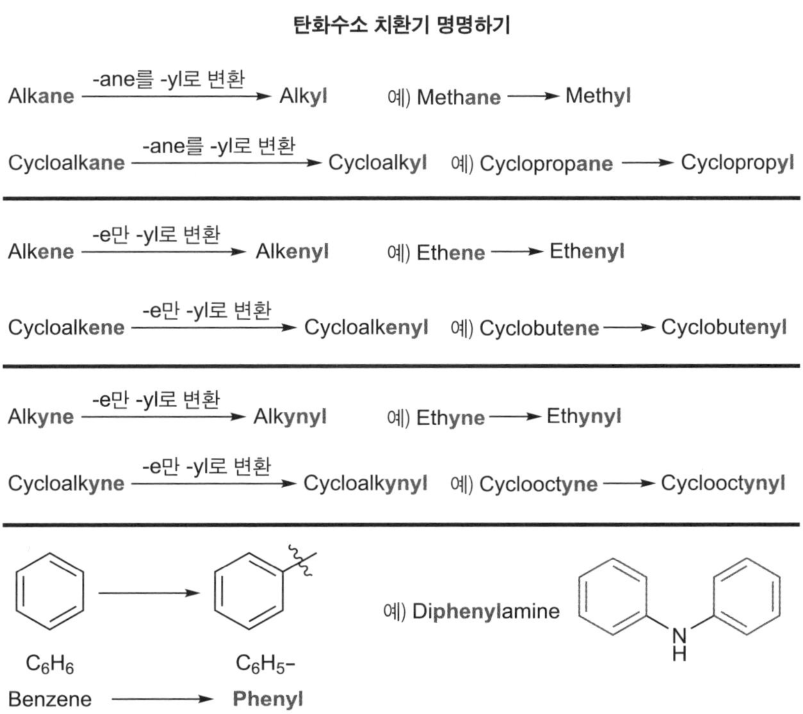

그림 4.2 탄화수소 치환기 명명하기

결합을 가지지 않는 것으로 오해할 수 있기 때문에 '*–e*' 만을 '*–yl*'로 바꿔주는 것이죠. 알카인도 같은 이유로 '*–e*'만을 '*–yl*'로 바꿔줍니다. 지방족 고리 탄화수소의 치환기 이름도 지금까지 다룬 것과 같은 방식으로 명명합니다.

그러나 방향족 탄화수소인 벤젠(C_6H_6)의 모체 이름은 benzene이지만, 'phenyl'이라는 다른 치환기 이름을 사용한다는 점에 유의해야 합니다. Phenyl기의 분자식은 C_6H_5-입니다. 다른 헤테로 원자 작용기들은 각각 다른 치환기 이름을 가지고 있습니다(그림 4.2).

계열을 접미사로 나타낸다

접미사로 유기 화합물의 계열을 구분하여 명명합니다. 유기 화합물의 계열은 작용기를 기준으로 구분하며 고유의 작용기 이름을 가집니다. 작용기가 분자의 특성을 좌우하기 때문이죠.

예를 들어, 모체에 C=C 결합이 포함되면 끝 이름(접미사)을 *–ene*로, C≡C 결합이 포함된 계열은 *–yne*로 명명하죠. 화합물의 계통명을 보면 어떤 계열 화합물인가를 쉽게 알 수 있는 거죠.

탄소–탄소 다중 결합 작용기를 제외한 다른 작용기들은 탄소와 헤테로 원자로 이루어 지거나, 헤테로 원자만으로 이루어진 것들도 있습니다. 작용기 C=O, COOH는 탄소와 헤테로 원자인 산소로 구성된 작용기입니다. –OH 및 $-NH_2$ 등은 탄소가 없는 작용기입니다. C=O

표 4.2 작용기 구분 및 명명 우선 순위

작용기	접미사 이름	치환기 이름
주작용기 부류		
Carboxylic acid; RCOOH	–oic acid –carboxylic acid	carboxy–
Acid anhydride; $(RCO)_2O$	–oic anhydride –carboxlic anhydride	–
Ester; RCOOR'	–oate –carboxylate	alkoxycarbonyl–
Acid halide; RCOX	–oyl halide –carbonyl halide	halocarbonyl–
Amide; $RCONH_2$	–amide –carboxamide	amido–
Nitrile; RC≡N	–nitrile –carbonitrile	cyano–
Aldehyde; RCHO	–al –carboaldehyde	oxo–
Ketone; R_2COR	–one	oxo–
Alcohol; ROH	–ol	hydroxyl–
Phenol; PhOH	–phenol	phenylhydoxyl–
Thiol; RSH	–thiol	mercapto–
Amine; RNH_2	–amine	amino–
Imine; R_2C=NH	–imine	imino–
Alkene; RCH=CHR	–ene	alkenyl–
Alkyne; RC≡CR	–yne	alkynyl–
Alkane; RCH_2R	–ane	alkyl–
부작용기 부류		
Azide; RN_3		azido–
Diazo; RN_2		diazo–
Ether; ROR		alkyloxy–(RO–)
Halide; RX		halo–
Nitro; RNO_2		nitro–
Sulfide; RSR		alkylthio–

* 주작용기는 우선 순위별로 나열된 것임. 위로 갈수록 우선 순위가 높다.

기는 카보닐carbonyl기, COOH기는 카복시carboxyl기, OH기는 알코올 alcohol기 그리고 NH_2기는 아미노amino기라고 부르죠. 이런 작용기들은 주작용기일 수도 있고 부작용기일 수도 있습니다. 주작용기는 접미사(끝 이름)로 명명하고, 부작용기는 치환기 이름(접두사)으로 명명합니다.

C=O는 *oxo*−(옥소−)라는 치환기 이름을 가지며, COOH기는 −*carboxylic acid*(−카복실산)라는 끝 이름을 가집니다. 또 OH기는, −*ol* (−올)이라는 끝 이름과 *hydroxyl*−(하이드록시−)라는 치환기 이름을 가집니다. NH_2의 끝 이름은 −amine(아민)이고, 치환기 이름은 amino−(아미노)입니다.

앞에서 언급한것처럼 IUPAC 계통명을 정하기 이전에 사용되던 관용명도 매우 다양하고 많습니다. 이들의 상당 수가 계통명에서 인정되기도 하고, 혼용해서 사용하기도 합니다. 따라서 유기화학을 배우고 다루는 사람들은 이런 관용명을 아는 것도 필요합니다. 예를 들어 식초의 주성분인 CH_3COOH의 계통명은 ethanoic acid(에탄산)이지만, 관용명은 acetic acid(아세트산)입니다.

유기 분자 중에는 하나의 분자에 여러 작용기들이 함께 존재하기도 합니다. 이런 다작용기 화합물의 명명에서는 혼란을 피하기 위해 작용기의 명명 우선 순위를 정하고 있습니다(표 4.2. 참고).

유기화학을 전공하려는 사람들은 이 명명법을 숙지해야 합니다. 명명법은 유기화학 소통의 언어 중 하나이기 때문이죠. IUPAC 명명법은 방대하므로 여기서 구체적으로 다루지는 않겠습니다.

의약품은 세 가지 이름으로 불린다

인류의 의약품 사용 역사는 멀리 기원전까지 거슬러 올라갑니다. 의약품을 뜻하는 'Drug'이라는 단어는 '약품으로 사용하기 위해 말린 식물이나 식물의 일부'를 의미하는 말이었지만, 오늘날에는 '몸에 흡수되어 신체적 또는 심리적 기능을 변화시키거나 증진시키는 물질'을 의미합니다.

질병의 치료에 화학요법chemotherapy이 도입되면서, 오늘날 약국과 병원에서는 무려 2000여 가지 이상의 약품이 거래되거나 사용되고 있으며, 그 수는 점점 더 늘어나고 있습니다. 이들 대부분의 약품은 유기화합물입니다.

의약품은 IUPAC 계통명, 상품명 그리고 일반명 등 세 가지 이름으로 표기됩니다. 이 중 가장 정확한 화학적 이름은 당연히 IUPAC 계통명입니다. 그러나 IUPAC 계통명은 때로 너무 길고 복잡해서 취급자(연구자, 의사, 약사)나 일반 사용자 모두에게 불편합니다. 이런 어려움을 피하기 위해 상품명brand name 및 일반명generic name을 붙여 사용합니다.

약품의 IUPAC 이름은 다른 유기 분자 이름과 같은 규칙에 따라 명명합니다. 상품명은 약품을 개발한 회사가 정해서 특허 등록을 하며, 등록된 상품명은 해당 특허를 소유한 회사만이 사용할 수 있습니다. 처음 개발한 약품의 특허 보장 기간은 20년입니다. 특정 약품의 특허가 만료되면, 일반명이나 자신의 회사가 출원한 다른 상품명으로 시

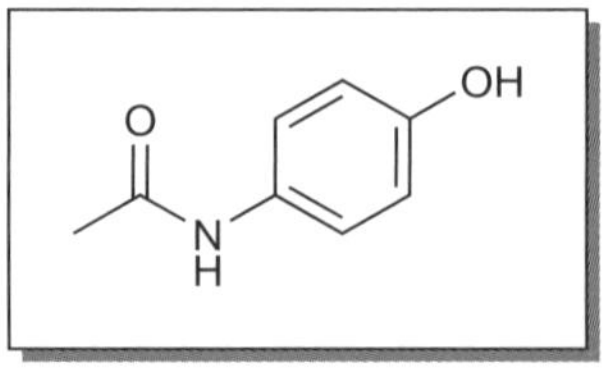

상품명: Tyreol
IUPAC 계통명: *N*-Acetyl-*p*-aminophenol
일반명: acetaminophen 또는 paracetamol

그림 4.3 타이레놀 구조와 이름

판할 수 있죠. 이를 상표가 있는 일반명branded generic name이라고 합니다. 상품명은 대문자로 시작하고, 일반명은 소문자로 씁니다.

한편 일반명(무상표 명)은 IUPAC 계통명보다는 간단하고, 상표로 등록되지 않은 이름입니다. 일반명은 약품을 개발한 회사에서 별도로 명명할 수 있습니다.

해열 진통제인 타이레놀Tyrenol을 예로 들어 보죠. 타이레놀은 상품명이고, 이 약품 성분의 IUPAC 계통명은 *N*−acetyl−*p*−aminophenol입니다. 이 약품의 일반명은 아세트아미노펜acetaminophen 및 파라세타몰paracetamol이며, 이들은 계통명으로부터 유래한 것입니다.

식별자는 사람과 기계의 새로운 소통 언어이다

지금까지 다룬 IUPAC 명명법으로는 사람과 기계가 소통할 수는 없습니다. 첨단과학이 발달한 4차 산업 시대인 오늘날에는 바코드를 통해 기계가 물질을 구별하고 계수할 수 있어 삶이 편리해졌습니다. 그러나 바코드 인식 방식으로 화합물의 정보를 충분히 전달하지는 못합니다. 따라서 기계와 사람 사이에서도 화합물의 구체적인 정보에 대해 소통할 수 있는 명명법이 필요하게 되었습니다. 이를 위해 IUPAC에서는 사람과 기계 사이에서 소통이 가능한 화합물 명명 방식을 개발하였습니다. 이를 식별자identifier, ID라고 합니다. 식별자로 사람과 기계 사이에 물질 정보의 소통이 가능해진거죠.

기계도 식별할 수 있도록 화합물을 완전히 나타내는 데는 이름과 구조만으로는 충분하지 않습니다. 기계 언어는 사람의 언어와 완전히 다르기 때문입니다. 이런 필요성에 의해 IUPAC에서 '표준 국제 화학 식별자(InChI: Inchee로 발음)'를 만들었습니다. 이 식별자는 기계가 읽을 수 있는 형태이며, 사람이 알 수 있는 구조로도 쉽게 변환시킬 수 있습니다. 이 코드에는 화학 구조에 대한 정보들이 들어 있고, 바코드에 삽입될 수도 있고, 기계가 화학 구조를 읽을 수도 있도록 만들어졌습니다. 식별자는 일종의 물질의 QR 코드인 셈이죠.

식별자는 알파벳, 숫자 및 기호로 구성되어 있습니다. 식별자에는 화학식(분자식), 사슬 탄소, 수소 및 입체 화학에 대한 정보가 담겨

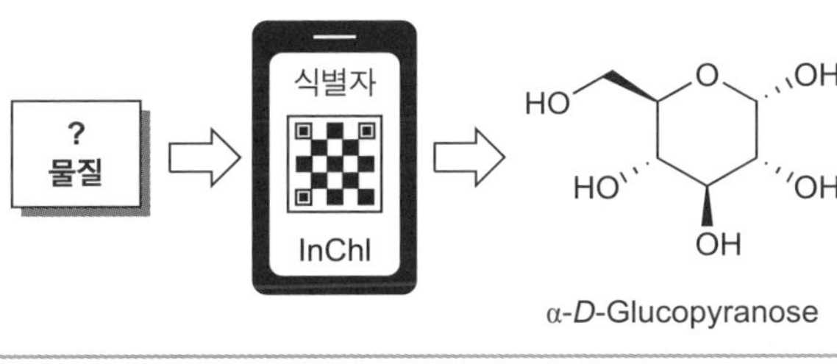

그림 4.4 α-*D*-글루코피라노스의 식별자

있습니다.

하나의 예로, 6각형 고리형인 α−*D*−글루코피라노오스(α−*D*−glucopyranose)의 식별자는 다음과 같습니다.

판(version)	InChI=1S/
화학식	C6H12O6/
탄소 사슬	c7-1-2-3(8)4(9)5(10)6(11)12-2/
수소	h2-11H,1H2/
입체 화학	t2-,3-,4+,5-,6+/m1/s1

* InChI 식별자는 모두 붙여쓴다. 여기서는 해당 부분의 뜻을 나타내기 위해 다르게 배열했음.

제5강

유기 분자는 다양하게 표현한다

분자식이나 구조식은 화합물의 실체를 나타내는 화학의 언어들입니다. 분자식과 구조식의 차이와 특징은 무엇일까요?

분자식은 분자를 구성하는 원소의 종류와 수를 나타내는 간단한 방법입니다. 또한 분자식으로부터 분자량을 쉽게 얻을 수도 있습니다. 그러나 분자식만으로 해당 분자의 특성을 구체적으로 이해하기에는 부족합니다. 분자 특성의 이해를 위해 더 많은 정보를 얻으려면 분자의 삼차원 구조를 알아야 합니다. 예를 들어 에탄올ethanol과 다이메틸 에터dimethyl ether는 분자식이 C_2H_6O로 동일합니다. 따라서 분자식만으로는 분자량 이외에는 이들 두 분자의 물리적 및 화학적 특성에 대한 정보를 얻을 수 없습니다. 즉, 에탄올의 끓는점이 다이메틸 에터보다 더 높은 이유를 이해할 수 없습니다.

화학자들은 유기 분자의 특성을 보다 구체적으로 이해하기 위해 몇 가지 다른 구조 표현 방법을 고안했습니다. 즉, 분자를 구성하는 원자 배열의 표현 방법, 삼차원 공간 배향의 표현 방법, 그리고 이들을 구별하는 명명법 등을 고안해냈죠. 오늘날 유기화학자들은 이런 표기법을 공통적으로 사용하고 있습니다.

유기 분자는 어떻게 표현되나

유기 분자를 잘 다루고, 이해하기 위해서는 분자 표현 기술을 잘 알아야 합니다. 분자는 하나 이상의 원자들로 구성됩니다. 따라서 분자를 구성하고 있는 원자의 종류와 수로 표시하는 분자식molecular formular으로 표현할 수 있습니다.

분자식은 분자의 조성을 기술하는 가장 간단한 표현 방법이죠. 하나 이상의 원소들을 여러 개씩 포함하고 있는 특정 화합물의 분자식은 다양한 방식으로 쓰일 수 있습니다. 만일 그렇게 되면 매우 혼란스러울 겁니다. 따라서 화학자들은 분자식 쓰는 방법을 표준화하였습니다.

표준화된 분자식 표기법에서 원소는 약속된 원소 기호로 표시하고, 개수는 해당 원소 기호 오른편에 아래 첨자로 나타냅니다. 다만 한 개인 경우는 숫자 '1'을 표시하지 않습니다. 또 분자의 개수는 화학식 앞에 숫자로 표시합니다. 분자식의 표현에는 항상 주의해야 합니다.

예를 들어, H_2O_2의 분자식을 가지는 과산화 수소hydrogen peroxide의 실험식은 HO입니다. HO의 화학식량은 1(H) + 16(O) = 17(HO)이고,

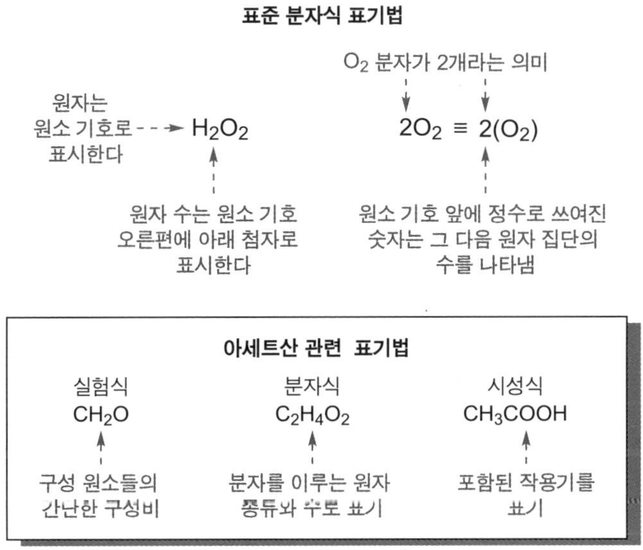

그림 5.1 표준 분자식 표기법

H_2O_2의 분자량은 34입니다. 따라서 분자식은 2 × (HO)이어야 하므로, 분자식은 H_2O_2가 됩니다. 만일 과산화 수소의 분자식을 $H2O_2$로 표시하면 큰 오류가 납니다. H가 1개이고, O_2가 2개인 물질[$H2(O_2)$]이기 때문입니다. 이런 물질은 존재하지 않습니다.

물질의 조성을 나타내는 식에 관한 용어로 분자식 이외에 화학식, 실험식, 시성식 등을 자주 접하게 됩니다. 이 용어들은 모두 구성 원소 기호로 나타내지만 다릅니다.

실험식empirical formula은 물질을 이루고 있는 원소들의 가장 간단한 조성비를 나타낸 겁니다. 다르게 말하면, 실험식은 '시료 화합물 내의 원자들의 가장 간단한 질량 정수 비'입니다. 따라서 새로운 화합물을 만들거나 발견할 때마다, 해당 물질에 포함된 원소들의 상대적인 질량

백분율을 결정해서 '실험식'으로 나타내야 합니다. 실험식은 이온 결합 화합물을 나타내는 데는 유용합니다.

그러나 분자성 물질의 경우는 분자식으로 표기해야 합니다. 왜 그럴까요? 순수한 분자성 물질의 분자식은 대부분 실험식과 다르기 때문입니다. 분자는 원자들이 공유 결합을 이루어 형성되는 최소 단위입니다. 분자식은 분자를 이루는 원소들의 종류와 수를 나타낸 식입니다. 분자식은 실험식에 적당한 계수를 조정하여 만듭니다. 이때의 조정 계수는 분자의 분자량이 되도록 조정하는 것입니다. 이 조정된 분자식의 원자량 합이 곧 분자량molecular weight이 됩니다.

한편 시성식rational formula은 분자 내에 어떤 작용기가 존재하는지를 나타낸 식입니다. 작용기는 그만의 특수한 성질을 가지는 집단이므로, 분자의 성질을 이해하는 데 큰 도움이 됩니다.

예를 들어, 아세트산acetic acid(식초)의 시성식은 CH_3COOH이고, 분자식은 $C_2H_4O_2$이며, 실험식은 CH_2O입니다. 실험식의 2배가 곧 아세트산의 분자식이 됩니다. 즉 $2(CH_2O) = C_2H_4O_2$입니다. 시성식에 '$-COOH$'로 표기하는 것은 이 화합물이 카복실산의 특성을 가진다는 것을 암시하는 거죠. $-COOH$기는 카복실산 작용기입니다(제6강 참고).

공유 결합도 여러 가지 방법으로 나타낸다

한편 공유 결합을 표기하는 데도 몇 가지 방법이 있습니다. 루이스*는 공유결합에 관여하는 전자를 하나의 점(·)으로 표시하는 방법으로 나타냈죠. 이런 방법으로 나타낸 구조식을 루이스 구조식Lewis structure 또는 루이스 점 구조식Lewis dot structure이라고 합니다. 루이스 구조식에서는 공유 전자쌍 및 비공유 전자쌍을 2개의 점(:)으로 표시합니다.

한편 케쿨레** 구조식Kekulé structure에서는 결합 전자쌍을 하나의 선(—)으로 표시합니다. 루이스 구조식이나 케쿨레 구조식의 장점은 모든 원자와 결합 전자들을 명확하게 그릴 수 있다는 것입니다. 그러나 이 방법들은 작은 분자에서만 실용적이죠. 큰 분자에서 모든 결합과 원자를 그린다는 것은 번거롭고 많은 공간이 필요하다는 단점이 있습니다. 이런 불편을 해소하기 위해 화학자들은 부분 축소 구조식을 이용합니다. 즉 필요한 부분만을 루이스 구조로 그리는 겁니다.

축소 구조식condensed structure은 결합은 그리지 않고 원자 집단만을 순서대로 표시하는 방식이며, 분자식과는 다릅니다. 사실 커다란 분자들의 구조식에 모든 원자를 표현하는 것도 또한 불편합니다. 이런 불편함은 결합-선 구조식을 이용하면 해결할 수 있습니다.

- * **루이스**(G. N. Lewis, 1875~1946)
- ** **케쿨레**(Friedrich August Kekulé, 1829~1896)

결합–선 구조식bond–line structure에서는 탄소–탄소 결합(C–C)은 하나의 선(–)으로 표시하고, 탄소–수소(C–H) 결합은 표시하지 않습니다. 또 탄소 원자도 표기하기 않으며, 각 선의 끝이나 모서리에는 탄소가 있는 것으로 간주합니다. 구성 원자 중 헤테로 원자와 헤테로 원자에 결합된 수소는 원소 기호로 표기합니다. 즉 H–O, H–N 또는 HO, HN 식으로 표기합니다.

예로써 아이소프로필 알코올isopropyl alcohol(C_3H_8O)을 나타내는 표현 방법들을 그림 5.2에 나타냈습니다.

지금까지 논의한 구조식들은 모두 종이 평면에 1차원적으로 그리는 방법들입니다. 그러나 탄소가 주축인 유기 분자를 이해하기 위해서는 삼차원 구조를 그리는 방법도 필요합니다.

삼차원 구조를 그리는 가장 일반적인 방법으로, 종류가 다른 선을 이용하여 삼차원 공간 배열을 나타낼 수 있습니다. 즉 결합–선 구조식에 실선(—), 쐐기선(◀━)과 대시선(┅┅)을 이용하는 겁니다. 종이 면상의 결합은 실선(—)으로, 면의 앞쪽으로 튀어나온 결합은 쐐기선(◀━)으로, 종이 면의 뒤쪽으로 향하는 결합은 대시선(┅┅)으로 그립니다. 아이소프로필 알코올과 메테인의 삼차원 결합–선 구조를 그림 5.3에 나타냈습니다.

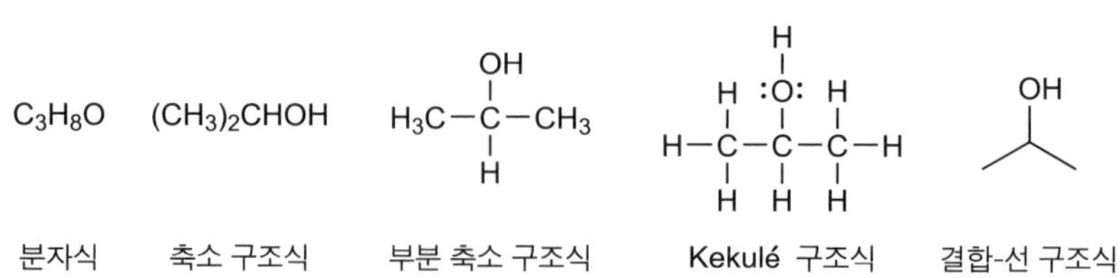

그림 5.2 아이소프로필 알코올의 분자식과 여러가지 구조식

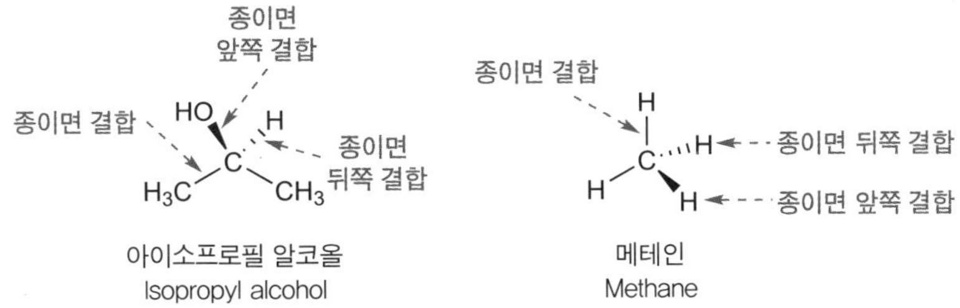

그림 5.3 점선-쐐기 구조식 표현법

분자의 정확한 삼차원 배열 구조를 통해 해당 분자의 물리적, 화학적 및 생물학적 특성을 더 정확하게 알 수 있습니다. 따라서 정확한 구조식을 아는 것이 중요합니다.

하나의 구조로 나타낼 수 없는 분자도 있다

자연에 존재하는 분자 중에는 하나의 구조식으로 나타낼 수 없는 것도 있습니다. 대표적인 분자가 벤젠입니다. 벤젠의 실제 구조는 하나의 루이스 구조식으로는 정확히 그릴 수 없습니다. 그러나 두 개의 서로 다른 루이스 구조식을 이용하면 실제 분자와 가장 유사하게 그릴 수는 있습니다. 이 두 구조를 공명 구조resonance structure라고 하죠. 공명 구조는 두 구조 사이에 머리가 둘인 화살표(⟷)로 나타냅니다.

공명 구조를 그리는 데도 일정한 규칙이 있습니다. 모든 공명 구조에서는 전자쌍의 수가 동일해야 하며, 공명 구조를 그릴 때는 전자가

쌍(2개씩)으로 이동하도록 그려야 합니다. 또 중요한 것은 공명 구조에서는 원자핵은 이동하지 않으며, 다만 파이 결합 전자나 비공유 전자쌍의 위치만이 이동할 수 있습니다.

전자의 이동은 전자가 풍부한 원자에서 전자가 부족한 원자로 이동하도록 그려야 합니다. 즉 전기 음성도가 큰 원자가 음전하를 가지도록 그려야 합니다. 여러 개의 공명 구조가 가능하다고 해도, 그 중에는 실제 분자를 나타낼 수 있는 구조가 없습니다. 따라서 실제 분자에 가장 가깝게 표현하는 구조로 공명 혼성체resonance hybrid를 이용합니다.

공명 구조를 가지는 물질들의 상대적인 안정도는 그릴 수 있는 공명 구조의 수에 비례합니다. 즉 공명 구조를 더 많이 그릴 수 있는 분자가 적게 그릴 수 있는 분자보다 그만큼 더 안정하다고 말합니다. 이런 안정화를 공명 안정화resonance stabilization라고 하죠.

그렇다면, 공명 구조를 더 많이 그릴 수 있는 분자가 더 안정한 이유는 무엇일까요? 앞에서 언급한 것처럼, 각 공명 구조에서는 파이 결합의 위치만이 다릅니다.

예로 아세트산 음이온을 살펴볼까요? 아세트산 음이온에서는 단일 결합 산소가 음이온을 띱니다. 그러나 아세트산 음이온의 공명 구조에서는 음이온이 각기 다른 단일 결합 산소에 존재합니다. 즉 하나의 음이온이 두 산소에 번갈아 있다고 하면, 평균적으로는 각 단일 결합 산소에는 절반씩의 음이온(−1/2)이 존재한다고 생각할 수 있습니다(그림 5.4 참고). 따라서 하나의 단일 결합 산소에 온전한 음전하가 존재하는 것보다 더 안정한 겁니다.

공명 현상으로 안정화되는 분자들은 그 반응성도 독특하죠. 특별히 벤젠 분자는 공명 안정화 에너지가 큽니다. 따라서 이중 결합이 세 개나 존재하지만, 에텐(CH_2=CH_2)과는 다른 반응성을 보입니다. 즉 에텐은 첨가 반응이 쉽게 일어나지만, 같은 조건에서 벤젠은 첨가 반응을 일으키지 않습니다. 벤젠은 오히려 산 촉매 조건에서 치환 반응을 일으킵니다. 벤젠의 이러한 특성을 방향족성aromaticity이라고 합니다.

벤젠처럼 평면 고리이면서 다중 결합과 단일 결합이 교대로 존재하고(이를 콘쥬게이션 계*라고 함), 휘켈**의 전자수(4n+2, n = 0, 1, 2, ...)를 가지는 화합물들이 벤젠처럼 방향족성을 나타냅니다.

여기서 벤젠benzene과 아세트산 음이온acetate을 예로 들어 이들의 공명 구조에 대해 더 자세히 다루어 보죠.

벤젠과 아세트산 음이온은 각각 두 개씩의 공명 구조가 가능합니다. 벤젠의 공명 구조 I과 II에서는 이중 결합의 위치만 서로 다릅니다. 벤젠 혼성체에서는 파이 결합 전자가 여섯 개 탄소에 퍼져 있다는 의미에서 육각형 고리 안에 하나의 원으로 나타냅니다. 또 아세트산 음이온의 두 공명 구조에서도 탄소–산소의 이중 결합 위치만 다릅니다. 구조 I에서는 1번 산소가 이중 결합이고, 구조 II에서는 2번 산소가 이중 결합을 이루고 있습니다. 아세트산 음이온 혼성체는 두개의 산소에 하나의 음이온이 퍼져 있는 것처럼 나타냅니다(그림 5.4 참고).

* 다중 결합과 단일 결합이 교대로 있는 결합 계를 콘쥬게이션 계conjugation system라고 하며, 콘쥬게이션 계에서는 공명 구조가 가능하다.
** Erich Hückel(1896~1980)

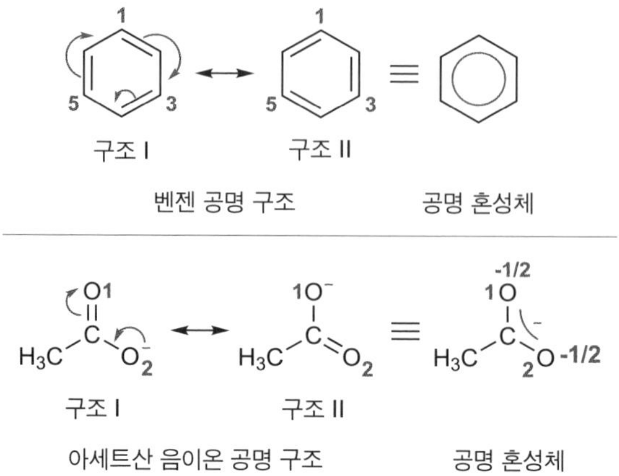

그림 5.4 벤젠과 아세트산 음이온의 공명 구조

그렇다면 공명 혼성체에 대한 증거가 있을까요? 이들 두 물질의 실제 결합 길이로부터 혼성체의 증거를 찾을 수 있습니다. 벤젠에서 6개의 C−C 결합 길이는 139 pm이며, 모두 동일하죠. 벤젠의 C−C 결합 길이는 순수한 C−C 단일 결합 길이(154 pm)보다는 짧고, C=C 이중 결합 길이(134 pm) 보다는 조금 깁니다. 또한 아세트산 음이온의 2개 C−O 결합 길이 역시 동일하며, 순수한 C−O보다는 짧고, 순수한 C=O보다는 깁니다.

이성질체는 원자 배열이나 공간 배열이 다르다

유기 분자 중에는 분자식은 동일하지만, 원자 배열이 다르거나 삼차원 공간 배열이 다른 것들이 많습니다. 분자식이 같으면서도 원자나 다중 결합의 배열 및 공간 배향이 달라서 물리 화학적 성질이 다른 분자들을 이성질체isomer라고 합니다.

분자식이 같은 이성질체가 왜 물리 화학적 성질이 다를까요? 분자식이 같아도 원자 배열이나 공간 배열이 다르면 분자간 상호작용, 반응 자리 및 광학적 성질 등 다양한 분자 특성들이 변화되기 때문입니다. 특별히 탄소 원자는 최대 4개의 다른 원자들과 결합할 수 있고 다중 결합도 가능하므로, 탄소 원자가 중심인 유기 분자는 다양한 이성질체를 형성합니다.

이성질체는 크게 구조 이성질체structural isomer와 입체 이성질체stereoisomer로 구분되죠. 구조 이성질체는 원자 배열이 다르므로 IUPAC 이름도 다릅니다. 그러나 입체 이성질체는 공간 배향만 다르므로 이름은 동일합니다. 따라서 입체 이성질체들은 화합물 이름에 각기 다른 접두사를 써서 구분합니다.

구조 이성질체는 분자를 구성하는 원자의 연결 방법이 달라서 생기는 이성질 현상입니다. 앞에서 예로 들었던 에탄올과 다이메틸 에터는 C_2H_6O라는 동일한 분자식을 가지는 구조 이성질체들입니다. 구조 이성질체는 분자가 클수록 그 수가 더 많아집니다. 예를 들어 C_5H_{12}인 탄화수소는 3가지 구조 이성질체가 가능하며, $C_{10}H_{22}$인 탄화수소는 무려 75개의 구조 이성질체가 존재합니다.

구조 이성질체는 분자 골격과 작용기가 다르므로 끓는점과 녹는점 같은 물리적 성질이 다르고, 특히 작용기가 다른 경우에는 반응성도 크게 차이납니다.

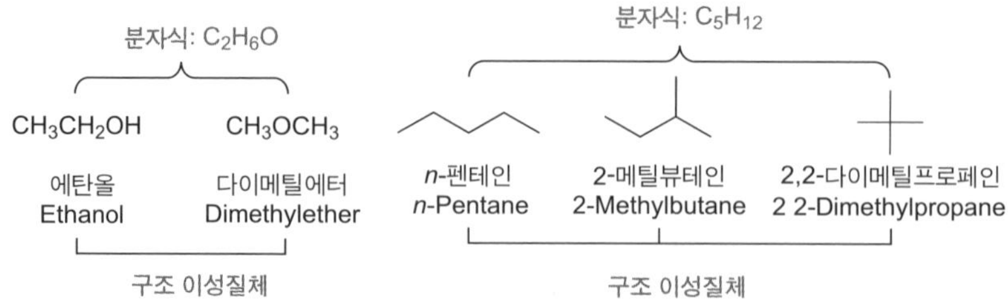

그림 5.5 구조 이성질체의 몇 가지 예

입체 이성질체의 하나인 시스-트랜스 이성질체* *cis-trans* isomer는 이중 결합이나 고리 구조에서 동일한 치환기의 배열 방향을 기준으로 구분합니다. 예를 들어 시스*cis-* 이성질체는 동일한 두개 치환기가 같은 편으로 배열되고, 트랜스*trans-* 이성질체는 같은 치환기 두 개가 서로 반대 편으로 배열하고 있습니다. 이중 결합은 단일 결합처럼 회전할 수 없기 때문에, 시스-트랜스 이성질체는 구분되어야 하죠. 실제로 시스-트랜스 이성질체는 분자식이 동일해도 물리적 화학적 성질이 전혀 다릅니다. 즉 각기 다른 물질입니다.

두 개 이중 결합 탄소에 모두 다른 치환기가 있는 경우도 있습니다. 이런 이성질체는 시스, 트랜스라는 용어로 구분할 수 없습니다. 따라서 대신 (*E*)와 (*Z*)라는 기호로 구분하여 나타냅니다. 이를 (*E*, *Z*)-명명법** *E*, *Z*-nomanclature이라고 합니다. 이 방법은 이중 결합의 절대적인

- * 시스*cis*, 트랜스*trans*라는 용어는 라틴어에서 왔는데, '시스'는 "같은 면"이라는 뜻이고 '트랜스'는 "다른 면"이라는 뜻임.
- ** *Z*(독일어 *zusammen*에서 유래함)는 같은 편*together*이라는 뜻으로 *cis*에 대응하고, *E*(독일어 *entgegen*에서 유래함)는 반대편*opposite*이라는 뜻으로 *trans*에 대응함.

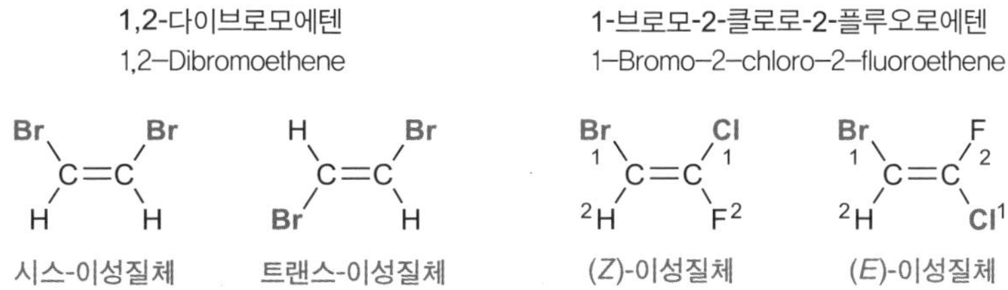

그림 5.6 시스/트랜스- 및 E/Z- 이성질체의 예(오른쪽 두 구조의 1, 2는 우선순위를 나타냄)

입체 배열 표시법입니다. 절대 입체 배열이란 '배열을 관찰하려는 기준 탄소에 있는 치환기들의 특정한 배열'을 의미합니다.

(*E*, *Z*)−명명법에서는 각 이중 결합 탄소의 2개 치환기에 우선 순위를 메겨 결정합니다. 우선 순위는 후술할 CIP 순차 결정 규칙에 따라 매깁니다. 우선 순위가 빠른 치환기가 같은 편으로 배열되면, (*Z*)−이성질체로, 서로 반대편으로 배열되면 (*E*)−이성질체로 구분합니다.

여기서 치환기의 우선 순위를 메기는 칸−인골드−프렐로그 순차 결정 규칙Cahn−Ingold−Prelog sequence rule(CIP 체계)에 대해 살펴보죠. 이중 결합에 치환된 치환기의 우선 순위는 이중 결합 탄소에 결합된 첫번째 원자의 원자 번호를 비교하여 매깁니다. 원자 번호가 큰 원자의 우선 순위가 더 빠릅니다. 만일 이중 결합 탄소에 결합된 두 치환기의 첫 번째 원자가 동일하면, 그 다음 원자들을 비교하여 구분합니다. 이 규칙은 입체 이성질체의 절대 배열을 구분 짓기 위해 사용하는 규칙입니다.

칸-인골드-프렐로그 순차 결정 규칙

1. 기준 탄소를 정한다.
   예) 이중 결합 탄소나 카이랄 탄소가 기준이다.
2. 기준 탄소에 결합된 첫번째 원자들의 원자 번호를 비교하여 원자 번호가 큰 원자를 우선으로 한다. 만일 첫 번째 결합 원자가 동일하면, 그 다음 원자를 비교하여 정한다.
   예) H와 Cl의 경우: Cl → 1, H → 2.
   예) H, F, Cl, Br의 경우: Br → 1, Cl → 2, F → 3, H → 4
   예) CH_2CH_3, $CH_2CH_2CH_3$의 경우: $CH_2CH_2CH_3$ → 1, CH_2CH_3 → 2
3. 동위 원소가 결합되어 있으면 질량수가 큰 원자가 우선이다.
   예) 삼중 수소(T)와 수소(H)의 경우: T → 1, H → 2
4. 다중 결합의 원자는 단일 결합 원자가 다중 결합 수만큼 중복된 것으로 간주하여 우선 순위를 부여한다. 즉 C−O보다 C=O가 더 우선이다.
   예) 

입체 이성질체는 입체 구조가 기하학적으로 다른 이성질체입니다. 입체 이성질체는 광학 이성질체optical isomer와 부분 입체 이성질체diasteromer로 구분하며, 부분 입체 이성질체는 입체 이성질 현상의 근거에 따라 기하 이성질체와 형태 이성질체로 구분합니다. 광학 이성질체는 편광* 회전 성질을 제외한 물리적 성질이 동일하지만, 부분 입체 이성질체는 물리적 성질이 다를 수도 있습니다. 앞에서 논의한 시스-

- **편광**polarization of light 특정한 방향으로만 진행하는 빛. 모든 방향으로 진행하는 일반 빛에 편광계를 사용하면 편광을 얻을 수 있다.

트랜스 이성질체도 부분 입체 이성질체 부류에 속합니다.

광학 이성질체는 카이랄성chirality 분자에서 나타나는 이성질 현상입니다. 광학 이성질체는 흔히 거울상 이성질체enantiomer라고 하죠. 두 이성질체가 실체와 거울상 관계이기 때문에 붙여진 이름입니다. 거울상 이성질체는 서로 포개어지지 않으며, 편광을 회전시키는 성질이 서로 다릅니다.

편광 회전 방향이 시계 방향이면 우회전성dextrorotatory 이성질체, 시계 반대 방향이면 좌회전성levorotatory 이성질체라고 합니다. 편광 회전 성질은 (*d*)와 (*l*)또는 (+)와 (–)로 표시합니다. 즉 우회전성은 (*d*) 또는 (+)로 좌회전성은 (*l*) 또는 (–)로 표기하죠. 이런 광회전성은 카이랄 탄소에 결합된 4개 치환기의 배열에 의존합니다.

거울상 이성질체의 4개 치환기 절대 배열은 (*R*)–배열과 (*S*)–배열로 구분하죠. 탄소의 4개 치환기의 우선 순위가 시계 방향(1→2→3→4)이면 (*R*)–배열, 시계 반대 방향(4→3→2→1)이면 (S)–배열로 표기합니다.*

(*R*,*S*)–의 구분은 카이랄 탄소의 치환기 배열 형태만을 나타내며, 편광 회전 성질과는 무관합니다. 즉 (*R*)–배열 거울상 이성질체에서의 편광 회전 방향은 시계 방향일 수도 있고, 시계 반대 방향일 수도 있다는 거죠.

광학 이성질체인 두 분자의 어는점과 끓는점은 서로 동일하지만,

- (*R*)–은 오른쪽을 나타내는 라틴어 'rectus'에서, (*S*)–는 왼쪽을 나타내는 라틴어 'sinister' 에서 유래됨.

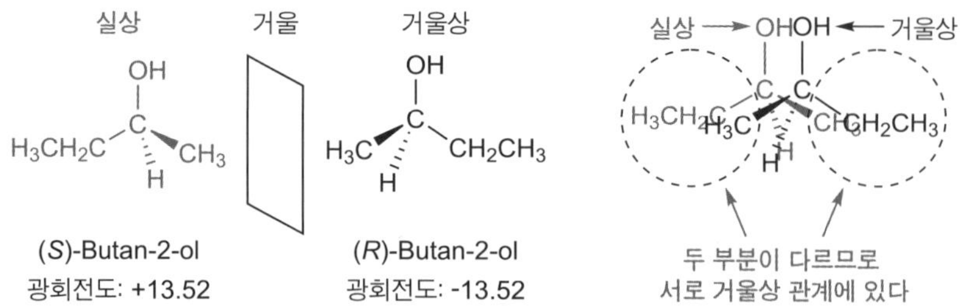

그림 5.7 (S)–Butan–2–ol의 실상과 거울상 구조

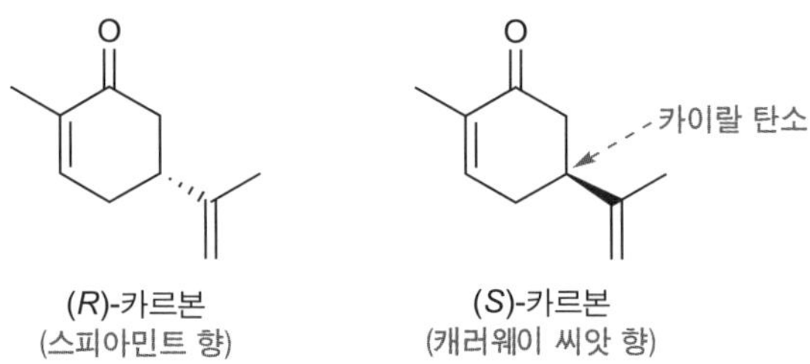

그림 5.8 (R)– 및 (S)–카르본의 구조

두 거울상 이성질체가 1:1로 혼합된 혼합물의 어는점 끓는점은 다릅니다. 이 혼합물을 특별히 라셈 혼합물이라고 하죠. 라셈 혼합물에서는 편광 회전성이 관찰되지 않습니다. 이성질체들의 회전성이 서로 상쇄되기 때문입니다.

생체 조건은 특정 거울상 이성질체에 대해서만 반응하는 특이성을 가집니다. 이러한 특이성은 생명과학에서 매우 중요하죠. 예를 들어 (S)–카르본(carvone)과 (R)–카르본은 고리의 카이랄 탄소에 결합된 한 개 곁가지($CH_2=C(CH_3)-$)의 배열 방식의 차이만으로 서로 다른 냄새(향)를 냅니다. (R)–카르본에서는 스피아민트 향이 나고, (S)–카르본에서는 캐러웨이 씨앗 냄새가 납니다.

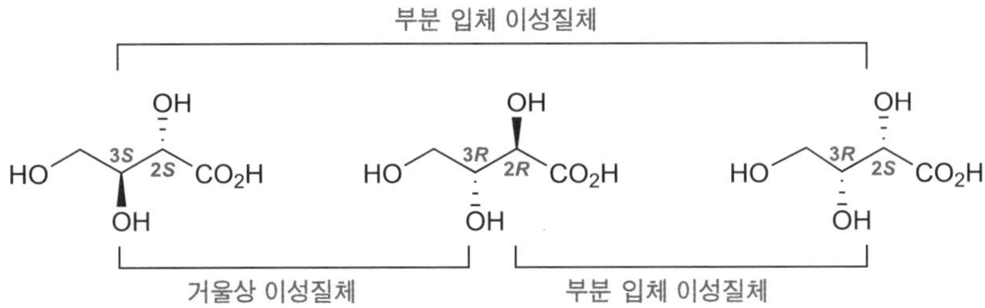

그림 5.9 2,3,4-트라이하이드록시뷰탄산의 거울상 이성질체와 부분 입체 이성질체 관계

한편 입체 이성질체 중에서 카이랄 중심을 가지지만, 거울상 이성질체가 아닌 화학종도 있습니다. 이런 물질을 부분 입체 이성질체라고 합니다. 부분 입체 이성질체는 두 개 이상의 카이랄 중심이 있는 분자에서, 카이랄 중심 배열이 일부만 같은 경우에 가능합니다. 즉 카이랄 중심 배열이 모두 반대이면 거울상 이성질체이지만, 부분 입체 이성질체에서는 일부의 카이랄 중심 배열만 같은 거죠. 놀랍게도 부분 입체 이성질체도 분자식이 같지만 거울상 이성질체와는 다르게 부분 입체 이성질체들 사이에서는 서로 다른 물리적 및 화학적 성질을 나타납니다. 그림 5.9에 거울상 이성질체와 부분 입체 이성질체 관계를 2,3,4-트라이하이드록시뷰탄산2,3,4-trihydroxybutanoic acid를 예로 나타냈습니다.

거울상 이성질체는 물리적 성질이 같아서, 이들의 혼합물을 쉽게 분리할 수 없습니다. 그러나 물리적 화학적 성질이 다른 부분 입체 이성질체의 특성을 이용하면 거울상 이성질체들을 순수하게 분리할 수 있습니다.

예를 들어 (*R*)−산과 (*S*)−산의 혼합물에 (*R*)−아민을 반응시키면, (*R*)(*R*)−염과 (*R*)(*S*)−염이 생성되죠. 이들 두 생성물은 서로 부분 입체 이성질체 관계이므로 용해도가 다릅니다. 따라서 이 염 혼합물을 재결정하면 두 염을 각각 순수하게 분리할 수 있습니다. 분리된 순수한 염을 분해시키면, 순수한 (*R*)−산과 (*S*)−산을 얻을 수 있습니다. 이런 부분 입체 이성질체 성질은 유기화학에서 매우 유용하게 이용됩니다.

토토머는 수소 위치만 다른 이성질체이다

유기물 분자 중에는 분자량이 동일하지만, 이중 결합과 수소 위치만 다른 이성질체 화합물도 있습니다. 이런 이성질체를 토토머tautomer라고 합니다. 한 토토머가 다른 토토머로 변하는 과정을 토토머화tautomerism라고 합니다. 이 현상은 일종의 양성자 자리옮김이죠. 토토머는 두 토토머 구조 사이에 평형을 나타내는 화살표(⇌)로 표시해서 구분합니다. 물론 이 토토머들은 공명 구조 관계가 아니며, 서로

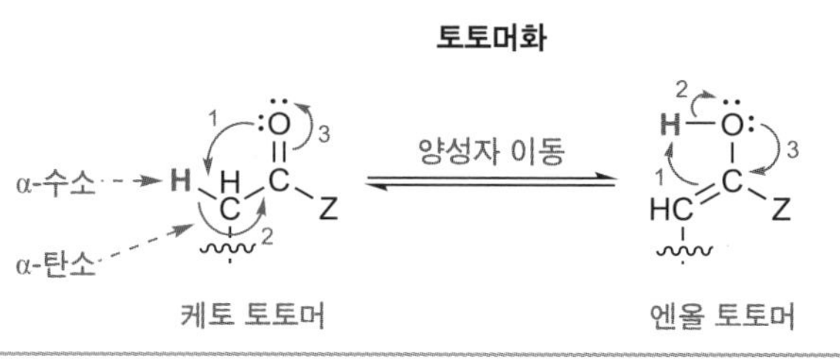

그림 5.10 토토머화의 전자 이동

다른 화합물입니다. 토토머에서는 공명 구조와 달리 수소 원자의 이동이 있기 때문이죠.

이런 토토머는 주로 카보닐기 이웃 탄소에 수소(α-수소라고 함)를 가지고 있는 화합물에서 관찰됩니다. 토토머화는 산이나 염기 촉매에 의해 촉진되며, 다양한 생체 반응에서도 관찰됩니다. 또한 각 토토머의 반응 자리도 다르므로 다른 생성물을 형성하며, 그 반응 과정도 다릅니다.

카보닐기가 유지된 토토머를 케토-토토머keto tautomer라고 하며, C=C 결합과 OH기를 가지는 토토머는 엔올-토토머enol tautomer라고 합니다. 엔올enol은 C=C-OH 구조의 계열 이름입니다. 토토머 현상은 카보닐기를 가지고 있는 생체 분자를 포함한 다양한 화합물에서 매우 중요한 역할을 합니다.

제 6 강

유기화학은 작용기 화학이다

유기화학의 핵심은 분자의 반응성을 이해하고, 이용하는 방법을 찾는 것이기도 합니다. 지방족 포화 탄화수소를 제외한 유기 분자들은 모두 작용기functional group를 가지고 있습니다. 작용기는 분자의 물리적 및 화학적 성질을 좌우하는 원자, 결합 및 원자 집단입니다. 즉 작용기에 따라 분자의 특성이 달라집니다. 또한 이들 작용기들이 유기물의 다양성을 가지게도 합니다. 앞에서 언급한 것처럼 유기 분자의 수는 엄청납니다. 만일 수십만 개의 유기 분자의 반응과 특성을 제각각 이해하고 다루어야 한다면 너무 복잡하고 방대할 겁니다. 따라서 누구에게나 유기화학은 매우 다양하고 복잡해 보이죠. 이런 복잡성이 처음 유기화학을 접하는 학습자들을 힘들게 합니다. 그러나 다행스럽게도 분자에 포함된 작용기 화학을 이해하면, 이런 어려움을 쉽게 극복할 수 있습니다. 즉 분자가 다르더라도 같은 작용기를 가지고 있으면, 유사한 물리적·화학적 성질을 나타내기 때문입니다.

특정 작용기의 전자적 상황과 반응성을 이해하면, 동일한 작용기를 포함하고 있는 다른 분자들도 쉽게 이해할 수 있습니다. 이런 이유로 대부분의 유기화학 교재가 기초 이론을 제외하고는 작용기별로 쓰여 있습니다. 유기화학은 작용기 화학인 셈이죠. 유기 화학에서 중요한 작용기들을 표 6.1에 나타냈습니다.

표 6.1 유기화학에서 중요한 작용기

구분	작용기	화합물 계열	구분	작용기	화합물 계열
탄소–탄소 작용기	C=C	알켄 (Alkene)	탄소–질소 작용기	C–NH(R)$_2$	아민 (Amine)
	C≡C	알카인 (Alkyne)		C=NH	이민 (Imine)
탄소–할로젠 작용기	C–X	할로젠화물 (Halide)		C≡N	나이트릴 (Nitrile)
탄소–산소 작용기	C–O–C	에터 (Ether)	질소 작용기	NO_2	나이트로 (Nitro)
	C=O	알데하이드 (Aldehyde) 케톤(Ketone)		N_3	아자이드 (Azide)
산소 작용기	OH	알코올 (Alcohol)			
황 작용기	SH	싸이올 (Thiol)	복합 작용기	C(=O)NR	아마이드 (Amide)
탄소–황 작용기	C–S–C	설파이드 (Sulfide)	복합 작용기	C(=O)X	산 할로젠화물 (Acid halide)
복합 작용기	C(=O)OH	카복실산 (carboxylic acid)	복합 작용기	C(=O)$_2$O	산 무수물 (Acid anhydride)
복합 작용기	C(=O)OR	에스터 (Ester)			

작용기는 왜 중요할까요? 분자의 물리적 화학적 특성이 작용기에 크게 의존하기 때문입니다. 작용기에는 전자가 풍부한 원자와 전자가 부족한 원자가 존재하므로, 결합이 극성을 띠며, 이 원자들에서 반응이 일어납니다. 즉 작용기에는 반응 자리가 존재합니다.

유기 화합물은 탄소와 수소로만 구성된 탄화수소와, 그 외의 다른 원자(헤테로 원자heteroatom)들도 포함된 화합물로 구분할 수 있습니다.

탄화수소는 다시 한번 지방족과 방향족으로 구분되고, 지방족 탄화수소에는 알케인, 알켄 및 알카인 등의 세 부류가 있습니다. 알케인(C_nH_{2n+2})은 모든 결합이 단일 결합으로 이루어져 있습니다. 알켄(C_nH_{2n})은 최소한 한 개 이상의 탄소–탄소 이중 결합(C=C)을 가지며, 알카인(C_nH_{2n-2})은 한 개 이상의 탄소–탄소 삼중 결합(C≡C)을 포함하고 있는 계열들입니다. 탄소–탄소 이중 결합 및 삼중 결합은 하나의 시그마(σ) 결합과 한 개 또는 두 개의 파이(π) 결합으로 구성되는데, 파이 결합은 시그마 결합보다 약하고 전자 구름이 외부로 노출되어 있어, 반응에 쉽게 참여합니다. 따라서 이런 이중 결합과 삼중 결합은 작용기가 됩니다.

방향족 탄화수소도 또한 탄소–탄소 불포화 결합을 여러 개씩 가지고 있습니다. 그러나 방향족 탄화 수소는 평면 고리 구조를 이루고 있고, 파이 전자들이 고리 원자에 퍼져 있어 알켄과는 다른 물리적 화학적 특성(방향족성)을 가지므로 별도의 작용기로 취급합니다.

많은 유기 분자들은 탄화수소 골격에 더하여 헤테로 원자들을 포함하고 있습니다. 이런 헤테로 원자들은 탄소보다 전기 음성도가 크면서 비공유 전자쌍을 가지는 원자들입니다. 따라서 분자 내에 있는 이런 헤테로 원자나 헤테로 원자 집단도 작용기로 거동합니다.

유기화학에서 자주 접하는 헤테로 원자 작용기들을 살펴보죠. 할로젠은 전기 음성도가 크고, 3개의 비공유 전자쌍을 가지고 있어 반응 자리로 거동할 수 있습니다. 따라서 탄소와 할로젠이 결합된 C–X도 유용한 작용기입니다.

산소 원자도 전기 음성도가 크고, 2개의 비공유 전자쌍을 가지므로 반응 자리로 작용합니다. 탄소와 산소 단일 결합을 포함하는 작용기로는 알코올alcohol(ROH)과 에터ether(ROR)가 있습니다. 탄소와 산소가 이중 결합을 이루고 있는 카보닐(C=O)기를 포함하는 계열로는 알데하이드aldehyde(RCHO)와 케톤ketone(R_2CO)이 있습니다. 주기율표에서 산소와 같은 족에 속한 황(S)을 포함하는 싸이올thiol(RSH), 설파이드sulfide(RSR) 등도 중요한 작용기입니다.

질소(N)가 포함된 작용기로는 아민amine(RNH_2 또는 RNR_2), 나이트로nitro(RNO_2), 아자이드azide(RN_3), 이민imine(R_2C=NH) 및 나이트릴nitrile(C≡N) 등이 있습니다.

한편 하나 이상의 작용기로 구성된 복합 작용기들도 있습니다. 카복실산carboxylic acid(RCOOH)과 그 유도체들이 예입니다. 산 무수물acid anhydride[$(RCO)_2O$], 에스터ester(RCOOR), 산 할로젠화물acid halide(RCOX, X=할로젠), 아마이드amide[RCONH(R_2)] 등이 있습니다. 이들은 카보닐기와 산소, 할로젠, 질소가 함께 포함되어 있습니다.

작용기의 특성은 구성 원자와 결합의 종류, 세기 및 형태에 의존합니다. 원자마다 전기 음성도와 원자가전자 수가 다르기 때문이죠.

요약하면, 분자의 반응 특성과 반응 자리는 작용기의 결합 형태와 작용기를 구성하는 원자 종류에 의존합니다. 작용기는 친핵성 및 친전자성 등의 반응 자리를 가지고 있기 때문이죠. 따라서 각 작용기의 반응 특성을 알면 같은 작용기를 포함하는 여러 화합물의 반응 특성을 이해할 수 있습니다. 작용기가 복잡한 유기화학을 단순하게 해줍니다.

작용기의 반응 자리는 어떻게 예측할 수 있을까?

앞에서 유기 분자의 반응 자리는 작용기라고 했습니다. 작용기에서 실제 반응이 어떻게 일어나는지를 살펴볼까요? 유기 반응은 일종의 산–염기 반응입니다. 즉 산성 자리(친전자성 원자)는 염기성 물질(친핵체)과 반응하고, 염기성 자리(친핵성 원자)는 산성 물질(친전자체)과 반응하죠. 작용기가 하나뿐인 분자의 반응 자리 구별은 쉽습니다. 그러나 복합 작용기나 다작용기 분자의 경우에는 분자 내에 친핵성 자리와 친전자성 자리가 하나 이상이므로 최초 반응 자리를 찾는 것이 쉽지 않습니다.

예를 들어 보죠. OH기를 가진 알코올 분자의 작용기 극성은 $C^{\delta\delta+}-\ddot{\underset{\cdot\cdot}{O}}^{\delta-}-H^{\delta+}$형태입니다. 이 작용기와 B^-라는 염기가 반응한다면, 최초 반응 원자는 전자가 가장 부족한 $H^{\delta+}$가 될 겁니다. 또 H^+라는 산과 반응한다면 당연히 전자가 풍부한 산소(O) 원자에서 최초 반응이 일어날 겁니다. 결국 알코올은 산과 염기 모두에 대해 쉽게 반응할 것으로 예상할 수 있습니다. 또 에터 결합을 가지는 물질들은 작용기

주위에 하나의 친핵성 원자(O)와 두개의 친전자성 원자(C)를 가지므로, 염기보다는 산성 물질에 더 민감하게 반응하죠.

한편 복합 작용기들에서는 어떨까요? 카복실산은 2개의 친전자성 원자(C와 H)와 2개의 친핵성 원자(카보닐 O와 단일 결합 O)를 가지고 있습니다. 또 아마이드도 2개의 친전자성 원자(C와 H)와 2개의 친핵성 원자(카보닐 O와 N)를 가지고 있습니다. 그렇다면 이런 분자에서 반응은 어떤 원자부터 시작될까요? 이 대답은 '어떤 원자에서 시작된 반응 생성물이 더 안정한가?'로 판단할 수 있습니다.

카복실산과 H^+의 반응을 예로 들어 생각해보죠(그림 6.2). 카복시

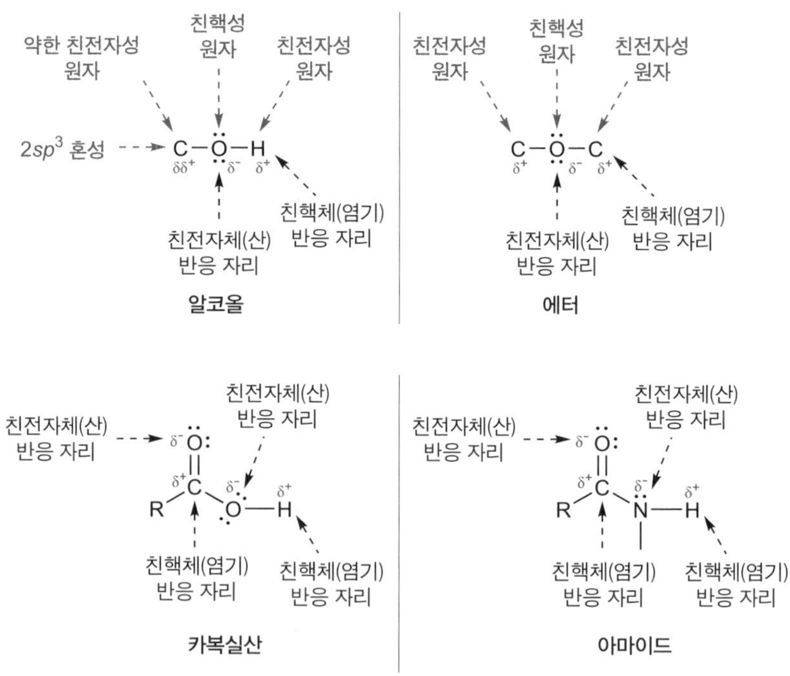

그림 6.1 유기 분자의 반응 자리 찾기

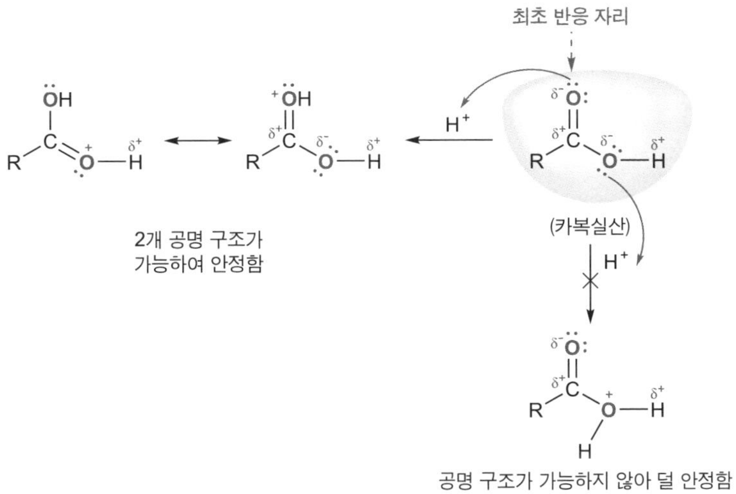

그림 6.2 카복실산과 H^+의 최초 반응 자리

기에는 2개의 친전자성 자리가 있습니다. 하나는 C=O기의 산소이고, 다른 하나는 O−H기의 산소입니다. 여기에 산을 가하면, 어느 산소와 반응할까요? 카보닐기의 산소가 먼저 반응합니다. 이 반응에서 생성된 중간체는 2개의 공명 구조가 가능하여, OH기 산소와 반응하여 생성된 화학종보다 더 안정하기 때문입니다.

이처럼 복합 작용기나 다작용기 분자의 최초 반응 자리는 생성되는 생성물의 안정도에 의존합니다.

벤젠은 왜 방향족성을 나타낼까?

벤젠은 육각형 평면 고리에 3개의 탄소-탄소 이중 결합을 가지고 있어 작용기로 거동할 것이라고 예측할 수는 있습니다. 그러나 벤젠은 C=C 이중 결합을 포함하고 있는 지방족 알켄과는 다른 양상의 반응을 합니다. 이 이유는 벤젠이 방향족성을 가지기 때문입니다. 그러면 벤젠은 왜 방향족성을 나타낼까요? 이유를 살펴보죠.

대표적인 방향족 탄화수소는 벤젠(C_6H_6)입니다. 벤젠은 불포화도•가 4이고 평면 고리를 이루며, 독특한 냄새와 반응성을 보이는 물질입니다.

벤젠이 발견된 후에 벤젠의 실제 구조를 설명하기 위한 많은 노력이 있었습니다. 19세 중후반에 케쿨레가 처음으로 오늘날의 벤젠 구조와 비슷한 구조를 제안했습니다. 마치 이중 결합이 3개인 사이클로헥사-1,3,5-트라이엔cyclohexa-1,3,5-triene의 두 형태가 평형을 이루는 것으로 생각했던 거죠. 사이클로헥사-1,3,5-트라이엔은 결합 길이가 짧은 이중 결합과 긴 단일 결합이 교대로 배열되죠. 케쿨레 구조가 맞는다면 결합 길이가 서로 다른 일그러진 육원자 고리가 되죠. 이 구조는

- **불포화도**degree of unsaturation 특정 탄화수소 분자의 수소 원자 수가 탄소 수가 동일한 포화 탄화수소의 수소 원자 수보다 얼마나 적은가를 나타내는 지수. 부족한 수소 수를 2로 나누어 표기하며, 불포화도가 1이면 2개의 수소가 부족함을 의미함. 수소 결핍 지수index of hydrogen deficiency라고도 함(제7강, p176 참고).

케쿨레가 뱀 꿈을 꾸고 착안했다고 해서 유명해졌습니다.

그러나 케쿨레의 구조로도 벤젠의 특성을 온전히 설명하지는 못했습니다. 즉 벤젠이 하나의 육원자 고리와 3개의 불포화도를 가진다는 것을 설명할 수는 있었지만, 벤젠이 평면 구조이며 또한 모든 C−C 결합 길이가 139 pm로 동일하다는 것을 충분히 설명하지는 못했습니다.

벤젠의 C−C 결합의 실제 길이는 C−C 단일 결합(154 pm)과 C−C 이중 결합(134 pm)의 사이 값입니다. 결국 공명 이론이 등장하면서 벤젠의 이런 특성을 설명할 수 있는 오늘날의 벤젠 구조가 제안되었습니다.

방향족 탄화 수소는 벤젠의 유도체이거나 두 개 이상의 벤젠 고리로 이루어져 있고 방향족성을 나타냅니다. 즉 방향족성 물질은 이중결합을 포함하는 고리 화합물로 방향족성을 띠지 않는 이중 결합 화합물과는 다른 독특한 안정성과 반응성을 보입니다.

방향족 물질이 방향족성을 가지기 위해서는 몇 가지 필요한 조건들이 있습니다. 어떤 화합물이 방향족이 되려면 4 가지의 구조적 전자적 조건을 만족시켜야 합니다. 즉,

i) 고리 구조를 이루며,
ii) 평면이어서,
iii) 완전한 콘쥬게이션을 이루어야 하고,
iv) 휴켈의 규칙Huckel's rule을 만족시키는 특별한 수(4n + 2, n =0, 1, 2, 3…)의 파이 전자를 가져야 합니다.

위의 조건을 만족하는 분자는 방향족성을 나타냅니다. 벤젠(C_6H_6)은 n=1로 휴켈 조건을 만족하는 평면 고리의 콘쥬게이션 물질입니다. 벤젠은 이 4가지 기준을 완벽하게 충족하는 대표적인 방향족 화합물입니다. 벤젠에 대해 조금 자세히 살펴보죠.

벤젠의 실제 구조는 하나의 루이스 구조로 표현할 수 없고, 두 개의 루이스 구조의 공명 혼성체resonance hybrid로 표시합니다. 공명 혼성체에서는 6개의 파이 전자가 모든 고리 탄소에 고르게 퍼져 있습니다. 이런 현상을 전자의 비편재화delocalization라고 합니다. 전자가 비편재화되려면, 분자가 평면 구조이면서 단일 결합과 이중 결합이 교대로 있

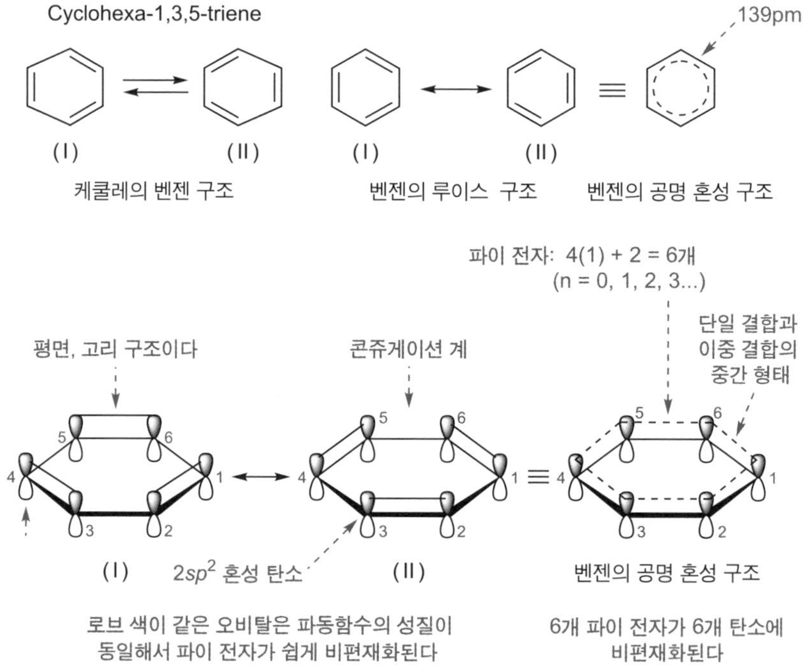

그림 6.3 벤젠의 케쿨레, 루이스 및 공명 혼성 구조

어야 합니다. 단일 결합과 다중 결합이 교대로 있는 계를 콘쥬게이션 계conjugation system라고 합니다.

벤젠은 공명 혼성으로 안정하며, 36 kcal/mol의 공명 에너지를 가집니다. 이런 결과로 벤젠은 방향족성을 나타내며, 첨가 반응 대신 치환 반응을 일으킵니다.

방향족 탄화수소 이외에 헤테로 고리 물질이면서 방향족성을 나타내는 유기분자들도 있습니다. 이들을 방향족 헤테로 고리aromatic heterocycle라고 합니다.

파이 결합 전자와 비공유 전자쌍은 친핵체로 작용한다

앞에서 언급한 것처럼, 파이 결합은 시그마 결합보다 약하고 전자가 풍부한 친핵체 결합입니다. 따라서 파이 결합은 전자가 부족한 친전자체(산)와 쉽게 반응할 수 있습니다. 뿐만 아니라 비공유 전자쌍도 또한 친핵체(염기)로 거동하죠. 파이 결합 전자는 C=C, C≡C, C=Z(Z=O, N) 및 C≡N, N=N, N≡N 등의 다중 결합에 존재합니다.

일반적으로 전자가 풍부한 원자는 전자가 부족한 화학종과 반응하고, 전자가 부족한 원자는 전자가 풍부한 화학종과 반응합니다. 이는 제2강에서 배웠던 루이스 산-염기 반응인 셈이죠. 따라서 전자가 풍부한 원자는 염기성 자리이므로 친핵성 자리nucleophilic site라고 합니다. 또 전자가 부족한 원자는 산성 자리이므로 친전자성 자리electrophilic site

라고 합니다. 따라서 친핵성 자리를 가진 화학종은 친핵체nucleophile, 친전자성 자리를 가진 화학종은 친전자체electrophile라고 구분하죠.

파이 결합이 존재하는 분자는 불포화된 화합물이므로 이들의 대표적인 반응은 첨가 반응addition reaction입니다. 첨가 반응은 두 개의 반응물이 반응하여 하나의 생성물로 되는 반응 형태입니다.

이중 결합에는 하나의 파이 결합이 존재하므로 2개의 원자나 원자단이 첨가되어, 하나의 포화 화합물을 형성합니다. 삼중 결합에는 2개의 파이 결합이 존재하므로 최대 4개의 원자나 원자단이 첨가될 수 있습니다. 알켄과 알카인의 할로젠화 반응, 수화 반응 등이 그 예입니다.

탄소-탄소 다중 결합 작용기를 포함한 물질을 더 살펴보죠. 파이 결합은 극성은 없지만 시그마 결합보다 약하고, 친전자체(산)와 쉽게 반응합니다. 파이 결합을 이루는 두 원자에 극성이 생기지 않으면 최초 반응 자리 원소를 결정할 수 없습니다. 즉 두 탄소에서 최초 반응이 시작될 확률은 모두 동일하다는 거죠. 그러나 치환기가 다른 두 탄소로 이루어진 이중 결합에서는 최초 반응 원소를 쉽게 예측할 수 있습니다. 반응은 더 안정한 생성물을 형성하는 방향으로 진행되기 때문입니다.

에텐ethene($H_2C=CH_2$)과 프로펜propene($H_2C=CHCH_3$)을 예로 들어보죠. $H_2C=CH_2$에 H^+라는 친전자체(산)가 접근하면, 친핵체인 C=C 결합의 파이 결합에 첨가 반응을 일으켜 $H_2C^+-CH_3$형의 동일한 양이온 종이 형성됩니다. 그러나 HO^-라는 친핵체(염기)가 파이 결합에 접근하면 반응은 일어나지 않습니다. 에텐도 같은 친핵체(염기)이기 때문입니다. 한편 프로펜이 H^+와 반응할 때는, 1번 탄소에 수소가 첨가되어 안정한 $CH_3-C^+H(CH_3)$ 양이온이 생성됩니다.

이번에는 비공유 전자쌍 반응을 알코올을 예로 들어 살펴보죠. 메탄올methanol($H_3C-\ddot{O}-H$)은 산소 작용기인 OH기를 가지고 있으며, 산소는 비공유 전자쌍을 2개를 가지고 있습니다. 탄소, 산소 및 수소의 전기 음성도는 C(2.5), O(3.5)와 H(.2.1)이므로, 작용기 부분의 결합 극성은 $C^{\delta\delta+}-\ddot{O}^{\delta-}-H^{\delta+}$ 형태*가 될 겁니다. 또 산소 원자는 결합하지 않은 전자쌍 2개를 가지고 있어, 전자가 풍부하죠. 이 산소는 친핵체인 셈입니다. 만일 메탄올을 산성인(친전자체) H^+와 반응시키면, 당연히 전자가 풍부한 산소 원자(친핵성 자리)와 반응하여 메틸옥소늄methyloxonium 이온을 형성합니다. 반대로 염기성(친핵체)인 HO^-를 반

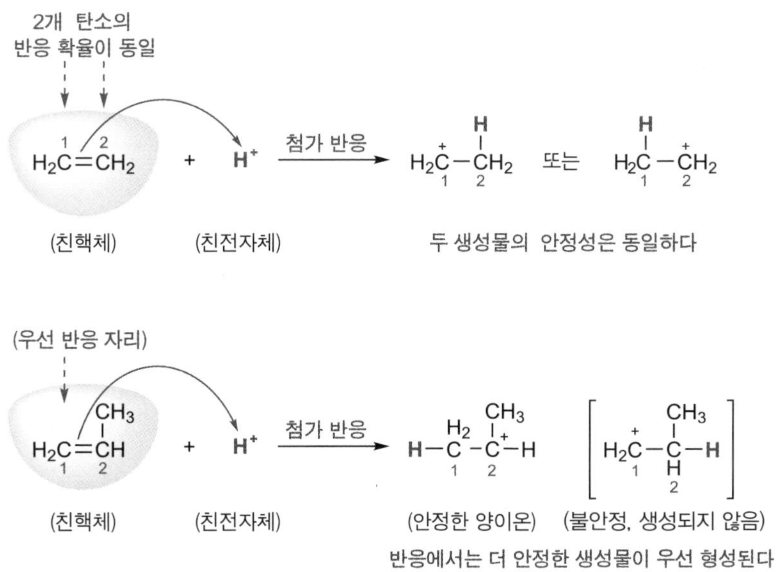

그림 6.4 에텐과 프로펜의 첨가 반응

응시키면, 전자가 더 많이 부족한 수소 원자(친전자체)와 반응하여 메톡사이드methoxide 음이온을 형성할 겁니다(그림 6.5 참고).

한편 알켄의 이중 결합은 산화제($KMnO_4$ 또는 OsO_4등)와 반응하여 1,2-다이올(1,2-diol)을 형성하거나, 오존(O_3)과 반응하여 C=C 결합이 분해되어 알데하이드나 케톤 같은 상응하는 카보닐 화합물을 생성하기도 합니다. 알켄의 이중 결합이 오존에 의해 분해되는 반응을 가오존 분해 반응ozonolysis이라고 합니다. C=C 이중 결합이 분해되는 반응으로 수소화 붕소 첨가-산화 반응hydroboration-oxidation도 있습니다. 이 반응의 최종 분해 생성물은 알코올입니다.

탄소-탄소 다중 결합 물질의 몇 가지 반응의 예를 그림 6.6에 나타내었습니다.

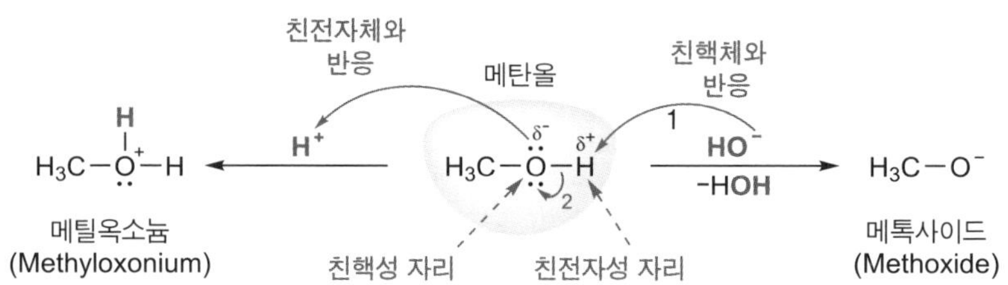

그림 6.5 메탄올과 친핵체 및 친전자체와의 반응

- 'δδ+'는 'δ+'보다 더 작은 양전하를 가진다는 표시임.

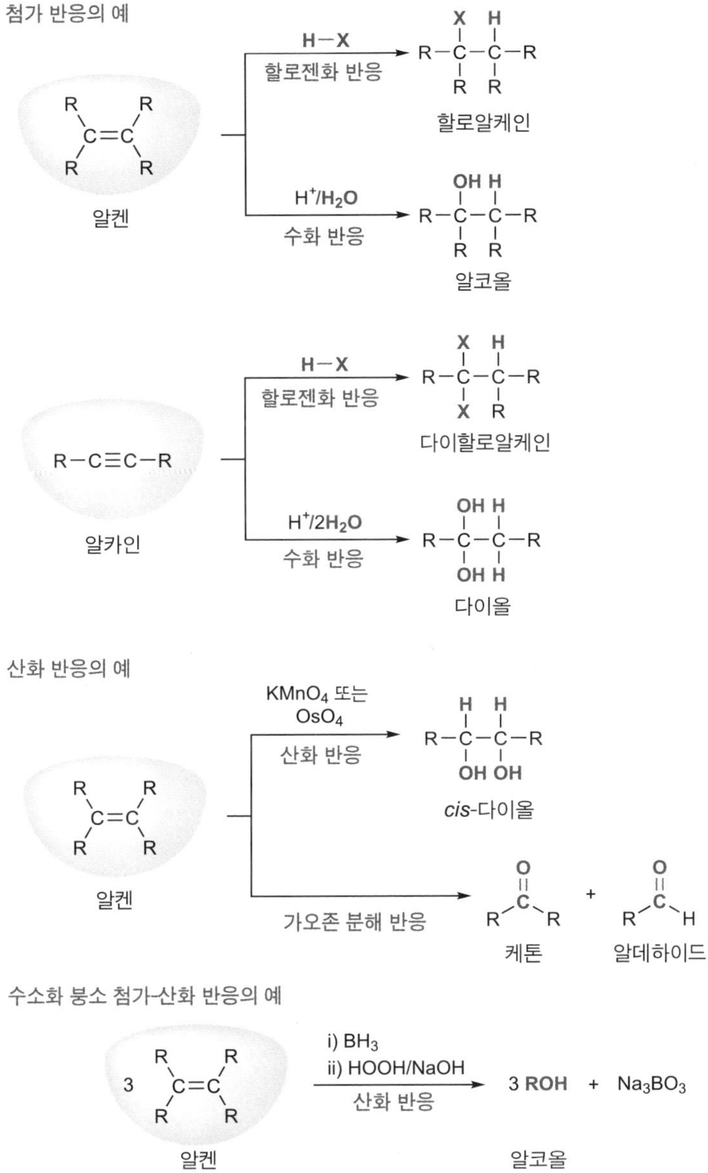

그림 6.6 탄소–탄소 다중 결합 물질의 몇 가지 반응의 예

방향족인 벤젠은 치환 반응을 일으킨다

방향족 화합물은 파이 결합을 가지고 있지만, 알켄과는 다른 형태의 반응을 일으킵니다. 에텐은 Br_2와 첨가 반응을 하지만, 같은 조건에서 방향족의 대표 화합물인 벤젠에서는 첨가 반응이 일어나지 않습니다. 다만 촉매가 존재하는 유사한 조건에서는 첨가 반응 대신 치환 반응이 일어나죠.

왜 치환 반응이 일어날까요? 이런 반응성 차이는 방향족성을 가지는 벤젠이 비방향족성nonaromatic 물질보다 더 안정하기 때문입니다.

벤젠의 치환 반응은 첨가와 제거 두 단계로 진행됩니다. 첫 단계에서 친전자체가 첨가되면 두 개 이중 결합을 포함하는 싸이클로헥사다이엔cyclohexadiene 형태의 양이온 중간 물질이 생성됩니다. 이 중간체는 더 이상 방향족이 아니므로 불안정해집니다. 따라서 더 안정한 방향

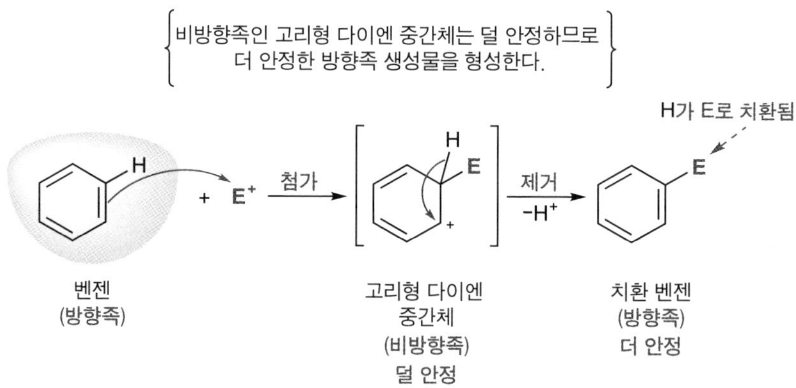

그림 6.7 벤젠의 친전자성 방향족 치환 반응 메커니즘

족 물질이 되기 위하여 제거 반응을 일으킵니다. 결론적으로 벤젠의 경우에도 더 안정한 생성물의 생성을 위해 첨가 반응이 아닌 치환 반응이 일어나는 겁니다.

벤젠 유도체의 대표적인 반응은 친전자성 치환 반응, 드물지만 친핵성 치환 반응, 벤자인 제거–첨가 반응 등이 있습니다. 이들 반응을 이용하여 다양한 방향족 유도체를 합성합니다. 벤젠은 친전자성 치환 반응에서 친핵체로 거동하고, 친핵성 치환 반응에서는 친전자체로

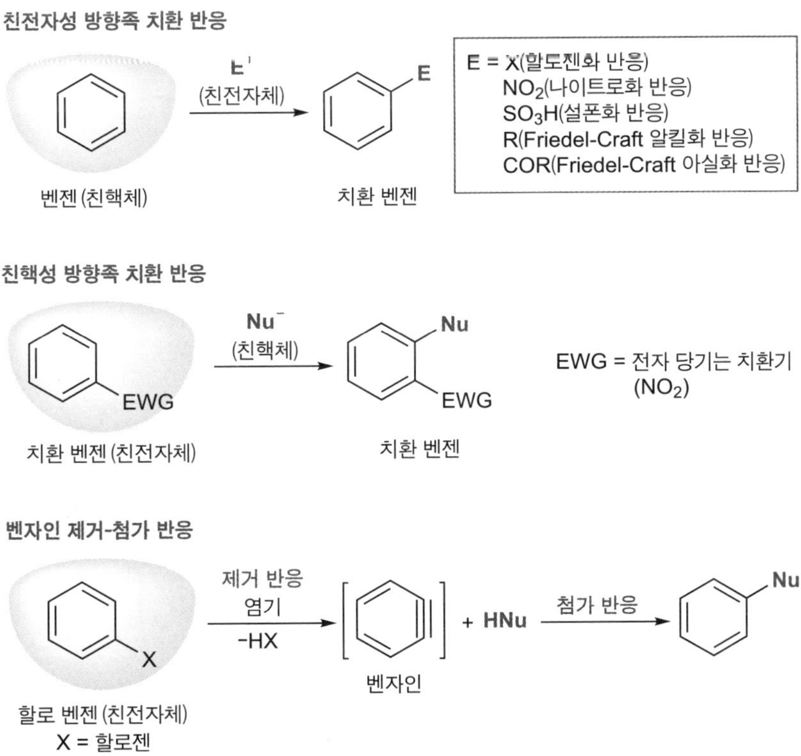

그림 6.8 벤젠과 치환 벤젠의 몇 가지 반응의 예

거동한다는 점에 유의해야 합니다.

한편 할로젠화 벤젠halobenzene(PhX)을 염기로 처리하면 벤젠의 3개 이중 결합 중의 하나가 삼중 결합을 이루는 벤자인benzyne이 형성됩니다. 벤자인과 친핵체가 반응하면 치환−벤젠 화합물이 생성됩니다. 이 반응은 제거와 첨가 2단계로 진행됩니다. 벤자인은 매우 불안정하여 분리되지 않지만 이 중간체의 존재가 실험적으로 증명되었습니다.

탄소-할로겐 결합은 좋은 반응 자리이다

결합에 참여하지 않은 채로 존재하는 비공유 전자쌍은 전자를 제공하기가 쉬워 반응 자리로 작용합니다. 따라서 할로젠 화합물의 할로젠(X)은 전기 음성도가 크고, 비공유 전자쌍을 3개나 가지고 있어 전자가 풍부한 친핵체로 작용합니다. 할로젠 화합물($R-\ddot{\underset{\cdot\cdot}{X}}:$)을 예로 들어 보죠. C−X(X = 할로젠) 결합의 할로젠 원자는 탄소보다 전기 음성도가 커서 부분적으로 음이온을 띠고, 탄소는 부분적인 양전하를 띠죠. 즉 $C^{\delta+}-X^{\delta-}$와 같은 형태입니다.

할로젠 화합물이 일으키는 대표적인 반응은 제거 반응과 치환 반응입니다. 제거 반응은 할로젠 화합물에서 HX가 제거되면서 하나의 파이 결합을 형성하는 반응입니다. 치환 반응에서는 할로젠 화합물의 할로젠(X)이 다른 화학종으로 치환됩니다.

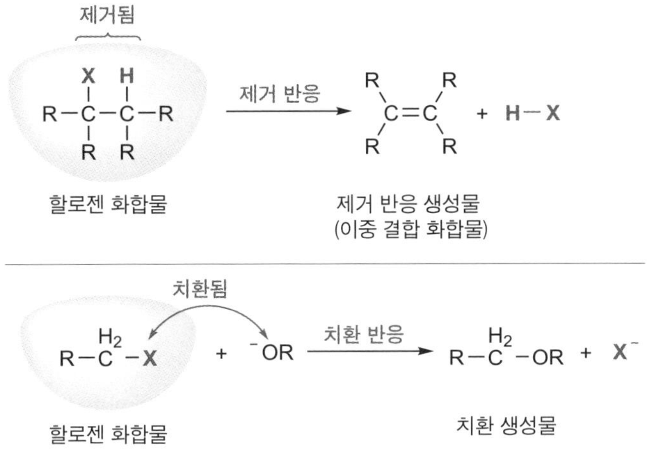

그림 6.9 할로젠 화합물의 두 가지 반응

산소를 포함하는 작용기는 다양하다

유기 화합물의 일반적인 작용기 중에서 산소를 포함하는 작용기는 무려 9개나 됩니다. 즉 알코올(ROH), 에터(ROR), 알데하이드(RCHO), 케톤(R_2CO), 카복실산(RCOOH), 산 무수물[$(RCO)_2O$], 에스터(RCOOR) 등은 헤테로 원자로 산소(O)만 포함된 계열들입니다. 또 산 할로젠화물(RCOX, X=할로젠), 아마이드($RCONR_2$) 등은 산소 이외에도 할로젠 또는 질소가 포함된 작용기들입니다.

탄소와 산소가 이룰 수 있는 안정한 결합은 C–O와 C=O 두 가지 결합입니다. 이들 두 결합은 탄소와 산소로 형성되는 결합이지만, 반응성과 반응 메커니즘 그리고 분자 구조가 매우 다르고 독특합니다. 이런 독특함은 결합의 극성과 탄소의 혼성 상태, 그리고 결합의 차이 때문입니다. 결합의 극성은 결합 원자들의 전기 음성도 차이 때문이고, 결합의 형태와 구조의 차이는 탄소 원자의 혼성 상태와 결합의 종류가 다르기 때문입니다.

산소의 전기 음성도는 3.5로 탄소(2.5)보다 더 크죠. 따라서 탄소와 산소가 이루는 결합은 극성 공유 결합입니다. 즉 $C^{\delta+}-O^{\delta-}$ 혹은 $C^{\delta+}=O^{\delta+}$ 형태입니다. 두 결합에서 탄소는 모두 친전자성 자리(δ^{+})로

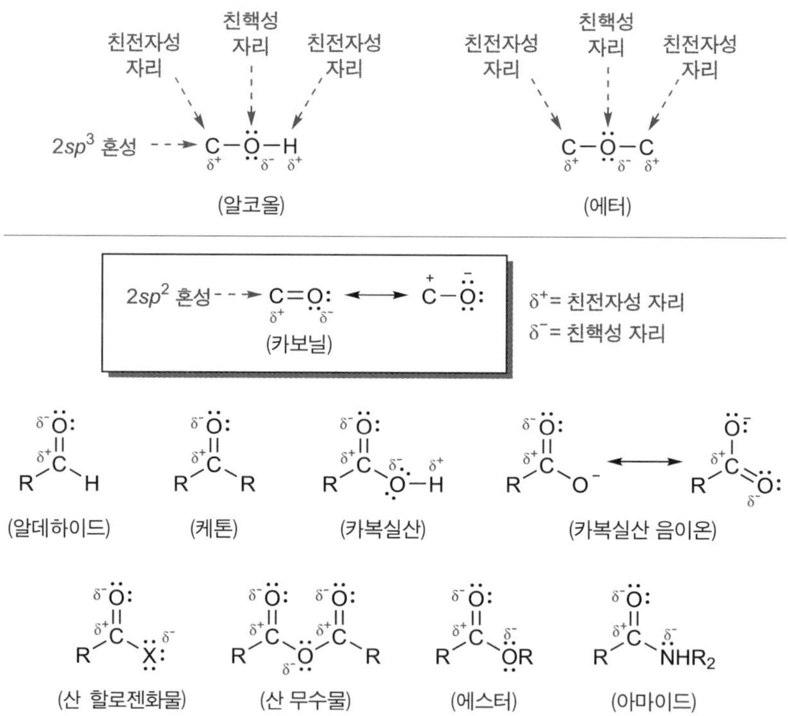

그림 6.10 C–O와 C=O 작용기를 가진 화합물의 반응 자리

작용하죠. 그러나 C−O 결합은 치환 반응이나 제거 반응만을 일으킬 수 있고, C=O 이중 결합은 첨가 반응을 일으킬 수 있습니다.

한편, C−O 결합의 탄소는 $2sp^3$ 혼성을 하므로 정사면체 구조를 이루고, C=O 결합의 탄소는 $2sp^2$ 혼성을 하므로 평면 구조를 이루고 있습니다. 이런 구조적 차이가 반응 메커니즘과 결과를 다르게 하죠.

작용기 계열별로 반응을 구체적으로 살펴볼까요? 알코올(ROH)과 에터(ROR)의 $C^{\delta+}-O^{\delta-}$작용기에서 탄소는 전자가 부족한 친전자성 반응 자리로, 산소는 전자가 풍부한 친핵성 반응 자리로 작용합니다. 또 산소는 비공유 전자쌍을 2개나 가지고 있어 좋은 친핵체입니다. 따라서 알코올과 에터는 양성자 첨가 반응, 치환 반응 및 제거 반응이 가능하죠. 특별히 알코올에서 물이 제거되는 반응을 탈수 반응dehydration이라고 합니다. 한편 알코올의 작용기인 $O^{\delta-}-H^{\delta+}$의 수소는 전자 부족 현상이 커서 친핵체(염기)에 대한 반응성이 큽니다. 따라서 알코올을 강한 염기와 반응시키면, 수소를 잃고 상응하는 알콕사이드alkoxide(RO^-) 이온을 생성합니다.

한편 알데하이드[RC(=O)H], 케톤[RC(=O)R], 카복실산[RC(=O)OH]과 카복실산 유도체[RC(=O)Y]는 모두 공통적으로 카보닐(C=O)기를 포함하고 있으며, 그 외에 C−H, C−O, C−X, C−N 등의 단일 결합도 포함되어 있습니다. 카보닐기에서도 탄소는 전자가 부족한 친전자성 반응 자리로, 산소는 전자가 풍부한 친핵성 반응 자리로 작용하죠.

C=O 결합은 C=O ↔ C^+-O^- 형태의 공명 구조가 가능합니다. 이 공명 구조는 C=O 결합의 탄소 원자가 C−O 결합의 탄소보다 친핵체

와 더 잘 반응할 수 있다는 것을 알려줍니다. 실제 반응에서도 그렇습니다. 카보닐기를 포함하고 있는 분자들은 양성자 첨가 반응, 친핵성 첨가 반응, 치환 반응, 산화/환원 반응 등의 다양한 반응들이 가능합니다.

한편 카복실산과 그 유도체들의 치환 반응에서는 산이나 염기 촉매에 의해 반응을 촉진시킬 수 있습니다. 산 촉매는 C=O기의 산소와 반응하여 카보닐 탄소의 전자 부족 현상을 높여서 반응을 촉진합니다. 즉, $C{=}O + H^{+} \rightarrow C{=}O^{+}H$로 됩니다. 이때 생성된 이온은 $C{=}O^{+}H \leftrightarrow C^{+}{-}OH$의 공명이 가능하며, 탄소가 양이온을 띠므로 염기(친핵체)와의 반응성이 크게 증가합니다.

이 촉매 반응에서 단일 결합으로 연결된 질소나 산소와는 양성자가 반응하지 않습니다. 왜 그럴까요? 그림 6.11에서 보는 것처럼, 이중 결합 산소와 양성자가 반응하여 생성된 이온종은 또 다른 공명 구조

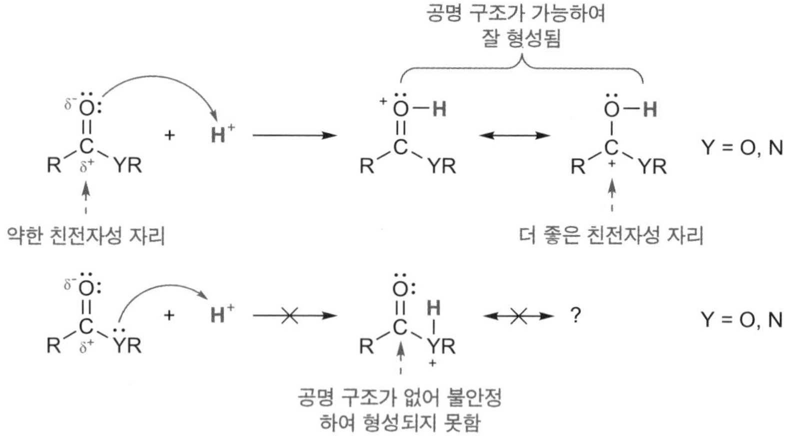

그림 6.11 카복실산과 그 유도체의 산 촉매 반응

가 가능합니다. 즉 탄소 원자가 양이온으로 표시되는 공명 구조입니다. 이렇게 되면 이 탄소 양이온은 염기와 더 잘 반응할 수 있습니다. 한편 단일 결합으로 연결된 질소나 산소와 양성자가 반응하여 생성된 화학종은 공명 구조를 그릴 수 없습니다. 공명 구조를 많이 그릴 수 있는 화학종이 공명 구조를 그릴 수 없는 것보다 더 안정합니다. 이런 이유로 양성자 촉매 반응에서는 단일 결합하고 있는 질소 및 산소와는 양성자 첨가 반응이 일어나지 않습니다.

한편 이 카보닐 탄소에 결합된 다른 원자들(H, O, X, N)과 알킬기(R)들도 카보닐 탄소의 반응성(친전자성)에 영향을 미칩니다. 카복실산과 그 유도체들은 하나 이상의 다른 작용기를 포함하는 복합 작용기들입니다.

카복실산(RCOOH)은 C=O기와 OH기를 포함하고 있고, 아마이드($RCONH_2$)는 C=O기와 NH_2기로 구성되어 있습니다. 이런 복합 작용기들은 구성된 작용기 각각의 특성을 나타냅니다. 즉 카복실산은 C=O기와 OH기의 특성을 동시에 나타냅니다. 아마이드도 C=O기와 NH_2기의 특성을 함께 나타냅니다.

질소를 포함하는 작용기도 있다

질소를 포함하는 대표적인 작용기로는 아미노($-NH_2$)기, 이미노(−C=NH)기, 나이트로($-NO_2$)기, 아자이드($-N_3$)기 등이 있습니다. 아마이드($-CONH_2$)기와 나이트릴($-CN$)기도 질소를 포함하지만 카복실산 유도체로 다룹니다.

질소(N) 원자의 전기 음성도는 약 3.0으로 탄소(2.5)보다 크고 산소(3.5)보다는 작습니다. 또한 하나의 비공유 전자쌍을 가지고 있죠. 따라서 나이트로기와 나이트릴기를 제외한 탄소와 결합한 질소는 좋은 친핵체, 즉 염기로 작용합니다.

아미노기(NH_2)를 포함하는 화합물 계열을 아민(RNH_2)이라고 합니다. 아민의 탄소는 친전자성 자리이고, 비결합 전자쌍을 가진 질소는 친핵성 자리로 작용합니다. 아민은 알킬화 반응alkylation, 아실화 반응acylation, 다이아조늄diazonium을 이용한 치환 반응, 아조–짝지음 반응azo–coupling reaction, 이민 형성 반응, 만니히 반응Mannich reaction 등 다양한 반응을 수행할 수 있어 유용한 작용기 중 하나죠.

아민은 아미노기의 질소에 결합된 알킬기의 수에 따라 1차(1°), 2차(2°), 3차(3°) 및 4차(4°) 아민으로 구분합니다. 구조식으로 표현하면, 1

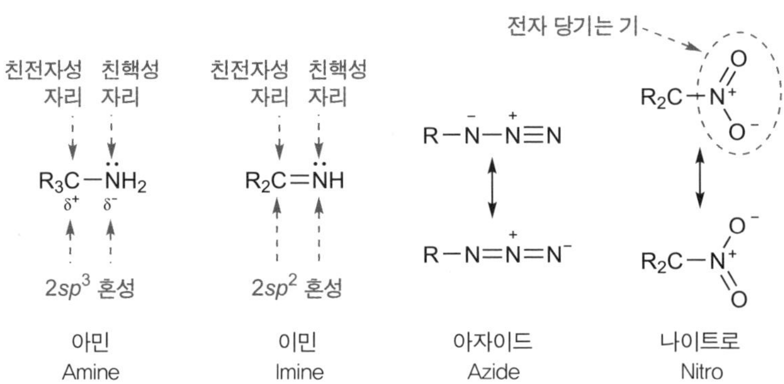

그림 6.12 질소 작용기 종류

차 아민은 RNH_2, 2차 아민은 R_2NH, 3차 아민은 R_3N그리고 4차 암모늄 염은 R_4N^+로 나타낼 수 있습니다.

이민($R_2C=NH$)의 탄소와 질소는 모두 $2sp^2$ 혼성을 하고 있어 마치 카보닐(C=O)기와 유사하죠. 이민의 탄소는 친전자성 자리이고, 질소는 친핵성 자리로 작용합니다. 이민기는 탄소–질소가 불포화 결합을 하고 있는 작용기이므로 환원 반응이 일어 날수 있고, 환원되면 상응하는 아민을 형성하죠.

한편 아자이드($-N_3$)와 나이트로($-NO_2$) 작용기에서는 두 개씩의 공명 구조가 가능합니다. 이 작용기들에서 하나의 질소 원자는 양이온(+)을 띱니다. 또한 아자이드와 나이트로기는 불포화 결합을 포함하고 있어 아민(RNH_2)으로 환원될 수 있습니다.

나이트로기는 다른 질소 작용기들과는 달리 전자를 당기는 작용기입니다. 이 특성은 두 공명 구조에서 질소 원자가 양전하(+)를 띤다는 사실로 알 수 있습니다. 따라서 NO_2기가 결합된 탄소는 부분 양전하(δ^+)를 띠고, 친전자성 자리로 작용하게 되죠. 나이트로글리세린 nitroglycerin[$C_3H_5(NO_3)_3$]은 나이트로기를 3개나 가지고 있는 강력한 폭발성 물질이며, 의약품(혈관 확장제)으로도 사용합니다.

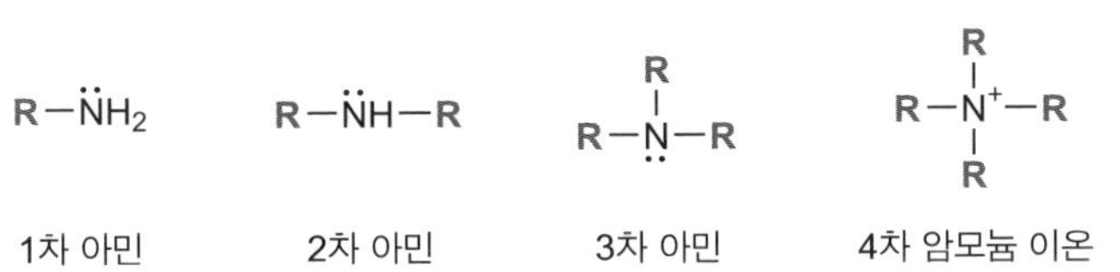

그림 6.13 아민의 구분 방법

탄수화물은 주 작용기로 C=O와 OH기를 가진다

생물 분자들인 탄수화물, 아미노산, 지질 및 핵산 등은 대표적인 다작용기 분자입니다.

먼저 탄수화물 분자들의 작용기와 그들의 반응성에 대해 살펴보죠. 탄수화물carbohydrate은 카보닐(C=O), 하이드록시(OH), 헤미아세탈[$R_2C(OR')OH$] 및 아세탈[$R_2C(OR')_2$] 작용기를 포함하고 있습니다.

탄수화물 분자에 있는 2번 탄소의 C=O기와 5번 탄소의 OH기가 고리화 반응을 하면 오원자 고리 탄수화물이 됩니다. 또 1번 탄소의 C=O기와 5번 탄소의 OH기가 고리화 반응을 하면 육원자 고리 탄수화물이 됩니다. 이렇게 형성된 오원자 및 육원자 고리는 헤미아세탈hemiacetal 계열입니다. 헤미아세탈화 과정에서 사슬의 C=O기

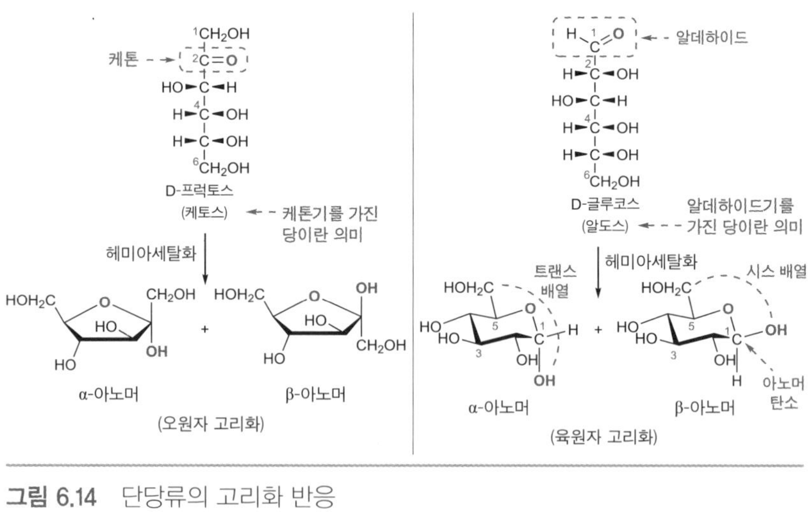

그림 6.14 단당류의 고리화 반응

표 6.1 탄수화물의 반응

반응 종류	설명
아세탈 형성 반응	카보닐 화합물에 2개의 알코올이 반응하여 아세탈 [RC(OR')$_2$]을 형성하는 반응
에스터화 반응	카복실산과 알코올이 반응하여 에스터(RCO$_2$R')를 형성하는 반응
에터 형성 반응	알코올(ROH)과 알킬 할라이드(R'X)가 반응하여 에터(ROR')을 형성하는 반응
에피머화 반응	어떤 에피머가 카이랄 이성질체로 변하는 반응

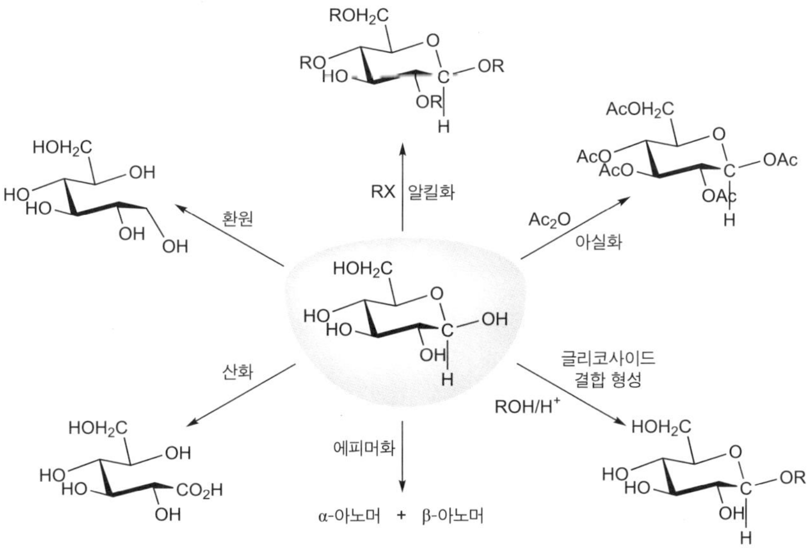

그림 6.15 단당류의 반응

는 R_2COH로 환원되며, 생성된 OH의 배열이 다른 α- 및 β-아노머 anomer 이성질체가 생성되죠. 이런 이성질화는 C=O기가 평면 구조를 이루고 있기 때문에 가능합니다.

사슬 형태 탄수화물의 카보닐 탄소를 헤미아세탈 고리 탄수화물에서는 아노머 탄소anomer carbon라고 합니다.

탄수화물에 존재하는 이들 작용기들은 아세탈 형성 반응acetal formation, 에스터화 반응esterification, 알킬화 반응alkylation, 아실화 반응acylation, 산화/환원 반응, 에피머화 반응epimerization, 글리코사이드 결합 형성 반응 등을 일으킵니다.

앞에서 탄수화물이 헤미아세탈화 반응을 하면서 고리로 되는 것을 알았습니다. 이때 형성된 헤미아세탈 고리의 아노머 탄소의 OH기가 다른 당과 결합되면 이당류가 되죠. 이처럼 두 개의 당 고리가 연결되는 결합을 글리코사이드 결합glycoside bond이라고 합니다. 단당류들은 이런 과정을 거쳐 큰 분자의 탄수화물을 형성합니다.

유기체에 있는 탄수화물은 아노머 탄소의 OH기를 통해 유리된 형태뿐만 아니라, 지방 또는 단백질과 반응하여 당지질glycolipid과 당단백질glycoprotein류를 만듭니다.

아미노산은 카복시기와 아미노기를 가진다

단백질의 구성 요소인 아미노산의 구조를 살펴봅시다. 아미노산은 카복실(−COOH)기와 아미노(−NH_2)기를 같은 탄소(탄소 2번 또는 α−탄소라고도 함)에 가지고 있습니다. 그리고 글리신glycine을 제외한 다른 아미노산들의 α−탄소는 4개 치환기가 모두 다른 카이랄

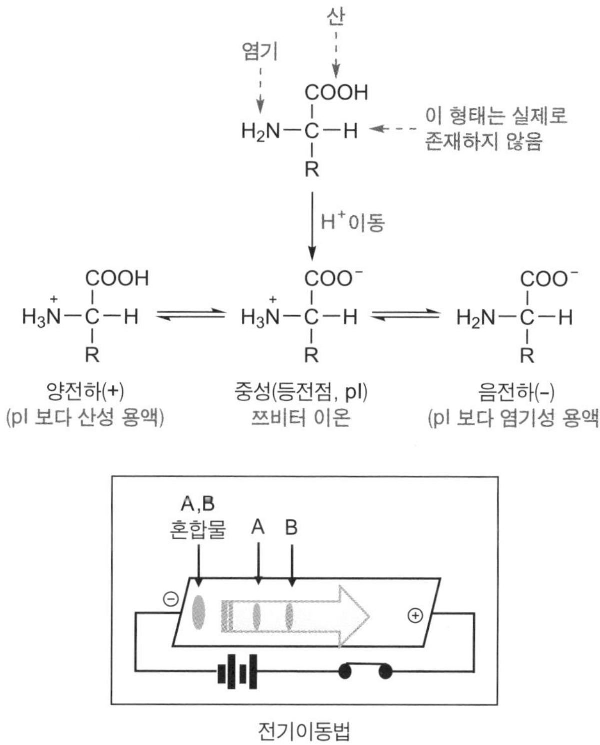

그림 6.16 전기이동법 원리

탄소여서 카이랄성•을 가지고 있습니다. 아미노산의 이런 카이랄성이 선택성 기능을 가능하게 합니다.

α-탄소에 아미노기가 존재하는 아미노산을 α-아미노산α-amino acid이라고 합니다. 단백질에서 자주 발견되는 20개 아미노산이 모

- **카이랄성** 실체와 거울상이 포개지지 않는 비대칭성을 가리키는 용어

두 α-아미노산입니다. 이 α-탄소에 결합된 치환기를 곁사슬이라 하며, 19개 아미노산은 이 곁사슬만 다른 일차 아민입니다. 한편 프롤린proline은 α-탄소와 질소가 오원자 고리를 이루는 이차 아민입니다. 아미노산과 단백질 및 효소들이 나타내는 독특한 생물 활성은 주로 이들 두 작용기와 곁사슬 그리고 α-탄소의 카이랄성에 의해 발현됩니다.

카복시기는 강한 산성기이고, 아민기는 센 염기입니다. 한 분자에 이 두 작용기가 공존한다는 것은 매우 놀라운 일입니다. 산과 염기는 즉시 반응하여 중성 물질인 염salt을 만들기 때문이죠. 실제로 아미노산은 어떤 적당한 수소 이온 농도 조건에서는, COOH와 NH_2 작용기가 COO^-와 $^+NH_3$ 형태로 존재합니다. 아미노산의 이런 이온을 쯔비터 이온zwitter ion이라고 하죠. 아미노산의 쯔비터 이온이 최대로 존재하는 수소 이온 농도를 등전점isoelectric point, pI이라고 합니다. 아미노산의 등전점은 각기 다릅니다.

그렇다면 등전점보다 더 산성이거나 염기성 용액에서 아미노산의 구조는 어떨까요? 만일 어떤 아미노산이 등전점보다 더 산성인 용액에서 아미노산은 전체적으로는 양이온(+)을 띠게 됩니다. 반대로 등전점보다 더 염기성인 용액에서 아미노산은 전체적으로 음이온(−)을 띠게 됩니다. 아미노산의 이런 성질을 이용하면 아미노산을 분리하거나 확인할 수 있습니다. 이 실험 방법을 전기이동법electrophoresis이라고 합니다.

카복시기와 아민기를 가지고 있는 아미노산에서는 이들 두 작용기가 일으키는 반응들이 일어날 수 있습니다. 한 아미노산의 COOH기와 다른 아미노산의 NH_2기가 반응하면 두 아미노산이 연결된 큰 분

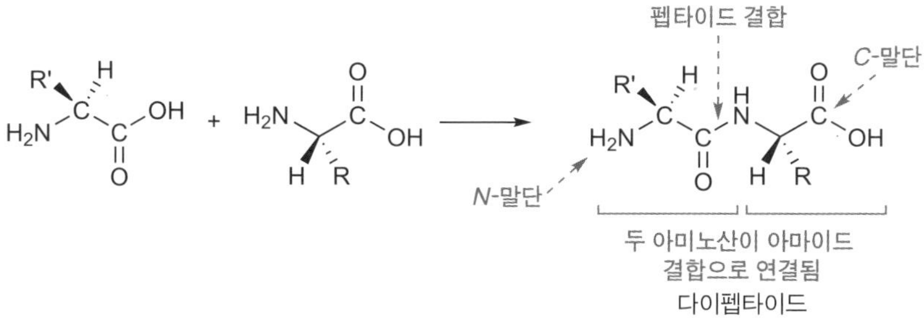

그림 6.17 펩타이드 합성 및 표기법

자로 됩니다. 이때 생성되는 결합을 아마이드(RNH−CO_2R) 결합amide bond이라고 합니다. 아미노산의 아마이드 결합은 특별히 펩타이드 결합peptide bond이라고 부르죠. 두 아미노산이 결합되어 생성된 생성물은 펩타이드peptide라고 합니다. 아미노산이 2개로 구성되면 다이펩타이드dipeptide, 3개로 구성되면 트라이펩타이드tripeptide, 여러 개 아미노산으로 구성되면 폴리펩타이드polypeptide라고 합니다. 단백질protein은 아미노산이 40개 이상으로 구성된 펩타이드를 말합니다. 폴리펩타이드와 단백질은 모두 아미노산들이 선형으로 연결된 긴 사슬들입니다.

또한 아미노산은 글리신($H_2NCH_2CO_2H$)을 제외하고는, α−탄소(2번 탄소)가 카이랄 탄소이어서 두 개씩의 거울상 이성질체가 존재할 수 있습니다. 그러나 자연에서는 단백질 구성에 단 한가지 거울상 이성질체만이 이용됩니다. 자연계에서 발견되는 아미노산의 입체 배열이 마치 *L*−당과 유사하므로, *L*−아미노산이라고도 하죠. *L*−아미노산의 거울상 이성질체인 *D*−아미노산은 자연에서 거의 발견되지 않습니다.

R,*S*−표시법에 따르면 시스테인cysteine을 제외한 모든 *L*−아미노산의

카이랄 탄소 배열은 S–배열입니다. 아미노산 중에는 카이랄 중심이 2개인 것들도 있습니다. 아이소류신isoleusine과 트레오닌threonine은 β–탄소도 카이랄 탄소입니다. 단백질의 이런 거울상 이성질성은 단백질과 효소가 나타내는 선택성의 근원이 됩니다.

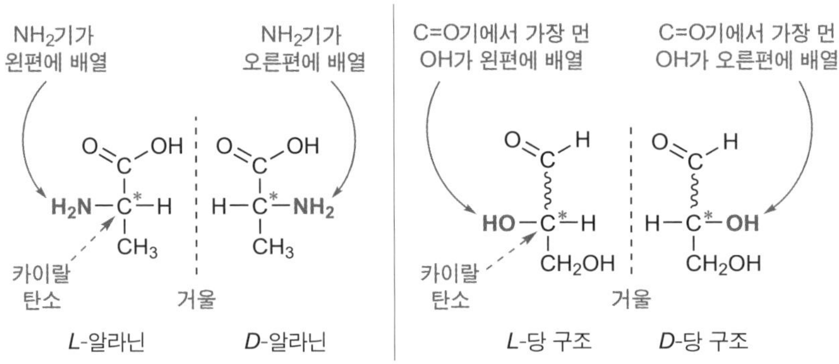

그림 6.18 아미노산의 L/D–구분법

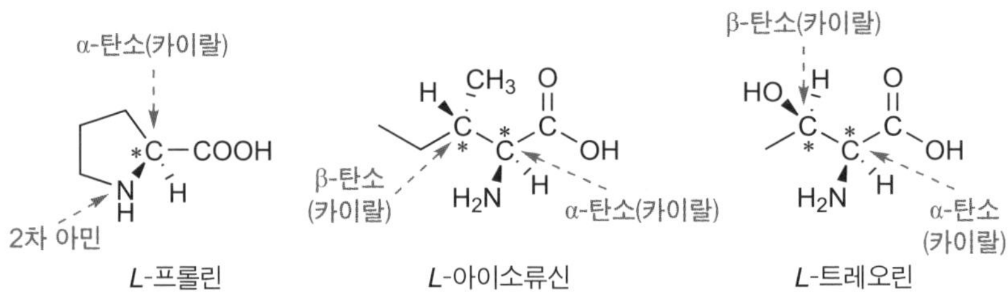

그림 6.19 몇 가지 L–아미노산의 예

지질은 복합 작용기를 포함하는 물질이다

지질*lipid은 유기 용매에 녹는 생체 분자로, 종류에 따라 탄소-탄소 불포화 결합, 카복시기(-COOH), 에스터(RCOOR')기, 아마이드(RCONHR')기, 하이드록시(-OH)기, 인산($ROPO_3R'$)기를 가지고 있습니다. 그러나 지질은 작용기를 기준으로 구분하기보다는 물리적 특성을 근거로 구분된 것이어서 특별한 유기 분자이기도 하죠.

지질은 물에는 잘 녹지 않지만, 유기 용매에는 녹습니다. 지질이 유기 용매에 녹는 이유는 지질을 구성하는 수많은 탄소-탄소(C-C) 및 탄소-수소(C-H)의 시그마(σ) 결합 때문입니다. 이런 긴 탄소 사슬이 곧 탄수화물이 물에 잘 녹지 않게 하는 성질을 가지게 하는 거죠.

지질은 가수분해할 수 있는 것과, 할 수 없는 것으로 구분할 수 있

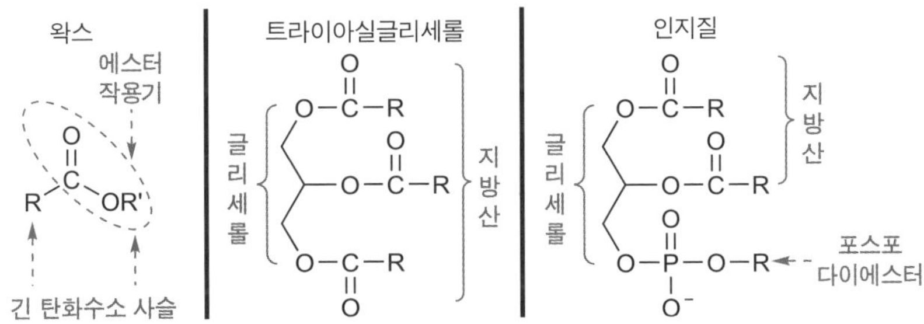

그림 6.20 왁스, 트라이아실글리세롤 및 인지질의 작용기 구조

* Lipid(지질)는 '지방'을 뜻하는 그리스어 'lipos'로부터 유래되었음.

습니다. 에스터(RCOOR')기를 가지는 지질은 가수분해가 가능하며, 왁스wax, 트라이아실글리세롤triacylglycerol, 인지질phospholipid 등이 여기에 속합니다.

왁스는 긴 탄소 사슬 알코올(ROH)과 지방산(R'COOH)으로부터 형성된 에스터(R'COOR)입니다. 왁스의 긴 탄소 사슬이 강한 소수성*을 띠게 하죠. 예를 들어 나뭇잎에서 빗물이 물방울로 되어 흐르는 것은 표면이 왁스로 코팅되어 있기 때문입니다. 또 다른 예로 밀랍의 주성분인 트라이아콘틸 헥사코사노에이트와 밀초 야자 왁스의 주성분인 테트라트라이아콘틸 도트리아콘타노에이트를 들 수 있습니다. 이들도 긴 탄소 사슬을 가지고 있습니다.

또한 트라이글리세라이드triglyceride라고도 하는 트라이아실글리세롤은 자연에서 가장 풍부한 지질입니다. 이름에서 엿볼 수 있듯이 이 지질은 글리세롤glycerol($HOCH_2CH(OH)CH_2OH$)에 3분자의 지방산(RCOOH)이 반응하여 만들어집니다. 지방과 기름은 글리세롤과 지방산으로 만들어진 트라이에스터 유도체들입니다. 지방은 실온에서 고

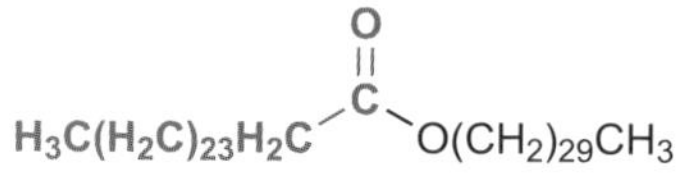

Triacontyl hexacosanoate
(밀랍의 주성분)

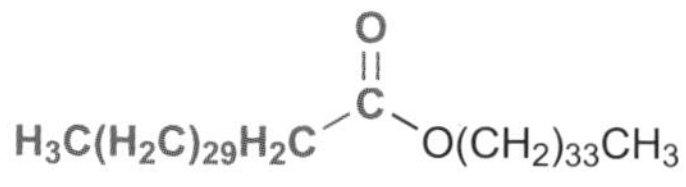

Tetratriacontyl dotriacontanoate
(밀초야자 왁스의 주성분)

그림 6.21 밀랍과 밀초 야자 왁스의 주성분 구조

- **소수성**hydrophobicity 물에 잘 섞이지 않거나 결합하지 않는 성질

체로 존재하며 더 높은 녹는점을 가집니다. 반면에 기름은 녹는점이 낮아서 실온에서 액체로 존재합니다.

인지질은 인산phosphoric acid(H_3PO_4)의 2개 H 원자가 알킬기(−R)로 치환된 유도체들입니다. 이 유도체들을 포스포다이에스터phosphodiester 또는 인산 다이에스터phosphoric acid diester라고 합니다. 한편 글리세롤이 2개 지방산과 하나의 인산 에스터로 형성된 트라이아실글리세롤 형태도 있습니다. 이를 포스포아실글리세롤phosphoacylglycerol이라고 하죠. 포스포아실글리세롤은 포스포다이에스터의 알킬(−R)기의 종류에 따

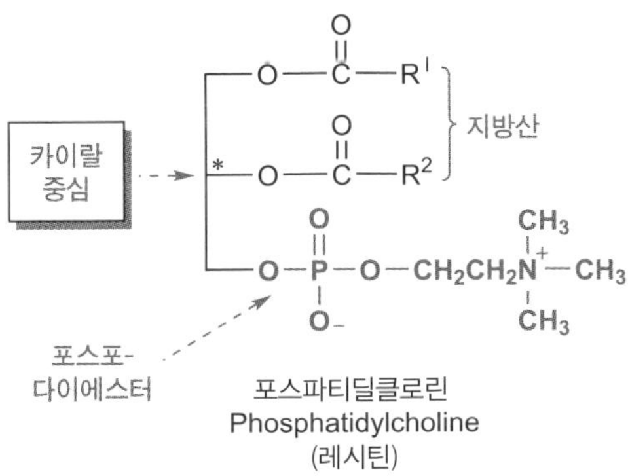

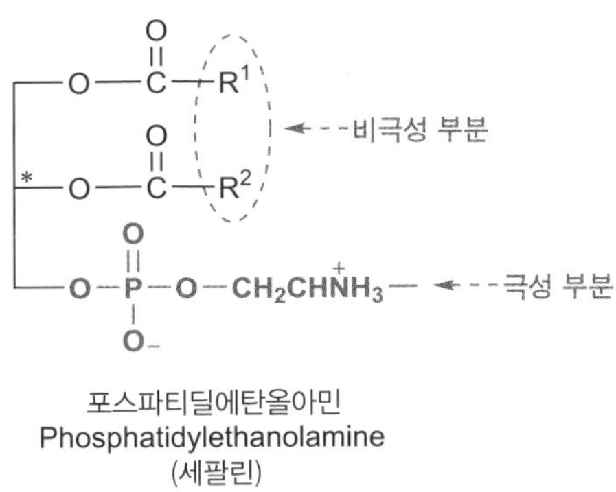

그림 6.22 레시틴과 세팔린의 작용기 구조

라 두 가지가 있습니다. 즉 레시틴과 세팔린입니다. 세팔린cephalin의 R기는 $-CH_2CH_2NH_3^+$이고, 레시틴lecithin의 R기는 $CH_2CH_2N(CH_3)_3^+$입니다.

한편, 가수분해되지 않는 지질로는 지용성 바이타민vitamin, 스테로이드steroid, 터펜terpene, 에이코사노이드* eicosanoid 등이 있고, 구조도 다양합니다.

바이타민은 수용성과 지용성으로 구분되며, 지용성은 지질이고 바이타민 A, D, E, K가 여기에 해당합니다.

바이타민 A와 D는 탄소-탄소 이중 결합과 OH기를 가지고 있죠. 바이타민 A는 체내에서 시각에 중요한 물질인 11-시스-레틴알11-*cis*-retinal로 변합니다. 바이타민 A는 당근 색소인 β-카로틴β-carotene이 분해되어 만들어집니다.

바이타민 E와 K는 벤젠 고리와 육원자 고리가 접합되어 있고, E는 탄소 고리에 하나의 에터기와 OH기를 가지고 있습니다. 바이타민 K는 접합된 탄소 고리에 두개의 카보닐기가 있고, 곁 사슬에 하나의 탄소-탄소 이중 결합을 가지고 있습니다. 이런 작용기들이 각 물질들의 특성이 발현되게 합니다.

에이코사노이드에는 프로스타글란딘prostaglandin, PG, 류코트라이엔leukotriene, 트롬복세인thromboxane, 프로스타사이클린prostacycline 계열 등이 있습니다. 프로스타글란딘 계열은 하나의 오원자 고리에 두 개의

* 에이코사노이드란 용어는 20을 뜻하는 그리스어 'eikosi'로부터 유래되었음.

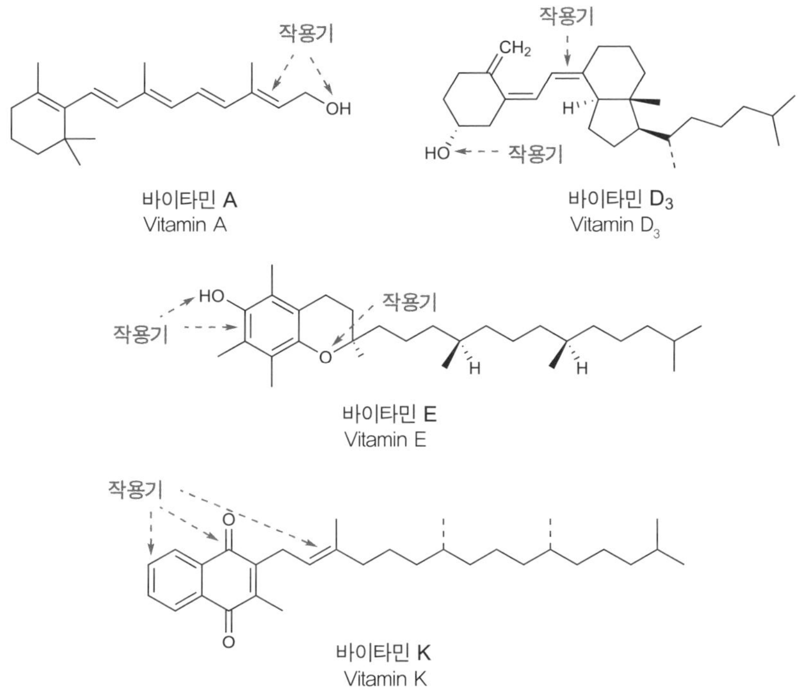

그림 6.23 바이타민 A, D_3, E 및 K의 구조

긴 탄소 사슬이 결합되어 있고, 작용기로 COOH기, OH기 및 C=C가 존재합니다. 류코트라이엔에는 탄소 고리 없이 COOH기, OH기, C=C 및 RS– 작용기들이 존재합니다. RS–기의 황(S)에는 카복시기, 아마이드기 및 아민기 등 다양한 작용기들도 포함되어 있습니다.

트롬복세인은 산소 두 개가 포함된 육원자 탄소 고리에 두 개의 긴 탄소 사슬이 있고, COOH기와 OH기가 존재합니다. 프로스타사이클린은 하나의 탄소 오원자 고리와 산소가 한 개 포함된 오원자 탄소 고리가 접합되어 있고, COOH기, OH기 및 C=C 등이 존재합니다.

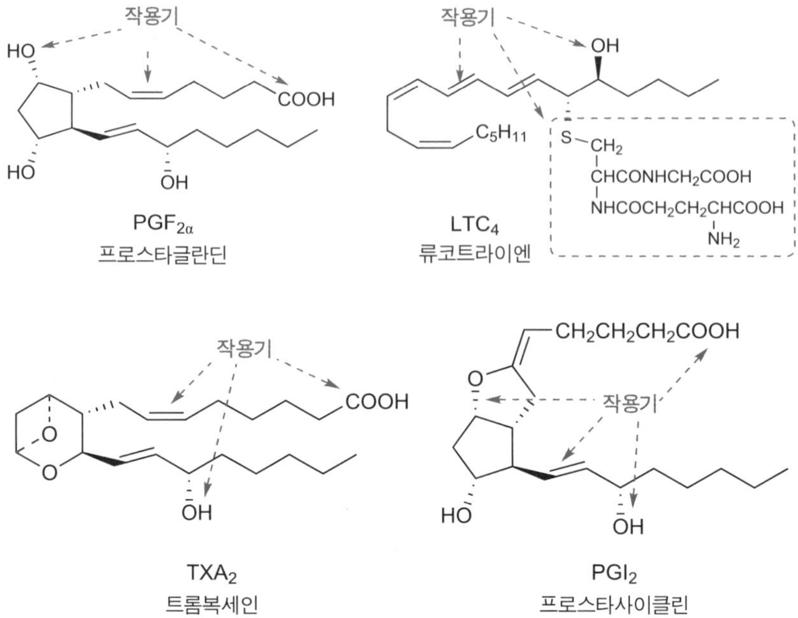

그림 6.24 몇 가지 에이코사노이드의 구조와 작용기

에이코사노이드는 각기 독특한 생물활성을 보입니다. 예를 들어 트롬복세인은 혈소판 응고를 유발하는 혈관 수축제vasoconstrictor이고, 프로스타사이클린은 혈소판 응고를 방해하는 혈관 확장제vasodilator입니다.

터펜은 아이소프렌isoprene[$(CH_3)_2CHCH_2CH_3$]이라고 하는 탄소 5개 단위체가 반복적으로 구성된 지질입니다. 터펜은 고리가 없는 사슬형일수도 있고, 하나 또는 그 이상의 고리로 이루어질 수도 있습니다. 아이소프렌과 산소 원자를 포함하는 화합물은 터페노이드terpenoid라는 용어로 부릅니다(그림 9.16 참고).

스테로이드는 4개의 고리를 이룬 생물학적 활성 물질로 지질의 일종입니다. 스테로이드는 특별히 3개의 육원자 탄소 고리와 하나의 오원자 탄소 고리가 접합되어 있습니다. 이 접합 고리fused ring를 스테로이드의 기본 고리 구조라고 합니다. 이 기본 고리를 왼쪽부터 A, B, C, D 고리로 부릅니다. 스테로이드의 기본 고리 구조에는 특별한 작

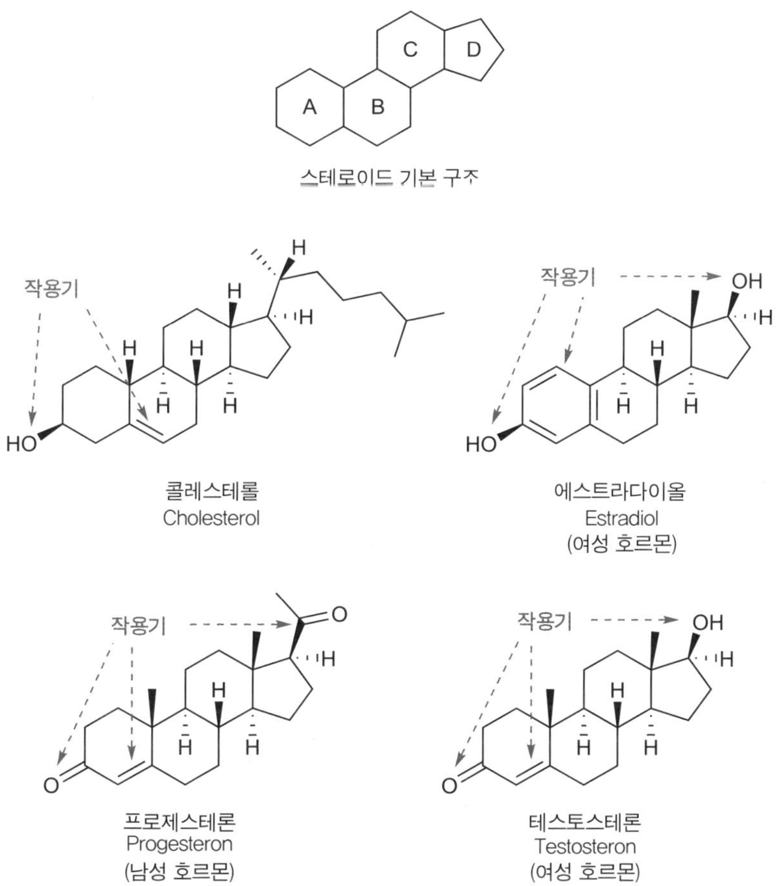

그림 6.25 스테로이드 기본 구조와 몇 가지 예

용기가 없으나, 에너지적으로 안정한 구조를 이루도록 접합되어 있습니다. 대표적인 스테로이드 계열 물질은 콜레스테롤cholesterol, 성 호르몬sex hormone 및 부신피질 스테로이드adrenal cortical steroid 등입니다.

스테로이드는 탄소–탄소 이중 결합과 OH기 등의 작용기를 가지며, 성 호르몬과 부신피질 호르몬에는 카보닐기가 존재합니다. 벤젠 고리를 가지는 에스트라다이올estradiol과 같은 화합물도 있습니다. 이런 작용기들이 각각의 독특한 생물활성에 관여합니다. 따지고 보면 생체 물질의 독특한 생물활성 또한 각 분자들이 포함하고 있는 작용기 때문에 가능하다고 할 수 있겠습니다.

생체 분자나 천연물 등 모든 유기 분자의 성질을 이해하는 데 포함된 작용기를 이해하는 것이 중요합니다. 작용기를 알면 해당 분자의 물리적, 화학적 및 생물학적 특성을 분자적 수준에서 더 쉽게 이해할 수 있습니다. 따라서 유기화학은 생명과학의 필수 기초과목이기도 합니다.

제7강

탄화수소는 지방족과 방향족으로 구분한다

앞에서 우리는 분자의 특성이 작용기에 크게 의존한다는 것을 알았습니다. 따라서 유기화학에서는 유기 분자들을 작용기 계열별로 구분하여 다룹니다. 이러한 체계는 복잡한 유기화학을 보다 간단하게 해줍니다. 이번 강의에서는 일반적으로 구분된 유기 분자의 반응성을 큰 계열별로 다시 한번 묶어서 다룰 겁니다.

탄화수소는 탄소(C)와 수소(H)만으로 구성되었다

탄화수소hydrocarbon는 지방족과 방향족으로 구분합니다. 지방족 탄화수소aliphatic hydrocarbon로는 알케인, 알켄, 알카인이 있고, 방향족 탄화수소aromatic hydrocarbon로는 벤젠이 대표적입니다.

알케인alkane은 가장 간단한 지방족 탄화수소로 자연에서 다양한 모양과 크기로 발견됩니다. 탄화수소는 석유의 주요 성분이며, 석유에는 헥세인hexane이나 데케인decane 같은 알케인이 포함되어 있습니다. 석유는 휘발유, 디젤, 가정 난방용 기름 등으로 정제하거나, 그 외의 다른 유용한 화합물로 변환됩니다.

알케인은 탄소-탄소(C-C)와 탄소-수소(C-H)의 시그마(σ) 결합으로만 구성되며, 특별한 작용기를 가지지 않습니다. 따라서 반응성이 매우 낮죠. 알케인은 고리형과 비고리형으로 구분합니다. 비고리형 알케인은 C_nH_{2n+2}라는 일반식으로 나타내며, 고리형 알케인은 C_nH_{2n}이라는 일반식으로 나타냅니다.

비고리형 알케인은 탄소 4개인 뷰테인butane부터 다양한 구조 이성질체가 존재하죠. 이성질체의 수는 사슬 탄소 수가 증가함에 따라 급격하게 증가합니다. 비고리형 알케인의 이성질체는 곧은 사슬straight chain과 가지 사슬branched chain로 구분됩니다.

알케인과 그 밖의 유기 화합물에서 탄소 원자를 해당 탄소 원자에

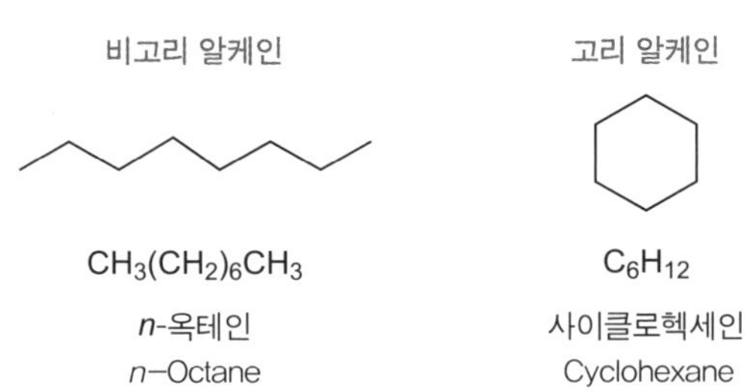

그림 7.1 비고리 알케인과 고리 알케인의 예

결합된 다른 탄소 수에 따라 1차(1°), 2차(2°), 3차(3°) 및 4차(4°)로 구별합니다.

1차 탄소는 다른 탄소 한 개와, 2차 탄소는 다른 탄소 2개와, 3차 탄소는 다른 탄소 3개와, 그리고 4차 탄소는 다른 탄소 4개와 결합하고 있습니다. 한편 탄소에 결합된 수소도 결합된 탄소의 종류에 따라 1차, 2차 및 3차 수소로 구분하죠. 다만 4차 수소는 존재하지 않습니다.

곧은 사슬 알케인의 말단 탄소는 1차 탄소이고, 사슬 중간의 탄소 원자는 2차 탄소입니다. 한편 가지 사슬의 말단 탄소는 모두 1차 탄소지만, 그 외의 탄소들은 2차, 3차 및 4차 탄소들입니다.

알케인의 물리적 성질은 분자 구조에 의존합니다. 알케인에는 비극성인 C−C 결합과 C−H결합만 존재하므로, 분자간 상호 작용하는 힘 중에서 가장 약한 반데르발스 힘, 즉 분산력만이 작용합니다. 반데르발스

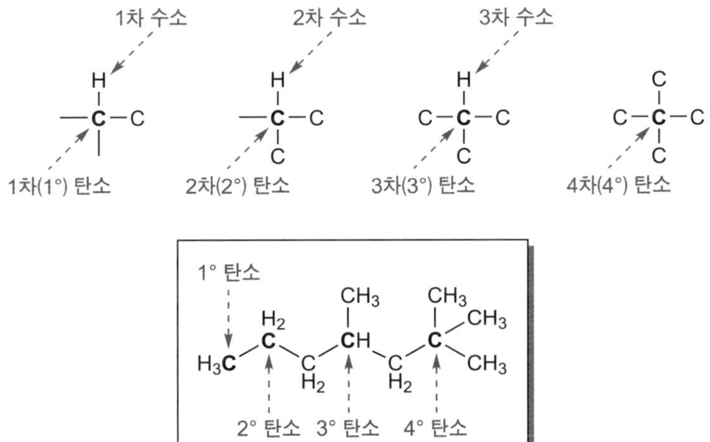

그림 7.2 탄소와 수소의 차수 구별법

힘의 크기는 분자 표면적에 비례하죠. 따라서 곧은 사슬 알케인의 분자 간 작용하는 힘이 가지 사슬의 분자 간 작용하는 힘보다 더 큽니다.

이런 분산력의 차이는 끓는점이나 녹는점으로 드러납니다. 예를 들어, 곧은 사슬 알케인인 *n*-펜테인($CH_3CH_2CH_2CH_2CH_3$)의 끓는점은 36℃이고, 가지 사슬 알케인인 2,2-다이메틸프로페인[$C(CH_3)_4$]의 끓는점은 10℃입니다.

작용기가 없는 알케인이 일으키는 반응은 별로 없습니다. 따라서 알케인이 반응하게 하려면, 매우 격렬한 반응 조건이 필요합니다. 알케인이 하는 대표적인 반응은 연소 반응combustion입니다. 연소 반응은 산화oxidation 반응의 일종입니다.

알케인은 그 종류와 상관없이, 연소되면 많은 열을 발산하면서 이산화 탄소(CO_2)와 물(H_2O)을 생성하죠. 프로페인과 뷰테인은 연소되어 다량의 열을 방출하므로 연료로 사용됩니다. 흔히 구할 수 있는 부탄(뷰테인)가스의 주성분이 되기도 하죠.

화석 연료와 알케인 같은 탄화수소의 연소로 인해 매년 엄청난 양의 이산화 탄소가 대기로 유출됩니다. 대기 중의 이산화 탄소 양은 지난 53년 동안에 무려 20%가 증가되었다고 합니다.* 대기 중 이산화 탄소의 양이 증가하면 지구 온난화가 나타나고 이로 인해서 극지방 빙하가 녹아 해수면이 올라가죠. 이로 인해 또한 기후의 급격한 변화가 유발되므로 이산화 탄소를 줄이기 위한 노력이 국제적으로 진행되고 있

- 하와이 Mauna Loa에서 기록한 자료에 의하면 1958년 315 ppm에서 2011년에 389 ppm으로 증가했음.

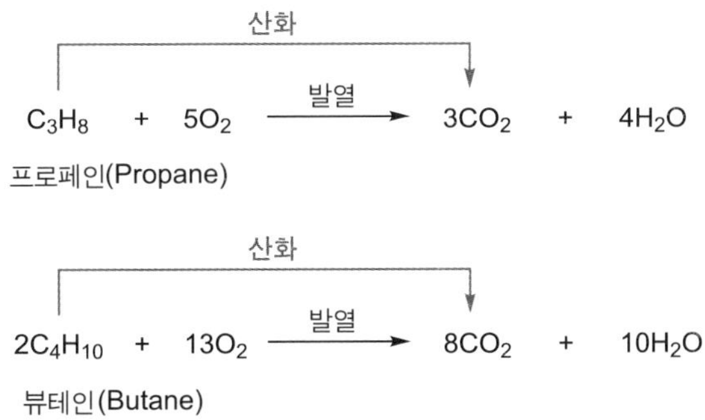

그림 7.3 프로페인과 뷰테인의 산화 반응

습니다. 이 분야를 연구한 학자들이 2021년 노벨 물리학상을 수상하였습니다.

유기 할로젠화물의 작용기는 C–X 결합이다

할로젠을 포함하는 알케인을 할로젠화 알킬alkyl halide 또는 할로알케인haloalkane이라고 하며, RX(X=할로젠)로 표시합니다.

할로젠화 알킬은 $2sp^3$ 혼성을 한 탄소(C)와 할로젠(X = F, Cl, Br, I 등)의 시그마 결합을 포함하고 있습니다. F, Cl, Br 같은 할로젠 원자는 탄소보다 전기 음성도가 큽니다. 또 단일 결합을 하고 있는 할로젠 원자는 3개의 비공유 전자쌍을 가지고 있어 $C^{\delta+}-\ddot{\underset{\cdot\cdot}{X}}:^{\delta-}$ 형태의 극성을 띠게 합니다. 따라서 C–X 결합이 곧 할로젠화 알킬의 작용기입니다. 할로젠화 알킬의 탄소는 전자가 부족한 친전자성(산성) 자리이고, 할

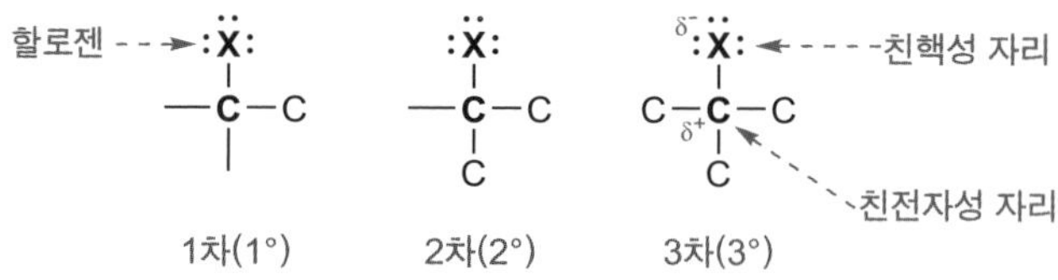

그림 7.4 할로젠화 알킬의 차수

로젠은 전자가 풍부한 친핵성(염기성) 자리입니다.

할로젠화 알킬 역시 할로젠과 결합한 탄소에 결합된 다른 탄소의 개수에 따라 일차, 이차, 삼차로 분류합니다. 할로젠화 알킬은 차수에 따라 반응성과 반응 경로가 다르기 때문에 이런 구분은 유용합니다.

할로젠화 알킬(RX)은 어떤 종류의 반응을 일으킬 수 있을까요? 할로젠화 알킬의 반응성은 C–X 결합의 할로젠 종류에 따라 결정됩니다. 할로젠화 알킬의 특징적인 반응은 치환 반응과 제거 반응입니다. 할로젠화 알킬이 친핵체와 반응하면 탄소에서 치환 반응이 일어납니다. 또 염기와 반응하면 제거 반응이 일어나 C=C 이중 결합과 HX가 생성됩니다. 이 두 반응의 경로(메커니즘)는 할로젠화 알킬의 차수에 따라 다릅니다.

할로젠화 알킬(RX)의 치환 반응에서 할로젠(X)은 친핵체(Nu^-)에 의해 치환됩니다. 이 치환 과정은 두 가지 방식이 가능하죠. 하나는 C–X 결합의 할로젠이 결합된 탄소의 반대편에서 친핵체가 도입되면서 할로젠 이온(X^-)이 제거되는 방식인데, 이 반응을 이분자 친핵성 치환 반응(S_N2)이라고 합니다. 'S'는 치환substitution 반응을, 'N'은 친핵성nucleophilic 반응을, 그리고 '2'는 이분자bimolecular 반응을 나타냅니다. 여기서 이분자 반응이란 반응 속도 결정 단계에 관여하는 분자 수가 두 개라는 의미입니다.

S_N2 반응에서는 C–X 결합의 분해와 C–Nu(Nu = 친핵체) 결합의 생성이 동시에 일어납니다. 따라서 반응은 한 단계의 협동 반응 concerted reaction으로 일어납니다. S_N2 반응의 또 다른 특징은 반응물의 반응 자리 탄소 치환기 배열과 생성물의 치환기 배열이 서로 반대로 배열된다는 것입니다. 따라서 반응물의 반응 자리 배열이 (*R*)–배열이었으면, 생성물은 (*S*)–배열을 이룹니다. 이런 현상을 배열의 반전 inversion이라고 합니다. 즉 배열의 반전은 S_N2 반응의 특징입니다.

또 다른 반응 방식은 C–X 결합에서 할로젠이 먼저 이탈되어 탄소 양이온이 형성되고, 그 후에 친핵체가 반응하는 것입니다. 이 반응은 일분자 친핵성 치환substitution nucleophilic unimolecular 반응, 즉 S_N1 반응이라고 합니다. S_N2 반응과 달리 일분자 반응이기 때문입니다. 따라서 S_N1 반응의 속도 결정 과정에는 반응물 한 분자만이 관여합니다. S_N1 반응은 C–X 결합이 분해되는 단계와 탄소 양이온과 친핵체가 반응하는 단계의 2단계로 진행됩니다.

S_N1 반응의 속도는 첫 단계에서 생성되는 탄소 양이온의 안정도에 크게 의존합니다. 즉 탄소 양이온의 안정도가 클수록 유리하죠. 탄소 양이온은 H_3C^+ (메틸 양이온) < RH_2C^+ (1차 양이온) < R_2HC^+(2차 양이온) < R_3C^+ (3차 양이온) 순으로 더 안정합니다. 알킬기(R)는 전자를 밀어 주는 기이며, 따라서 알킬기가 많을수록 탄소 양이온이 더 안정합니다.

한편 탄소 양이온은 평면 구조를 이루므로, 반응하는 친핵체는 오른편과 왼편(또는 윗면과 아랫면) 두 방향의 반응이 가능합니다. 그런 결과로 생성물의 배열은 반응물의 배열과 같거나, 반대 배열인 두 종류의 생성물이 생성됩니다. 이런 배열의 확률은 각각 반반이죠. 즉 (*R*)–배열 반응물이 S_N1 반응을 하면, 생성물은 (*R*)–과 (*S*)–배열 생성물이 각각 반반인 혼합물이 얻어집니다. 이런 혼합물을 라셈 혼합물 racemate이라고 합니다.

일반적으로 일차 할로젠화 알킬(RCH_2-X)은 S_N2 메커니즘으로, 삼차 할로젠화 알킬(R_3C-X)은 S_N1 메커니즘으로 반응하죠. 이차 할로젠화 알킬(R_2CH-X)은 S_N1과 S_N2 두 메커니즘 반응이 모두 가능하며, 할로젠화 알킬의 차수 이외의 다른 요인들에 의해 메커니즘이 결정됩니다. S_N2 메커니즘으로 진행되는 친핵성 치환 반응은 실험실이나 생물계에서 중요한 반응입니다.

할로젠화 알킬의 또 다른 특징적 반응은 제거 반응입니다. 제거 반

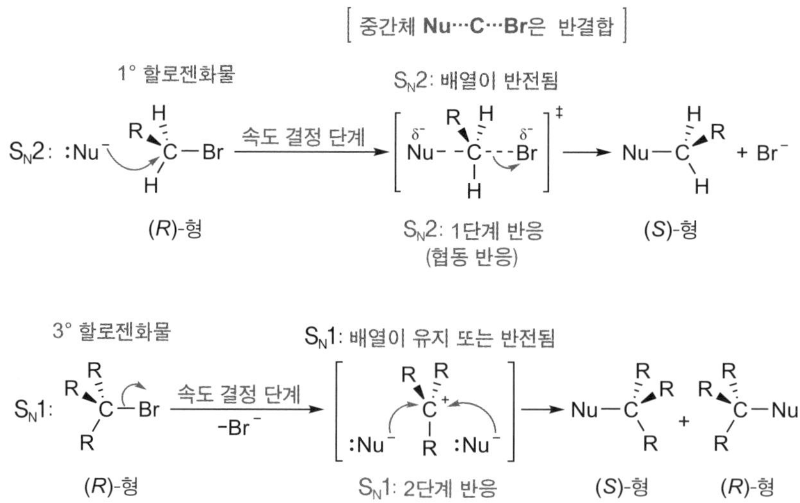

그림 7.5 S_N1과 S_N2 반응의 메커니즘

응은 시그마(σ) 결합을 파이(π) 결합으로 변환시키는 반응입니다. 제거반응은 할로젠화 알킬의 종류와 반응조건에 따라 E1(1분자 제거elimination)과 E2(2분자 제거elimination) 두 가지 경로로 진행됩니다. 모든 제거 반응에서 하나의 새로운 파이 결합을 만들기 위해서는 출발물질이 두 개의 원소들을 잃게 되죠. 가장 흔한 제거 물질은 HX이고, 이런 반응은 할로젠화 수소 이탈 반응dehydrohalogenation이라고 합니다. 할로젠화 수소 이탈 반응은 이웃한 탄소 원자에서 원소들이 제거되므로 β-제거 반응β-elimination이라고도 합니다.

할로젠화 알킬의 제거 반응과 친핵성 치환 반응은 주어진 조건에서 서로 경쟁적으로 일어납니다. 즉 S_N1과 E1 반응이 경쟁적이고, S_N2와 E2 반응이 경쟁적입니다. 따라서 S_N1과 E1 반응 메커니즘이 유사하고, S_N2와 E2 반응 메커니즘이 유사하죠.

S_N1과 E1 반응 메커니즘의 첫 단계는 상응하는 탄소 양이온이 형성되는 단계로 정확히 동일합니다. E2 반응은 메커니즘적으로 보면, 염기가 H를 공격하여 동시에 이웃 탄소의 X가 이탈되는 형식입니다. 이 과정을 결합 오비탈로 연상해보면 H−C−C−X 결합 부분이 동일한 면(즉 안티 준 평면•)에 존재할 때 가장 유리합니다(그림 7.6 참고).

그렇다면 할로젠화 알킬이 염기(또는 친핵체)와 반응할 때 어떤 반응이 우선적으로 일어날 것인가를 알 수 있을까요? 불행히도 이 질문에 쉽게 답할 수는 없습니다. 그러나 치환 반응일지 제거 반응일지를

• **안티 준 평면**anti periplanar H−C−C−X가 하나의 평면에 놓이고, H와 X가 서로 반대편에 위치하는 평면(그림 7.6 참고)

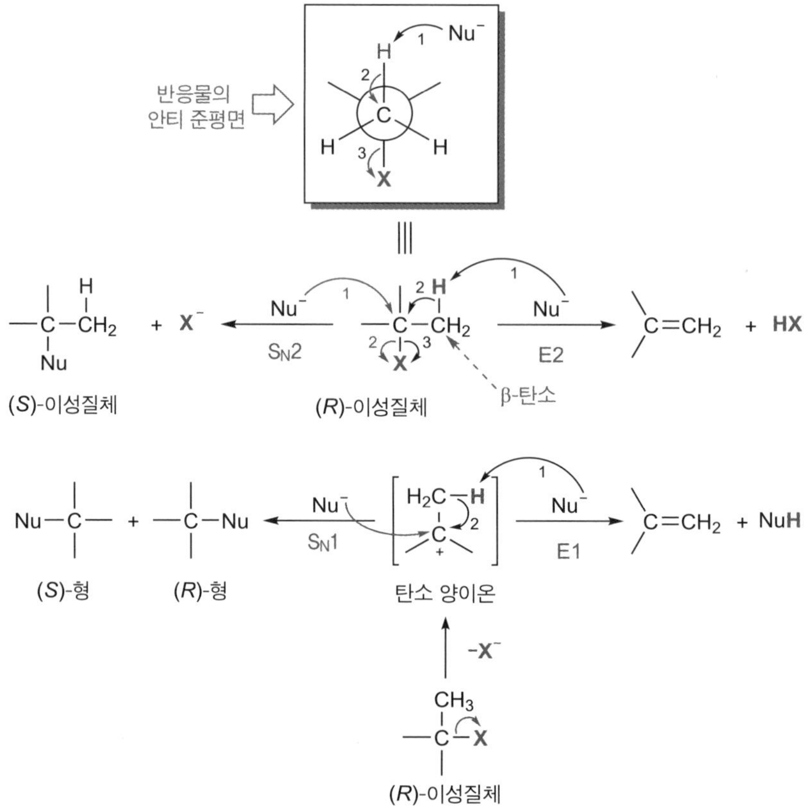

그림 7.6 S_N과 E 반응 메커니즘의 비교

결정하는 일반적인 지침은 있습니다.

한 가지 지침은 약한 염기이면서 좋은 친핵체의 반응에서는 치환 반응이 더 잘 일어난다는 것입니다. 다른 한 가지는 부피가 크고 친핵성이 없는 염기와의 반응에서는 제거 반응이 더 잘 일어난다는 것입니다.

할로젠화 알킬의 제거 반응 생성물은 알켄입니다. 그렇다면 알켄 생성물은 어떤 형태로 만들어질까요? 당연히 더 안정한 물질이 우선

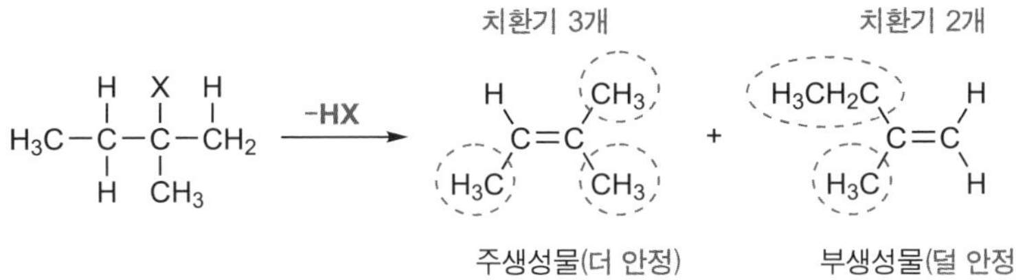

그림 7.7 β-제거 반응에서의 자이제프 규칙

해서 생성될 겁니다. 즉 이중 결합 탄소에 알킬기가 더 많이 결합된 알켄이 주 생성물이 되겠죠. 일반적으로 알켄은 이중 결합 탄소에 알킬기가 많은 분자가 열역학적으로 더 안정하기 때문입니다. 이를 처음 제안한 사람은 러시아 과학자 자이제프Zaitsev입니다. 따라서 이를 자이제프 규칙Zaitsev rule이라고 하죠. 자이제프 규칙에 따르면 β-제거 반응에서는 더 많이 치환된 이중 결합이 주 생성물로 생깁니다.

할로젠화 알킬 화합물은 일상에서도 다양하게 이용됩니다. 특히 간단한 할로젠화 알킬류는 불에 타지 않으면서 넓은 범위의 유기 화합물을 녹이는 용매로 사용됩니다. 그 예로 클로로폼chloroform($CHCl_3$)과 사염화 탄소carbon tetrachloride(CCl_4) 등이 있죠. 또한 할로에테인haloethane($CF_3CHClBr$)은 일반적으로 사용되는 안전한 유기 마취제입니다.

그 외에도 단열 물질, 플라스틱 포장 랩, 코팅 제, 농약 및 의약품 등으로 유기 할로젠화물들이 흔하게 사용됩니다. 테프론Teflon은 단열 물질 및 코팅제로, PVCpoly(vinyl chloride)는 포장재로 활용됩니다. 냉매와 에어로졸 추진제로 쓰이는 프레온Freon($CFCl_3$)과 살충제인 DDT 그리고 의약품인 플로코랄리드 Bplocoralide B(식도암 치료제) 등도 할로젠

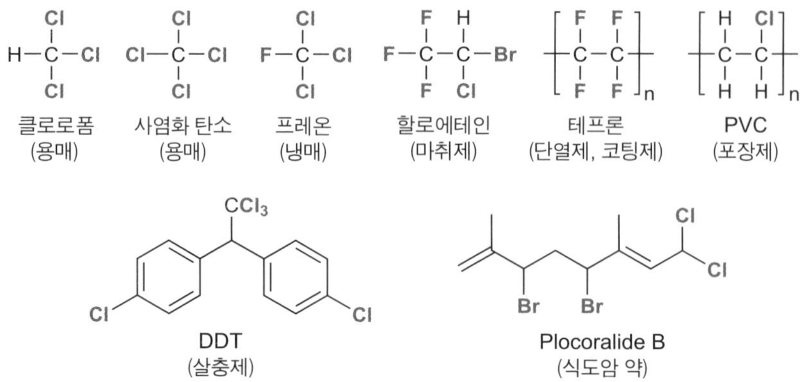

그림 7.8 일상에서 사용되는 몇 가지 할로젠화물

을 포함한 유기 분자들입니다.

플로코랄리드는 하와이산 적조라는 해초에서 분리했습니다. 천연에서 분리한 분자들의 양은 매우 적습니다. 따라서 화학자들은 이런 분자들을 필요한 만큼 만들어(합성)내야 하죠. 합성 화학자들은 간단한 할로젠화 물질로부터 시작해서 더 크고 유용한 물질들을 합성합니다.

알켄과 알카인은 탄소-탄소 다중 결합을 갖고 있다

알켄은 C=C 이중 결합을 가지는 화합물이고, 알카인은 C≡C 삼중 결합을 가지는 화합물입니다. 이중 결합과 삼중 결합 같은 다중 결합은 한 개의 탄소-탄소 시그마(σ) 결합과 하나 또는 두 개의 파이(π) 결합을 가지고 있습니다.

다중 결합의 파이 결합은 시그마 결합보다 훨씬 약하고, 반응에 유리하도록 분자의 외부로 노출되어 있습니다. 이런 다중 결합을 가진 화합물의 대표적인 반응은 첨가 반응입니다. 첨가 반응은 알켄이나 알카인의 탄소-탄소 파이(π) 결합이 두 개의 새로운 시그마(σ) 결합으로 변환되는 반응입니다. 다르게 말하면, 불포화 화합물이 포화 화합물로 되는 거죠.

이들 첨가 반응은 수소 첨가 반응에 대해 일반식으로 표현해 보면 쉽게 이해할 수 있습니다. 이중 결합을 하나 가진 알켄에 두 수소 원자가 첨가되면 포화 화합물인 알케인이 되죠. 즉 C_nH_{2n}으로 표시되는 알켄이 C_nH_{2n+2}로 되는 거죠. 또 삼중 결합이 한 개인 알카인에 두 개의 수소 원자가 첨가되면 알켄이 되고, 여기에 두 개의 수소 원자가 더 첨가되면 알케인이 됩니다. 이를 반응식으로 표현하면 $C_nH_{2n-2} + H_2 \rightarrow C_nH_{2n} + H_2 \rightarrow C_nH_{2n+2}$와 같이 표현할 수 있습니다.

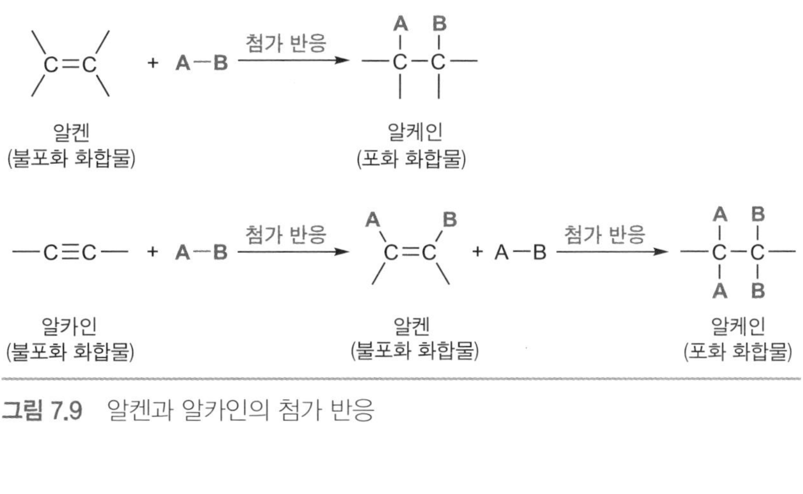

그림 7.9 알켄과 알카인의 첨가 반응

한 개의 고리를 이루는 알케인은 비고리 알케인acycloalkane보다 수소 수가 2개 적은 C_nH_{2n}으로 표시됩니다. 이 일반식은 비고리 알켄acycloalkene의 일반식과 같습니다. 또 하나의 고리를 이루는 고리 알켄cycloalkene의 일반식은 C_nH_{2n-2}이며, 비고리 알카인acycloalkyne의 일반식과 같습니다. 고리가 하나씩 생성될 때마다 H가 2개씩 감소하기 때문에 비고리 탄화수소보다 고리 탄화수소에서 수소 수가 2개씩 적습니다.

또한 파이 결합이 하나씩 형성될 때도 수소 수가 2개씩 감소합니다. 따라서 파이 결합이 하나씩인 알켄은 알케인보다, 알카인은 알켄보다 수소 수가 2개씩 감소합니다. 따라서 파이 결합이 존재하는 알켄과 알카인을 불포화 탄화수소unsaturated hydrocarbon라고 하죠.

고리를 이루거나 파이 결합을 이루어서 포화 탄화수소보다 부족한 수소의 수를 2로 나눈 값을 불포화도•degree of unsaturation라고 합니다.

한편 알켄은 이중 결합이 자유롭게 회전되지 않으므로, 시스/트랜스 및 *E*/*Z*-이성질체 같은 부분 입체 이성질체가 존재합니다. 알켄의 이런 부분 입체 이성질체성은 모든 척추동물, 절지동물, 연체동물 등의 시각 화학에서 중요한 역할을 합니다. 동물들이 눈으로 보기 위해서는 11-시스-레틴알이라는 빛 반응성 물질이 필요합니다. 시각 화학의 시작은 11-시스-레틴알이 11-트랜스-레틴알로 변화되는 단계부터입니다. 즉 11-번 탄소와 12-번 탄소의 이중 결합이 시스에서 트

• 불포화도 = [(포화 탄화수소의 수소 수)-(불포화/고리 탄화수소의 수소 수)] / 2

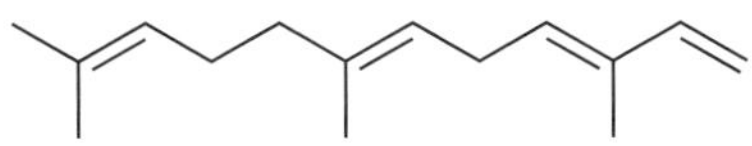

α-파네신
α–Farnesene

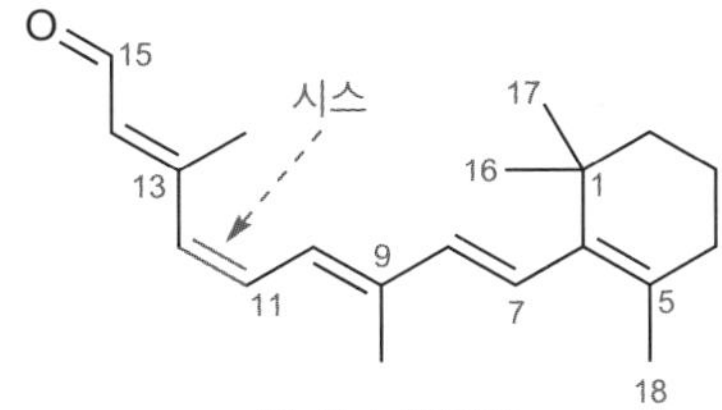

11-시스-레티알
11–*cis*–Retinal

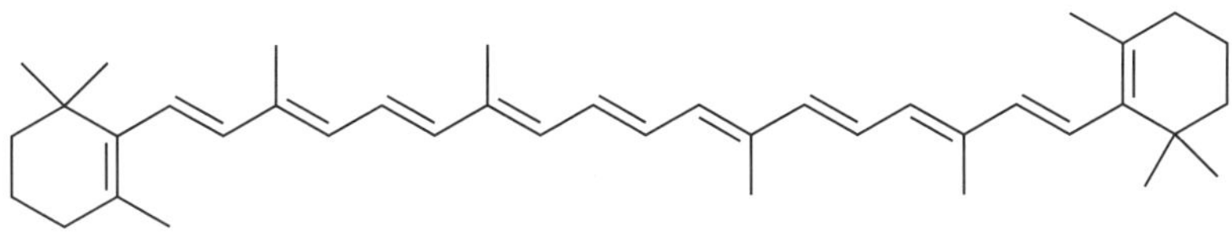

β-카로틴
β–Carotene

그림 7.10 탄소–탄소 이중 결합을 가지는 천연물의 몇 가지 예

랜스로 변환되는 것입니다.

탄소–탄소 이중 결합을 가지는 많은 유기 화합물이 자연에서 분리되어 이용되고 있습니다. 대표적으로 당근의 오렌지색 물질인 β–카로틴, 사과 껍질에 있는 왁스 성분의 α–파네신 등이 있습니다.

수소화 반응hydrogenation은 파이 결합에 수소 원자들이 첨가되는 반응입니다. 수소화 반응은 첨가 반응의 일종입니다. 알켄의 수소화 반응에는 촉매가 필요하며, 메커니즘은 다소 복잡하죠. 유기화학에서는 분자에 수소 원자 수가 증가하면 환원되었다고 말합니다. 반대로 수소 원자 수가 감소하면 산화되었다고 합니다.

다른 첨가 반응에서는 불포화 화합물이 친핵체로 작용하여, 친전자체와 반응합니다. 두 반응물이 반응하여 하나의 생성물을 만드는 것이죠. 첨가 반응은 알켄이나 알카인의 파이 전자와 친전자체(산)가

먼저 반응하여, 탄소 양이온 중간체 생성물을 만듭니다. 마지막 단계에서 탄소 양이온과 친핵체(염기)가 반응하여 두 개의 시그마 결합을 형성합니다.

하나의 예로 할로젠화 수소(HX)와 알켄의 첨가 반응을 들어보죠. H–X는 X가 큰 전기 음성도를 가지므로 $H^{\delta+}X^{\delta-}$의 극성을 가집니다. 따라서 알켄의 파이 전자와 부분 양전하를 띠는 친전자체 $H^{\delta+}$와 먼저 반응하여 상응하는 탄소 양이온 종을 생성합니다. 이후 생성된 탄소 양이온과 할로젠 음이온(X^-)이 반응하여 최종 생성물을 생성하죠.

이 반응 과정에서 중간 물질로 탄소 양이온이 생성된다는 점에 유의해야 합니다. 즉 더 안정한 탄소 양이온이 생성되어야 하므로, 처음 첨가되는 수소는 항상 '알킬기 치환이 더 많은 양이온이 생성되도록' 첨가되어야 합니다. 이 규칙은 마르코브니코프 규칙Markovnikov rule으로 알려져 있습니다. 즉 '비대칭 알켄에 HX가 첨가될 때, H 원자는 치환기가 적은 탄소와 결합'한다는 것입니다. 이유는 탄소 양이온에 알킬기가 더 많이 치환될수록 더 안정하기 때문입니다.

알켄에 할로젠화 수소가 첨가되는 반응은 할로젠화 수소 첨가 반응hydrohalogenation, 또 물 분자가 첨가되는 반응은 수화 반응hydration이라고 합니다.

이중 결합을 하고 있는 두 개 탄소의 치환기가 다른 알켄을 비대칭 알켄이라고 합니다. 비대칭 알켄의 첨가 반응에서 생성되는 중간체 탄소 양이온과 친핵체의 반응은 두 방향으로 일어날 수 있습니다. 그렇게 되면 각기 다른 두 종류의 생성물이 얻어지죠.

HX가 비대칭 알켄에 첨가되는 반응을 예로 들어 보겠습니다. 먼저

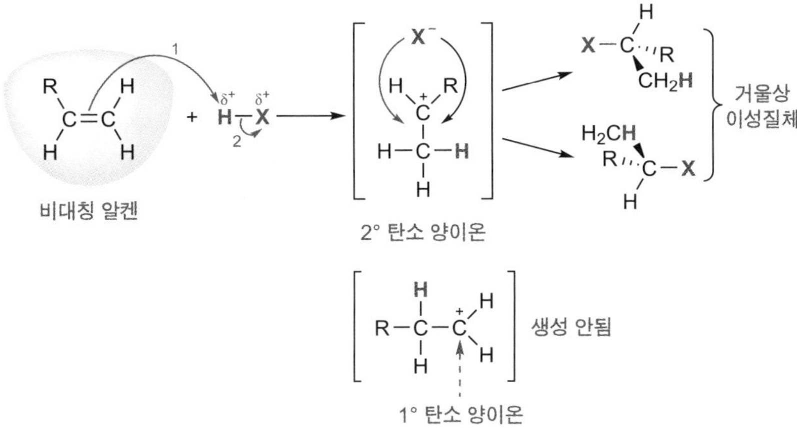

그림 7.11 비대칭 알켄의 HX 첨가 반응

이중 결합에 HX의 H가 첨가되면 더 안정한 2° 탄소 양이온이 생성됩니다. 이 중간체 양이온(RHC^+CH_3)에 X^-가 각기 다른 두 가지 방향으로 반응하여 두 개의 이성질체의 혼합물이 생성됩니다. 즉 두 개의 거울상 이성질체가 혼합된 라셈 혼합물이 형성됩니다(그림 7.11 참고).

탄소–탄소 다중 결합 물질에 2개의 동일한 할로젠을 첨가시키는 반응도 가능할까요? 물론 가능합니다. 그렇다면, 어떻게 2개의 할로젠 첨가가 가능할 까요?

할로젠 분자(X_2)에 전자가 풍부한 이중 결합이 접근하면, 할로젠 분자가 순간적으로 쌍극자($X^{\delta+}-X^{\delta-}$)를 가지도록 유도됩니다. 이때 전자가 부족한 할로젠 원자($X^{\delta+}$)와 파이 결합 전자가 반응하여, 삼원자 고리 형태인 할로늄 이온halonium ion(R_2X^+) 중간체와 X^- 이온이 생성됩니다. 생성된 중간체에 친핵체인 할로젠 음이온(X^-)이 고리의 반대편에서 다시 첨가됩니다. 결과적으로는 두 개 할로젠 원자가 서로 반대

편에서 첨가되는 거죠. 이처럼 X^- 이온이 고리 반대편으로 첨가된다는 사실은, 고리 알켄의 할로젠화 생성물이 트랜스 형으로만 생성되는 사실로부터 알 수 있습니다.

그림 7.12에 사이클로헥센cyclohexene의 반응을 예로 들어 나타냈습니다.

이중 결합은 단일 결합보다 더 강한 결합이죠. 그렇다면 이중 결합을 끊을 수 있을까요? 놀랍게도 산화 반응으로 탄소–탄소 이중 결합을 분해해서, 두 개의 카보닐 화합물로 만들 수 있습니다. 이때 가장 유용한 시약이 오존입니다.

알켄과 오존을 반응시키면, 분자오존화물molozonide과 오존화물ozonide을 거쳐 두 개의 카보닐 화합물로 분해됩니다. 이 반응을 가오존 분해 반응ozolysis이라고 하죠.

오존 이외에도 과산화 포타슘($KMnO_4$)이나 과아이오딘산(HIO_4) 같

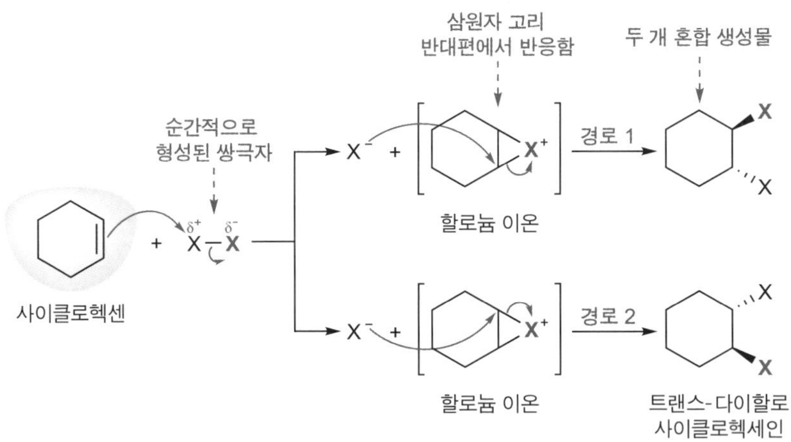

그림 7.12 사이클로헥센과 할로젠(X_2)의 반응

은 산화제로 탄소–탄소 이중 결합을 끊을 수 있습니다. 이런 알켄의 분해 반응은 유기화학에서 매우 유용한 반응입니다.

한편 알켄을 이용하여 삼탄소 고리 화합물도 만들 수 있습니다. 알켄과 카벤•(R_2C:)을 반응시키면, 삼탄소 원자 고리인 사이클로프로페인cyclopropane(C_3H_6)이 생성됩니다. 카벤은 불안정하므로 반응 용기 내에서 직접 제조해서 사용합니다. 이 반응은 삼원자 고리 화합물을 합성하는 유용한 방법 중 하나입니다.

알켄과 라디칼radical을 반응시키면 거대 분자인 중합체가 만들어집니다. 라디칼은 R· 같이 전자가 쌍을 이루지 않은 채로 존재하는 홀전자 화학종이며 반응성이 큽니다.

예를 들어 에텐(CH_2=CH_2)에 라디칼 중합 반응을 시키면 폴리에틸

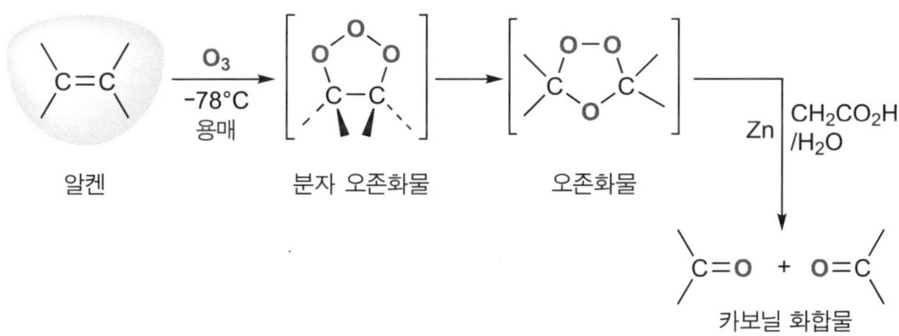

그림 7.13 알켄의 가오존 분해 반응

- **카벤**carbene 중성 탄소 원자가 두 개의 비결합 전자를 가진 분자. R–(C:)–R이나 R_2C:와 같이 표기. R은 치환기 또는 H임. 클로로폼chloroform($CHCl_3$)에 KOH같은 강염기를 반응시키면 상응하는 카벤이 생성됨.

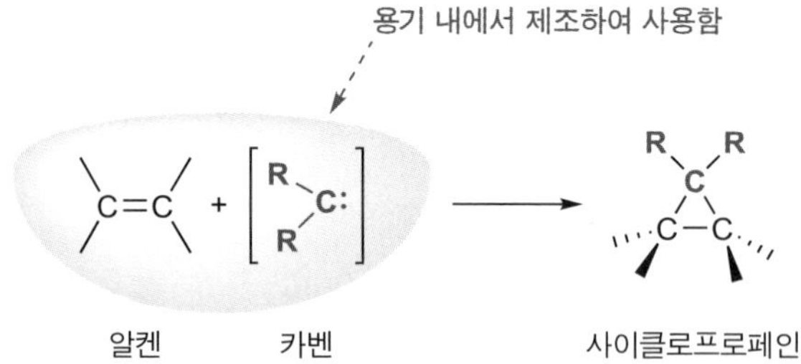

그림 7.14 알켄과 카벤의 반응

렌polyethylene[$-(CH_2CH_2)_n-$]이 형성됩니다. 라디칼 반응에서는 라디칼 개시제initiator가 필요합니다. 개시제로는 주로 과산화물peroxide(RCO_2-O_2CR)을 이용합니다. 개시제란 반응에 참여할 라디칼을 형성하는 데 필요한 시약입니다. 그러나 할로젠의 라디칼 반응에서는 개시제를 사용하지 않습니다. 할로젠 분자(X_2)는 열에 의해 쉽게 라디칼로 분해되기 때문입니다. 즉 X–X → 2X·으로 진행되죠.

라디칼 반응은 크게 3단계로 진행됩니다. 첫 단계는 라디칼이 생성되는 개시 단계initiation, 두 번째 단계는 형성된 라디칼 화학종이 에텐 분자에 반응하여 또 다른 라디칼 종을 형성하는 전파 단계propagation, 마지막 단계는 라디칼 반응이 종결되는 종결 단계termination입니다. 종결 단계에서는 반응 중 생성된 모든 라디칼이 소멸되어 안정한 화학종으로 되돌아 옵니다.

알카인은 두 개의 파이 결합을 가지고 있어, 알켄 분자들과는 달리 HX나 X_2의 첨가 반응이 2번씩 연속해서 일어나기도 합니다. 알카인은 크게 두 부류로 구분됩니다. 하나는 말단 알카인(RC≡CH)이고, 다른 하나는 내부 알카인(RC≡CR')입니다. 말단 알카인은 RC≡CH

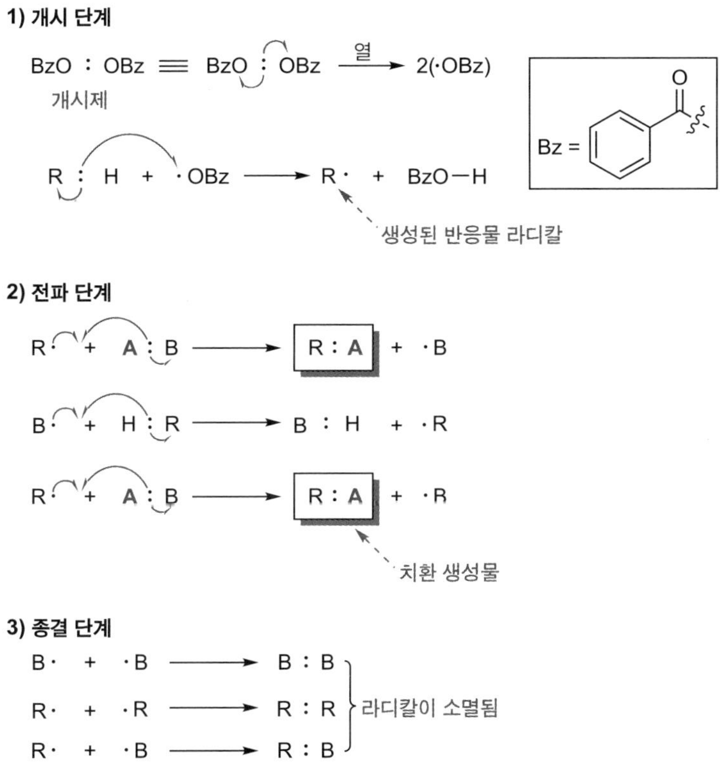

그림 7.15 라디칼 반응 과정

처럼 탄소–탄소 삼중 결합이 사슬의 끝에 있습니다. 내부 알카인은 RC≡CR'처럼 탄소–탄소 삼중 결합이 사슬 중간에 존재합니다.

말단 알카인은 수화 반응을 하면 주로 알데하이드(RCHO)를 생성하지만, 내부 알카인의은 케톤을 생성하죠. 이 두 수화 반응의 초기 생성물은 엔올 화합물이지만, 캐토형 화합물이 더 안정하므로 최종적으로는 카보닐 화합물이 얻어집니다. 즉 엔올–케토 토토머 현상이 일어나는 거죠. 일반적으로 엔올형보다는 케토형 분자가 더 안정하므

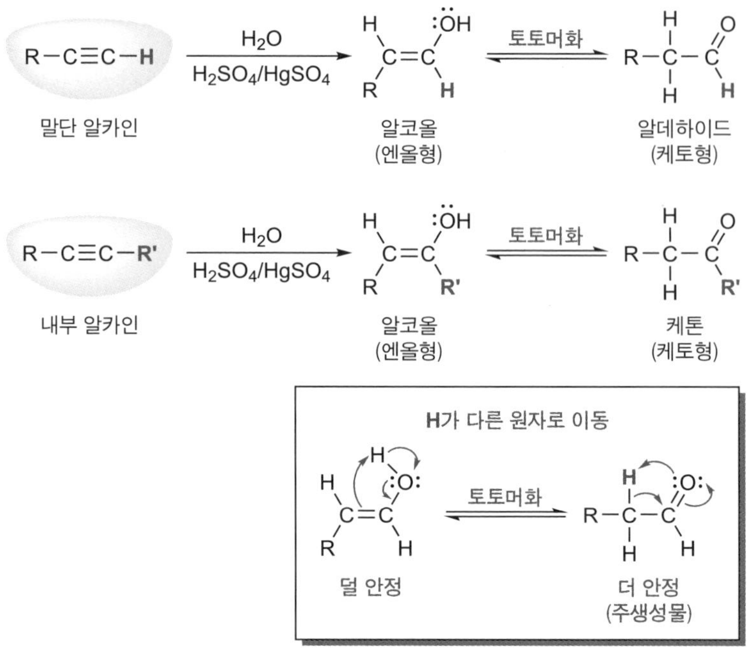

그림 7.16 말단 알카인과 내부 알카인의 수화 반응

로 카보닐 화합물이 주 생성물이 됩니다.

한편 알카인도 알켄처럼 환원될 수 있죠. 물론 알카인에 한 분자의 수소가 첨가되면 알켄이 되고, 생성물 알켄에 한 분자의 수소가 더 첨가되면 알케인이 됩니다. 즉 불포화 결합 2개가 모두 환원되면 포화 화합물인 알케인이 생성되죠. 환원 반응에 사용하는 촉매에 따라 알켄이 생성되는 단계에서 멈출 수도 있습니다. 촉매 활성이 적은 린달 촉매*를 사용하면 부분 환원된 시스-알켄*cis*-alkene을 얻을 수 있습니다. 이때는 첨가되는 2개의 수소가 같은 편으로 첨가되므로 시스-첨가라고 합니다. 소듐(Na)/암모니아(NH_3) 촉매를 이용하여 부분 환원시키면 트랜스-알켄*trans*-alkene이 생성되고요. 여기서는 2개 수소가 서로 반대 편으로 첨가되므로 안티-첨가라고 합니다.

알카인의 탄소-탄소 삼중 결합도 오존이나 $KMnO_4$로 분해시켜 카보닐 화합물을 얻을 수 있습니다.

말단 알카인을 센 염기로 처리하면, 아세틸라이드 음이온acetylide anion($RC\equiv C^-$)이 생성됩니다. 아세틸라이드 음이온은 삼중 결합을 가진 좋은 친핵체여서 유기합성에서 유용하게 이용됩니다.

석유를 분해하여 얻는 에틸렌ethylene은 다양한 유기물질을 합성하는 데 이용되는 출발 물질입니다. 아세틸렌acetylene($HC\equiv CH$) 또한 탄소 2개를 도입하기 위해 유용하게 사용됩니다.

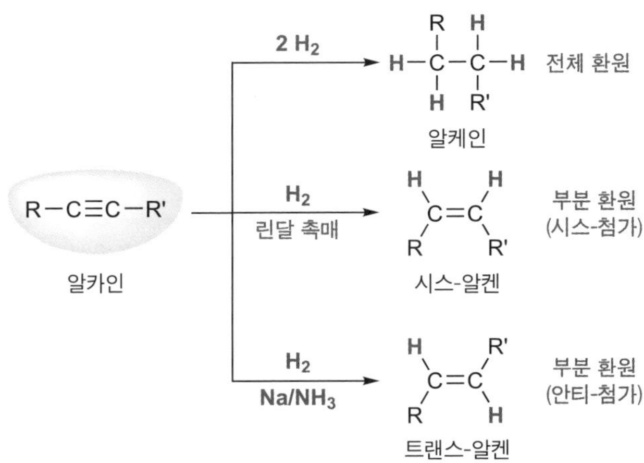

그림 7.17 알카인의 환원 반응

- **린달 촉매**Lindlar catalyst 팔라듐 금속을 탄산 칼슘calcium carbonate($CaCO_3$) 지지체에 침전시킨 뒤, 아세트산 납과 퀴놀린으로 처리하여 촉매 활성을 감소시킨 촉매. 이 촉매를 개발한 사람의 이름을 붙여 명명한 것임.

방향족 탄화수소 반응은 독특하다

방향족 탄화수소는 여러 개의 이중 결합을 가지고 있습니다. 그러나 첨가 반응 대신 치환 반응을 일으키므로 특별합니다. 이 치환 반응이 방향족 화합물의 대표적인 반응입니다. 벤젠은 친핵체로 작용하며, X^+, NO_2^+, SO_3, R^+, RCO^+ 등과 같은 친전자체(산) 물질들과 반응합니다. 따라서 이 반응을 '친전자성 방향족 치환 반응electrophilic aromatic substitution'이라고 합니다.

벤젠의 친전자성 치환 반응은 첨가addition와 제거elimination라는 두 단계로 진행됩니다. 첫 단계인 첨가 반응 단계에서는 친전자체가 고리에 첨가되어, 다이엔* 양이온 중간체가 형성됩니다. 이 다이엔 양이온

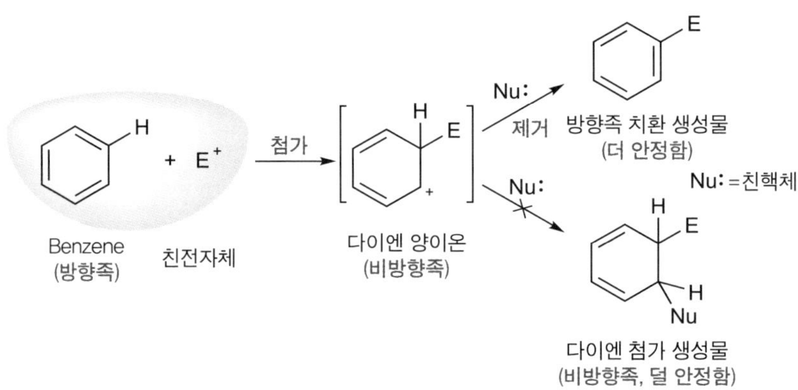

그림 7.18 벤젠의 친전자성 방향족 치환 반응

- **다이엔**diene 두 개의 이중 결합을 포함하는 화학종

중간체는 방향족이 아닙니다. 두 번째 단계인 제거 반응에서는 수소가 제거되면서 하나의 치환 생성물을 형성합니다. 이 단계의 치환 생성물은 방향족입니다.

이 반응에서 방향족 생성물만 형성되는 이유는 무엇일까요? 중간체 다이엔 첨가 생성물은 방향족이 아니고(즉, 비방향족), 마지막 치환 생성물은 방향족입니다. 방향족이 비방향족보다 상대적으로 더 안정하다는 것을 기억하세요. 다양한 벤젠 유도체들이 친전자성 방향족 치환 반응을 통해서 합성됩니다.

제 8 강

산소와 질소 작용기의 반응은 다양하다

헤테로 원자인 산소(O)와 질소(N)를 포함하는 작용기는 유기화학에서 매우 중요합니다. 이들 작용기는 다양한 반응을 일으키므로 실생활에서 자주 접하게 될 뿐만 아니라 유용하기도 합니다.

대표적인 질소 작용기는 아미노기amino($-NH_2$)입니다. 질소와 산소가 결합된 나이트로기nitro($-NO_2$) 및 나이트로소기nitroso($-NO$)도 흔합니다. 이외에도 질소가 2개 및 3개씩으로 결합된 작용기인 다이조늄기diazonium($-N^+\equiv N$) 및 아자이드기azide($-N^- - N^+\equiv N$)가 있습니다.

한편, 산소 작용기로는 O−H, C−O, C=O 등이 있습니다. 알코올(ROH)은 O−H기와 C−O 작용기를 포함하고 있습니다. 이 경우 C−O 단위에서 탄소는 다른 원자들과 단일 결합 또는 이중 결합을 이룰 수도 있습니다. 에터(ROR) 또한 C−O 작용기를 가지고 있습니다.

C=O 작용기를 가진 대표적인 계열은 카복실산(RCOOH)과 그 유

도체들이며 우리의 삶과 자연에서 흔하게 접할 수 있습니다.

아민은 질소 작용기를 포함하는 대표적 물질이다

질소를 포함하는 가장 간단한 화합물은 암모니아ammonia (NH_3)입니다. 암모니아의 3개 수소 중 하나 또는 그 이상이 알킬기alkyl(R)로 치환되면 아민amine이 되죠. 즉 RNH_2, R_2NH, R_3N 형의 분자들이 모두 아민입니다. 아민은 비공유 전자쌍을 가지고 있어 강염기이며, 좋은 친핵체입니다.

유기 질소 화합물인 아민은 질소 원자에 결합한 알킬기(R)의 수에 따라 1차(1°), 2차(2°) 및 3차(3°) 아민으로 구분하죠. 또 아민은 친전자체와 반응하여 4개의 결합을 이룬 암모늄 염을 형성할 수도 있습니다. 이를 4차(4°) 암모늄 염ammonium salt(R_4N^+)이라고 하죠. 4차 암모늄 염은 질소가 양이온을 띠므로 염기가 아니며, 또한 친핵체도 아닙니다.

알킬아민(RNH_2)의 구조는 암모니아와 유사합니다. 알킬아민의 질소 원자는 탄소 원자처럼 sp^3 혼성을 하고 있습니다. 앞에서 논한 것

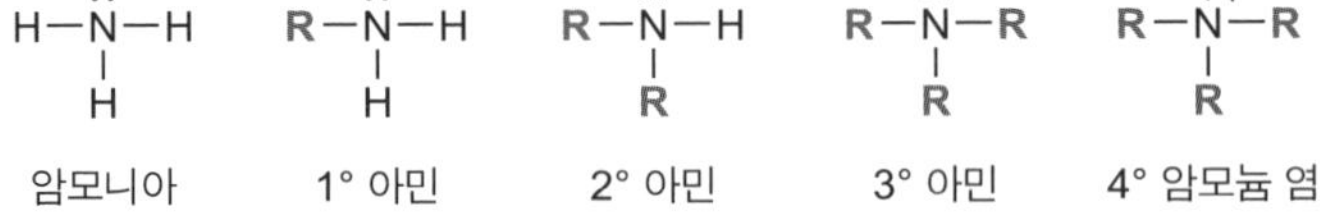

그림 8.1 암모니아와 아민의 차수 구분

처럼, 어떤 원자가 sp^3 혼성을 하면 원자의 3차원 구조는 정사면체를 이룹니다. 따라서 질소 원자도 $2sp^3$ 혼성을 하면 정사면체로 예상됩니다. 그러나 질소 원자는 탄소보다 원자가전자 수가 5개로 하나 더 많습니다. 따라서 $2sp^3$ 혼성 오비탈 중 하나에는 전자쌍이 채워져 있어 공유 결합에 참여하지 못합니다. 이런 전자쌍을 비공유 전자쌍lone pair electron 또는 비결합 전자쌍nonbonding electron pair이라고 하죠. 이 비공유 전자쌍이 점유된 오비탈의 부피는, 결합한 전자쌍이 점유하는 오비탈보다 더 큽니다. 따라서 알킬아민의 3차원 정사면체 구조는 다소 일그러진 피라미드 모양입니다.

3차 알킬아민(R_3N:)의 구조를 예로 들어보죠. 이 분자에서 질소 원자는 사면체 중앙에, 그리고 3개의 알킬기와 한 쌍의 비공유 전자쌍이 사면체의 각 꼭지점에 위치합니다. 그러나 비공유 전자쌍이 차지하는 부피가 다른 결합 오비탈들보다 커서 전체적으로는 피라미드(삼각뿔) 모양의 사면체를 이룹니다.

정사면체 구조를 이루는 $2sp^3$ 혼성 탄소가 4개의 각기 다른 치환기를 가지면 거울상 이성질체가 존재한다는 것을 상기하세요. 이와 유사하게, $2sp^3$ 혼성 질소에 결합된 3개 치환기가 모두 다르면 거울상 이성질체가 존재합니다. 그러나 아민의 두 거울상 이성질체의 반전inversion 에너지 장벽은 작아서(약 6 kcal/mol, 25 kJ/mol) 상호 전환이 용이하죠. 따라서 아민의 이런 카이랄성은 무시할 때도 있습니다.

아민의 염기성과 친핵성 같은 화학적 성질은 비공유 전자쌍에 지배를 받죠. 1차 알킬아민의 염기도는 2차나 3차 아민보다는 약하고, 암모니아보다는 더 강한 염기입니다. 알킬기가 질소에 전자를 주기 때문

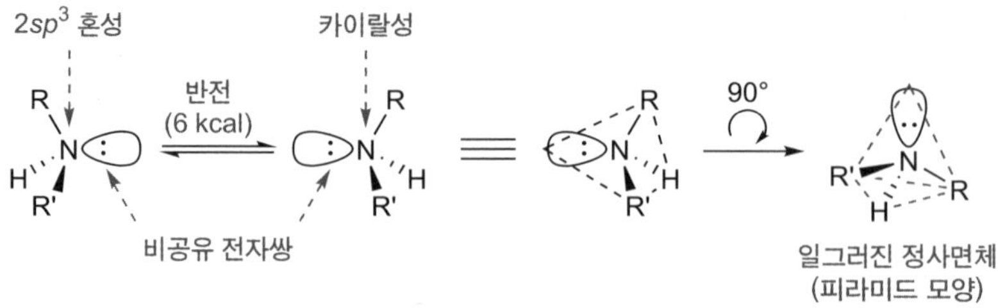

그림 8.2 아민의 거울상 이성질체의 반전 현상

에, 알킬기가 많아질수록 아민의 비공유 전자쌍의 힘이 더 강해지는 것이라고 생각하면 됩니다.

한편 방향족 아민인 아릴아민arylamine($ArNH_2$)의 염기도는 알킬아민보다 더 작습니다. 알킬아민에서는 비공유 전자쌍이 질소 원자에 집중(편재화)되어 있으나, 아릴아민에서는 비공유 전자쌍이 질소 원자뿐 아니라 벤젠 고리 탄소에도 퍼져 있기(비편재화) 때문입니다. 이런 결과로 아릴아민의 질소 원자의 염기도가 알킬아민보다 작습니다. 예를 들어 아닐리늄anilinium($C_6H_5-NH^+_3$)의 pK_a = 4.6이고, 에틸암모늄ethylammonium($CH_3CH_2-NH^+_3$)의 pK_a = 10.8입니다(pK_a 값이 클수록 염기성이 강합니다). 아릴아민의 경우에도 고리에 전자를 밀어 주는 치환기가 있으면, 염기도도 증가합니다.

아마이드amide($RCONH_2$)는 아미노기를 가지고 있으나, 염기도는 아민보다 훨씬 작은 약염기입니다. 아마이드의 비공유 전자쌍도 카보닐기의 산소 원자에 비편재화되어 있기 때문입니다.

아민류에는 방향족 헤테로고리 아민도 있습니다. 방향족 헤테로고리는 질소 원자가 고리의 구성 원자로 존재하며 방향족성을 가진 화

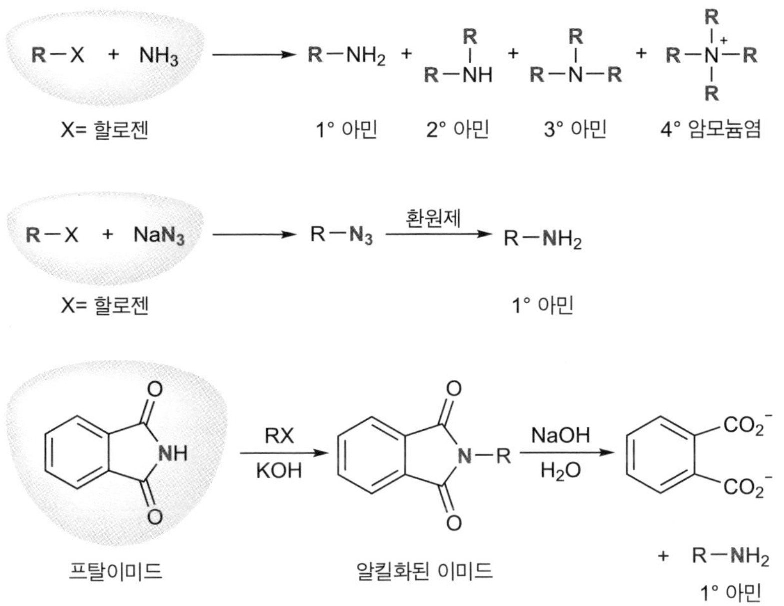

그림 8.3 간단한 아민 합성 반응

학종입니다. 따라서 고리 구성 원소인 질소의 비공유 전자쌍이 방향족 파이(π)계에 포함되는지에 따라, 그 성질에 큰 차이가 있습니다. 방향족 질소 헤테로 고리aromatic nitrogen heterocycle 화합물은 그 수가 방대하고, 자연의 생명체에서도 다양한 기능을 나타냅니다.

가장 간단한 알킬아민 합성법은 암모니아(NH_3)와 알킬 할라이드(RX)를 반응시키는 방법입니다. 이외에도 할로젠화 알킬과 소듐 아자이드sodium azide(NaN_3)의 반응으로 만들거나, *N*–알킬화된 이미드imide를 가수분해시켜 얻기도 합니다. 특별히 프탈이미드phthalimide와 알킬 할라이드(RX)를 반응시켜 1차 아민 만을 합성하는 방법을 가브리엘 합성법Gabriel synthesis이라고 하죠. 또한 케톤과 알데하이드 같은 카보

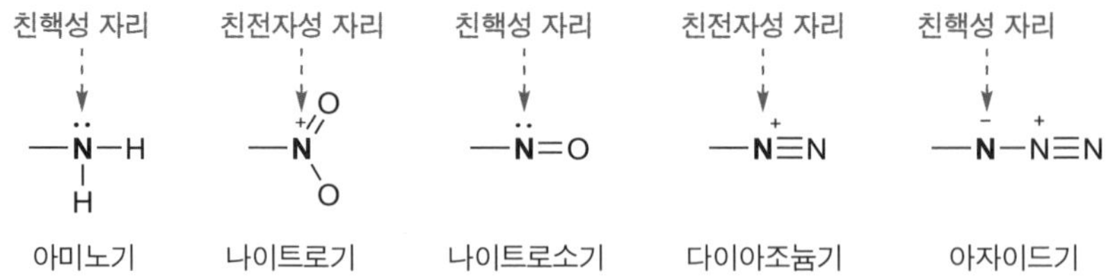

그림 8.4 질소 작용기의 반응 자리 성질

닐 화합물의 환원성 아미노화 반응•을 이용하여 알킬아민(RNH_2)을 얻을 수도 있습니다.

질소 산화물 작용기로 나이트로기(NO_2)와 나이트로소기(NO)가 있습니다. 나이트로기는 질산nitric acid(HNO_3)을 이용한 나이트로화 반응nitration으로 도입할 수 있습니다. 나이트로기에서 질소 원자는 전자가 부족한 친전자성 원자(산성)이며, 따라서 나이트로기는 전자를 강하게 끄는 작용기입니다. 한편 나이트로소기의 질소 원자는 아민처럼 친핵성 원자(염기성)입니다. 따라서 나이트로기와 나이트로소기는 산소 원자 하나의 차이이지만, 다른 과정의 반응을 일으킵니다.

질소 원자를 포함하는 작용기 중에는 아자이드(N_3), 다이아조늄염($RN^+{\equiv}NX^-$) 등도 있습니다. 아자이드와 다이아조늄은 질소 원자만으로 구성된 작용기입니다. 다이아조늄기의 반응 자리 질소는 친전자성이고, 아자이드의 반응 자리 질소는 친핵성입니다. 다이아조늄 염은 반응을 통해 안정한 질소 분자(N_2)를 쉽게 이탈시키므

• **환원성 아미노화 반응**reductive amination 카보닐기(C=O)에 암모니아를 반응시켜 이민imine($R_2C{=}NH$)을 만들고, 이를 환원시켜 아민(RNH_2)을 합성하는 반응.

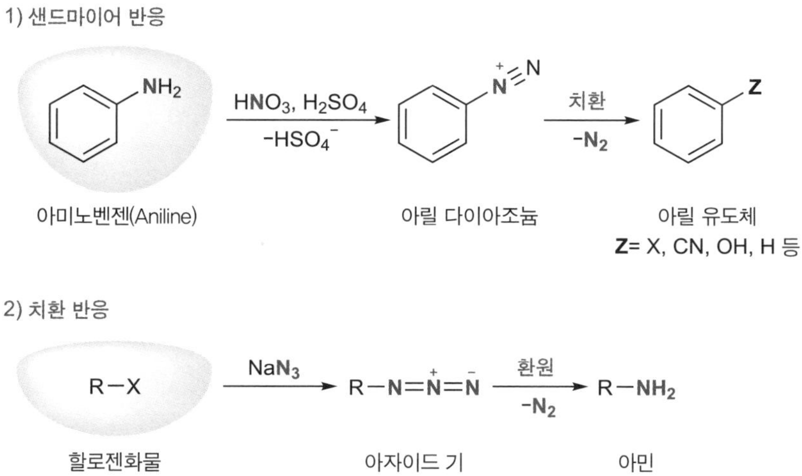

그림 8.5 샌드마이어 반응과 할로젠화 알킬의 아민화

로, 유용한 합성 중간체입니다. 특히 다이아조늄 염은 아미노벤젠aminobenzene($C_6H_5NH_2$)으로부터 쉽게 제조할 수 있어, 다양한 유도체의 합성에 이용됩니다. 이 반응을 샌드마이어 반응Sandmeyer reaction이라고 합니다. 한편 아자이드기는 환원시키면 아민이 되므로 할로젠화 알킬들의 아민화에도 이용됩니다.

알코올, 에터 및 에폭사이드는 탄소-산소 단일 결합을 포함하는 작용기이다

알코올(ROH), 에터(ROR) 및 에폭사이드epoxide()는 탄소-산소 시그마 결합으로 이루어진 작용기입니다.

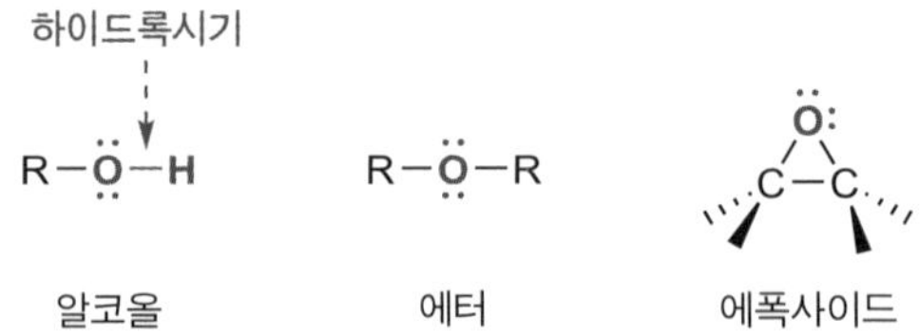

그림 8.6 알코올, 에테르 및 에폭사이드의 구조

알코올은 물의 유기 유도체로 생각할 수 있습니다. 즉 물(H−O−H) 분자의 두 수소 중 하나가 알킬(R)기나 아릴(Ar)기 같은 유기 치환기로 치환된 것입니다. 따라서 알코올의 대표적인 작용기는 하이드록시기(OH)입니다.

일반적으로 알코올이라고 하는 화학종은 OH기가 $2sp^3$ 혼성 탄소에 결합되어 있습니다. 그러나 페놀phenol(C_6H_5OH)은 벤젠 고리의 $2sp^2$ 탄소에 OH기가 결합되어 있고, 엔올enol(C=C−OH)은 바이닐*성 $2sp^2$ 혼성 탄소에 OH기가 결합되어 있습니다. 따라서 이들은 각기 다른 성질을 나타냅니다.

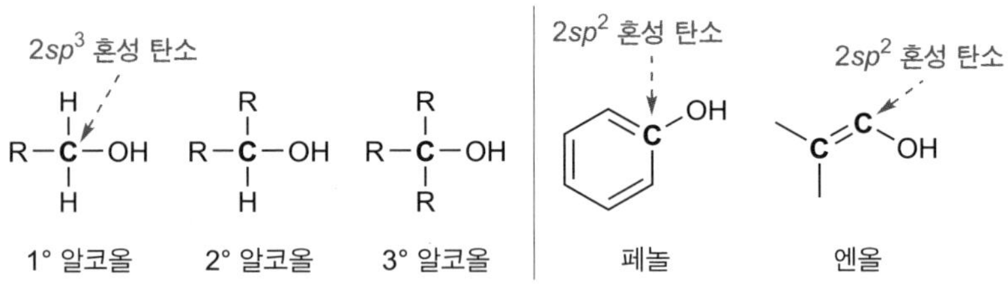

그림 8.7 알코올의 구분

- **바이닐**vinyl $CH_2=CH_2$에서 H가 하나 없는 $CH_2=CH-$기의 이름.

알코올은 OH기와 결합한 $2sp^3$ 혼성 탄소에 결합되어 있는 다른 탄소 원자의 수에 따라 1차 알코올, 2차 알코올, 3차 알코올로 구분합니다.

에터 분자의 산소는 $2sp^3$, $2sp^2$ 및 $2sp$ 혼성 탄소들과 결합할 수 있습니다. 그러나 에폭사이드는 산소와 2개 탄소가 이루는 삼원자 고리이므로 산소와 결합한 두 탄소 모두 $2sp^3$ 혼성을 하고 있죠. $2sp^2$ 및 $2sp$ 혼성 탄소들은 기하 구조적으로 삼각형 고리를 이룰 수 없기 때문입니다.

알코올은 OH기를 가지고 있어 분자 간 수소 결합이 가능합니다. 앞에서 논의한 것처럼, 알코올의 분자 간 수소 결합은 끓는점과 용해도 같은 물리적 성질에 영향을 줍니다. 즉 알코올은 유사한 크기의 다른 유기 분자들보다 끓는점이 높고 물에 대한 용해도도 더 큽니다. 그러나 에터와 에폭사이드는 OH기를 가지지 않으므로 수소 결합을 하지 못하며, 따라서 끓는점이 낮고 물에 대한 용해도가 좋지 않습니다.

몇 가지 흥미로운 알코올, 에폭사이드, 에터를 살펴볼까요?

에탄올ethanol(CH_3CH_2OH)은 우리가 일상에서 가장 흔하게 접하는 알코올이죠. 에탄올은 최소한 4000년 전부터 알려졌으니 아마도 사람이 만든 최초의 합성 유기물일 것입니다. 술을 마시면 술 속의 에탄올 성분 때문에 얼굴이 붉어지고, 중추신경이 마비되기도 합니다. 그래서 음주 운전은 매우 위험합니다. 그러나 탄소가 하나인 메탄올methanol(CH_3OH)은 먹을 수 없습니다. 독성이 있어 섭취하면 실명할 수도 있습니다. 에탄올은 일반적으로 옥수수 아밀로스amylose의 가수분해와 발효로 만듭니다. 녹색 식물이 광합성을 통해 만든 탄수화물(아밀로스)을 분해해서 얻는 거죠.

한편 에터 중에는 외과 수술용 마취제로 이용되거나, 선택적으로 특정 양이온하고만 결합하는 분자들이 있습니다. 1846년 치과의사인 몰턴William Morton이 보스턴의 매사추세츠 병원에서 다이에틸 에터diethyl ether($CH_3CH_2OCH_2CH_3$)를 마취제로 사용하는 시범적 시술을 선보였습니다. 다이에틸 에터가 마취제로 사용되면서 외과 수술의 대 변혁이 일어났죠. 다이에틸 에터는 좋은 마취제는 아니였지만 다른 대안이 없었으므로 오랜 기간 사용되었습니다. 오늘날에는 비가연성이어서 안전하고, 환자에게 불쾌감을 주지 않으면서도 안전한 할로에테인haloethane($CF_3CHClBr$)으로 대체되었습니다.

에터 중에는 큰 고리 형태를 이루는 분자도 있습니다. 에터 결합으로 고리를 이루는 폴리에터polyether는 고리 안에서 특정한 크기의 양이온과 착물•을 형성할 수 있습니다. 폴리에터와 양이온의 착물 형성은 고리를 이루는 산소 원자들이 비공유 전자쌍를 가지기 때문에 가능합니다. 이런 폴리에터를 특별히 크라운 에터crown ether라고 하며, 고리 원자 수와 산소 원자 수를 표시하여 'x–크라운–y–에터'와 같이 명명합니다. '크라운crown'이라는 단어는 분자 모양이 왕관처럼 생겼다고 붙여진 이름입니다. 이 명명법에서 'x'는 고리를 이루는 전체 원자 수, 'y'는 고리 내 산소 원자 수를 의미하죠.

크라운 에터 착물은 주인–손님 착물host–guest complex이라고도 합니다. 12–크라운–4–에터와 리튬 양이온(Li^+)의 착물을 예로 들자면, 크

• **착물**complex 금속의 빈 오비탈에 유기 분자(리간드)의 비공유 전자쌍이 제공되어 결합을 형성하여 하나의 물질처럼 거동하는 화학종.

라운 에터는 주인host 분자이고 리튬 이온(Li^+)은 손님guest인 셈이죠. 즉 주인인 유기 분자의 산소에 있는 비공유 전자쌍이 리튬 양이온에 제공되어 결합이 형성되는 겁니다. 이런 형태의 결합을 배위 결합coordination bond이라고 합니다. 착물에서처럼 주인 분자가 특정한 이온하고만 선택적으로 결합하는 능력을 분자 인식molecular recognition 능력이라고 합니다. 이러한 크라운 에터의 분자 인식 능력은 유기 반응이나 이온의 분리 등에 널리 이용됩니다.

크라운 에터를 이용하는 유기 반응의 예를 살펴보죠. 클로로메틸벤젠chloromethylbenzene의 Cl을 KF와 반응시켜 플루오로메틸벤젠fluoromethylbenzene으로 치환시키는 반응이 있습니다. 이 반응은 유기용매만으로는 진행되지 않습니다. KF가 유기용매에는 녹지 않기 때문입니다. 그러나 여기에 18–크라운–6 에터를 첨가하면 쉽게 반응이 진행되어 원하는 플루오로 치환 생성물을 얻을 수 있습니다. 크라운 에터

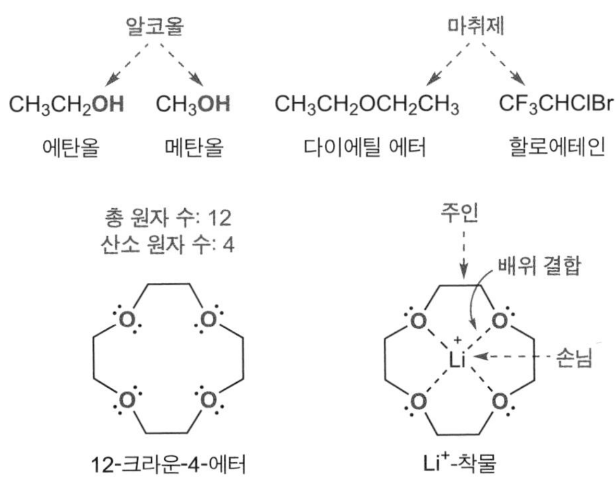

그림 8.8 몇 가지 알코올, 마취제, 크라운 에터 및 착물 구조

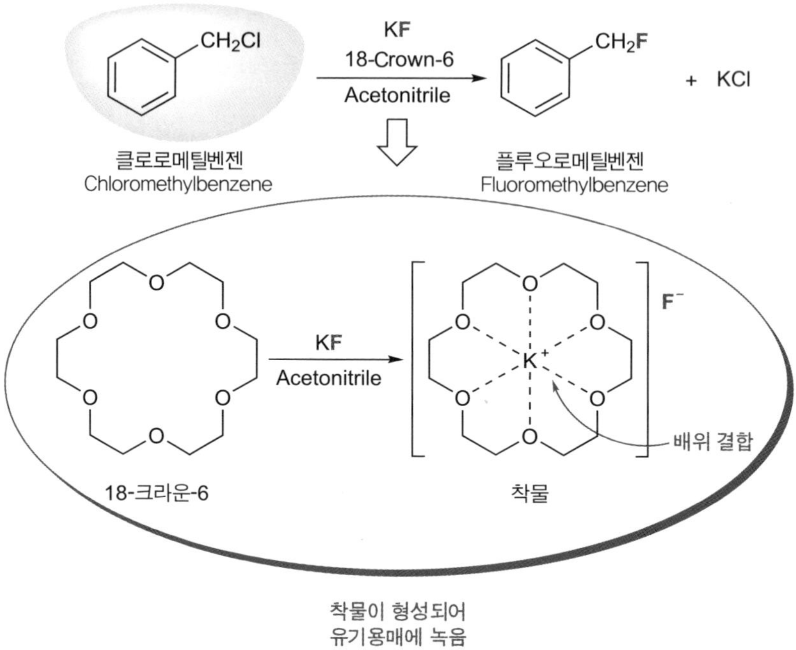

그림 8.9 크라운 에터를 이용하는 유기 반응의 예

와 KF가 착물을 형성해 반응에 참여했기 때문입니다.

에폭사이드는 알코올이나 에터에 비해 천연에서 발견되는 예가 적습니다. 에폭사이드 고리가 불안정하기 때문이겠죠. 그러나 최근 들어 에폭사이드 고리를 포함하는 약품들이 다수 알려지고 있습니다. 예를 들면 심장마비 재발을 예방하는 약인 에플레레논eplerenone(상품명 Inspra®) 등이 있습니다.

카보닐기를 포함하는 화합물은 다양하다

카보닐기carbonyl(C=O)를 포함하고 있는 화합물은 다양합니다. 케톤ketone($R_2C=O$), 알데하이드aldehyde(RCHO), 카복실산carboxylic acid(RCOOH)과 카복실산 유도체carboxylic acid derivative(RC(=O)R′, R′=X, NR''_2, OR″, OCOR)들이 모두 카보닐기를 가지고 있습니다. 카보닐기는 전자가 부족한 탄소와 쉽게 분해되지 않는 파이 결합을 가지고 있어 다양하고 유용한 반응들을 일으킵니다. 따라서 카보닐기는 유기화학에서 가장 중요한 작용기라고 할 수 있습니다.

카보닐기를 가지는 화합물은 크게 두 가지 부류로 나뉩니다. 하나는 카보닐기에 탄소와 수소가 결합된 부류, 즉 케톤($R_2C=O$)과 알데하이드(RCHO)가 여기에 속합니다. 다른 하나는 카보닐기에 전기 음성도가 큰 헤테로 원자들이 결합되어 있는 부류이며, 여기에는 카복실산(RCOOH)과 그 유도체들이 있습니다. 카복실산 유도체로는 산 할로젠화물acid halide(RCOX), 에스터ester(RCOR′), 아마이드

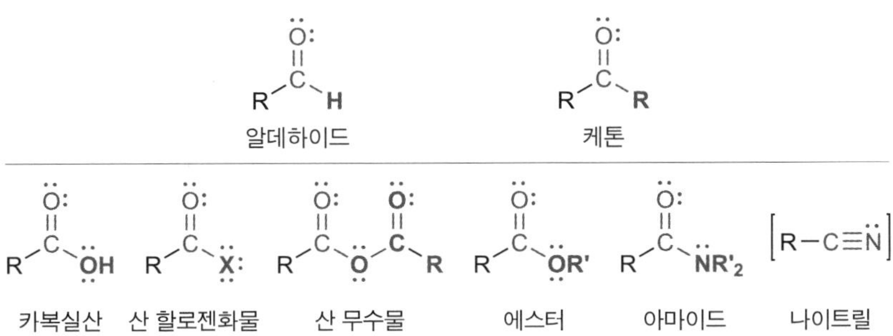

그림 8.10 카보닐기를 갖고 있는 작용기들

amide($RCONR'_2$) 및 카복실산 무수물acid anhydride[$(RCO)_2O$] 등이 있죠. 나이트릴nitrile(RC≡N)도 카복실산 유도체이지만, C=O기를 가지고 있지 않습니다. 그러나 카복실산 작용기와 비슷한 반응을 일으키므로 카복실산 유도체로 분류합니다.

카보닐기에 대해 좀 더 자세히 살펴보겠습니다. 카보닐기를 포함하고 있는 화합물들의 반응은 카보닐기와 카보닐 탄소에 결합된 원자나 원자단에 의존합니다. 카보닐 탄소는 $2sp^2$ 혼성화를 하고 있어 삼각 평면 구조이며, 모든 결합각은 대략 120°입니다. 또 카보닐기는 탄소와 산소가 이중 결합을 이루고 있습니다. 이들 이중 결합 중 하나는 시그마 결합이고, 다른 하나는 파이 결합입니다. 카보닐기의 산소는 전기 음성도가 탄소보다 크므로 부분 음전하를 띠는 극성을 가지며, 게다가 2쌍의 비공유 전자쌍을 가지고 있습니다.

카보닐기를 두 개의 공명 구조로 그릴 수 있습니다. 두 공명 구조 중 하나를 보면, 탄소는 양전하(+)를 띠고 산소는 음전하(−)를 띠는 것을 알 수 있습니다. 이러한 결합의 극성은 곧 카보닐기의 반응성과

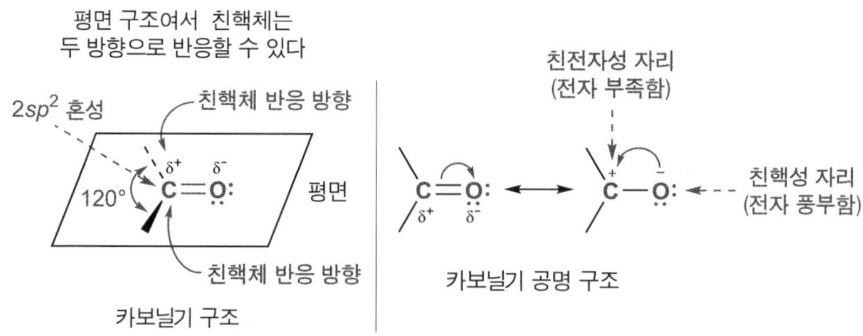

그림 8.11 카보닐기의 구조와 공명 구조

반응 자리를 이해하고 예측하는 데 큰 도움이 됩니다. 앞에서 언급한 것처럼, 카보닐기의 구조가 삼각 평면이므로 생성물의 입체 화학에 영향을 줍니다. 즉, 카보닐기가 평면이므로 반응물은 위와 아래(또는 왼편과 오른편) 두 방향으로 반응할 수 있습니다. 이런 가능성은 각각 반반이죠. 따라서 비카이랄성 케톤의 환원 반응에서는 생성물이 라셈 혼합물로 생성됩니다.

알데하이드와 케톤의 주 작용기는 카보닐기이다

알데하이드(RCHO)와 케톤(R_2CO)의 주 작용기는 카보닐(C=O)기입니다. 따라서 알데하이드와 케톤의 주요 반응 자리도 카보닐 탄소와 산소입니다. 한편 C=O기는 전자를 강하게 당기는 작용기입니다. 그 결과로 이웃한 탄소에 결합된 수소는 약하지만 산성을 띠게 됩니다. 즉 친핵성(염기) 물질과의 반응 자리가 될 수 있습니다.

카보닐기를 주 작용기로 가지는 알데하이드와 케톤의 반응은 크게 세 가지로 구분할 수 있습니다.

① **양성자 첨가 반응:** C=O기의 산소에 있는 비공유 전자쌍과 양성자의 반응

② **친핵성 첨가 반응:** C=O기에 친핵체가 첨가되어 일어나는 반응

③ **α-탄소(카보닐 탄소 이웃 탄소) 치환 반응:** α-탄소의 H가 다른 원자나 원자단으로 치환되는 반응

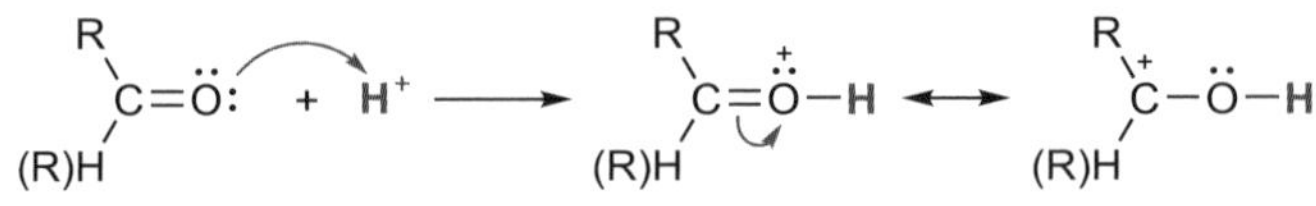

그림 8.12 카보닐기의 양성자 첨가 반응

알데하이드나 케톤의 양성자 첨가 반응은 비공유 전자쌍을 가진 카보닐 산소와 양성자(H^+)가 일으키는 반응입니다(그림 8.12). 이 양성자 첨가 반응으로 형성된 생성물은 2개의 공명 구조가 가능해 친핵체가 반응할 수 있을 만큼 안정합니다. 오른쪽 공명 구조에 나타낸 것처럼 카보닐 탄소는 양성자화가 되면 양이온성을 띠므로 친핵체와 쉽게 반응합니다. 따라서 카보닐기를 가진 물질들의 반응에서는 양성자(H^+)가 유용한 촉매로 사용됩니다.

알데하이드(RCHO)와 케톤(R_2CO)의 또 다른 주요 반응은 친핵성 첨가 반응nucleophilic addition입니다. 알데하이드와 케톤의 친핵성 첨가 반응은 다양합니다. 환원 반응, 산화 반응, 아세탈 형성 반응, 이민 형성 반응, 비티히Wittig 반응 및 그리나르Grignard 반응 등이 모두 친핵성 첨가 반응입니다.

알데하이드나 케톤의 카보닐 탄소는 친전자성이고 공간적으로 복잡하지 않아서 친핵성 첨가 반응이 쉽게 일어납니다. 이들 카보닐기에는 친핵체와 수소 음이온이 첨가됩니다. 친핵성 첨가 반응에 이용되는 친핵체는 음으로 하전된 Nu^- 형태이거나 비공유 전자쌍을 가진 중성 친핵체(:Nu)입니다. 사용하는 친핵체에 따라 다양한 유도체들을 만들 수 있습니다.

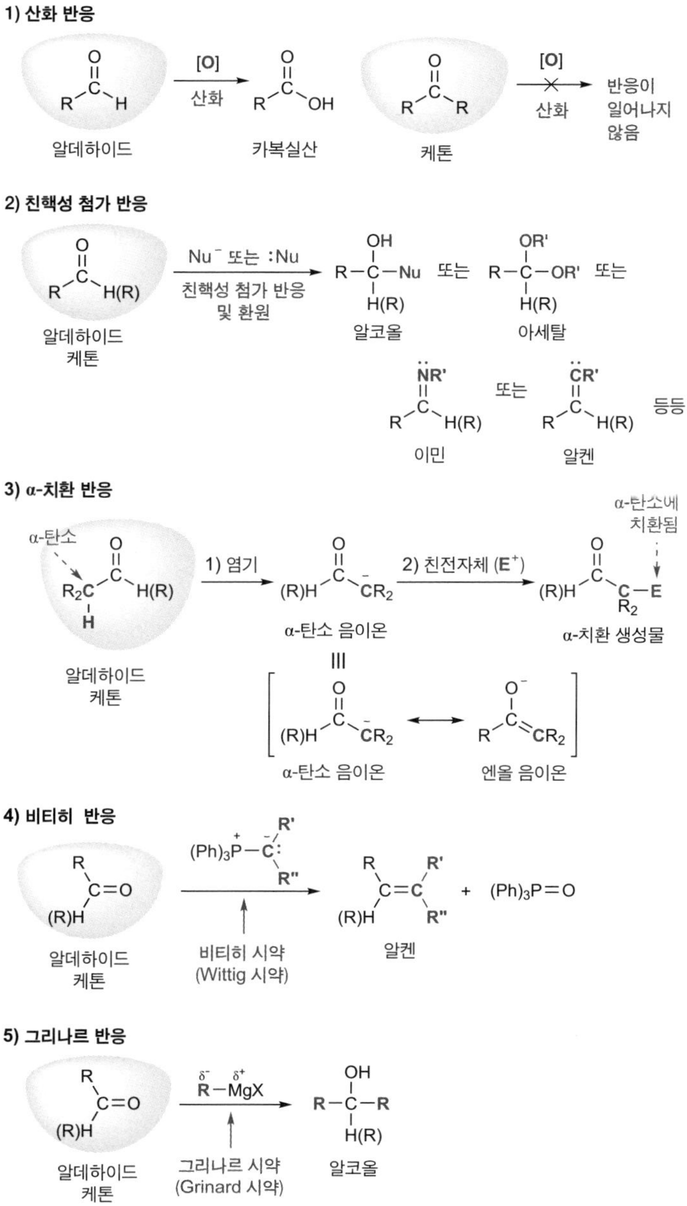

그림 8.13 알데하이드와 케톤의 반응

생성물의 종류나 반응 과정은 물론 친핵체나 반응 조건에 따라 다릅니다. 알데하이드나 케톤의 카보닐기가 환원되면 알코올이 형성됩니다. 또 알데하이드가 산화되면 카복실산이 얻어집니다. 그러나 케톤은 이런 산화 반응이 일어나지 않습니다. 알데하이드는 떼어낼 수 있는 수소(H)가 있지만 케톤에는 없기 때문이죠. 알데하이드나 케톤의 친핵성 첨가 반응은 비교적 쉽고, 다양하게 일어나므로 유기화학에서 매우 유용합니다.

알데하이드와 케톤의 α-탄소 치환 반응은 카보닐기에 결합된 이웃 탄소(즉 α-탄소)에서 일어납니다. 이 반응은 어떻게 가능할까요?

α-탄소에 결합된 수소는 카보닐기의 전자 당김 현상 때문에 다른 C-H 결합 수소들보다 더 산성(전자가 더 부족함)입니다. 따라서 이 수소는 염기와 쉽게 반응하여 공명 안정화된 엔올 음이온enolate을 형성합니다.

한편 알데하이드나 케톤의 C=O 결합을 한 단계로 C=C 결합으로 변환하는 반응도 가능합니다. 카보닐기를 직접 C=C기로 변환할 수 있다는 것은 대단하죠. 이런 변환은 비티히 반응으로 가능합니다. 즉 알데하이드나 케톤 같은 카보닐 화합물을 비티히 시약Wittig reagent[$(Ph_3)P^+C^-R_2$]과 반응시키면, 상응하는 알켄 화합물이 생성됩니다. 생성된 알켄은 출발 물질의 C=O기가 $C=CR_2$로 변환된 겁니다. 비티히 시약은 탄소 친핵체이며 인(P)는 양이온이고 탄소(C)는 음이온인 일라이드•라는 화학종입니다. 또한 비티히 시약은 알짜 전하를 가지

- **일라이드ylide** 이웃한 결합 원자들이 (+)와(-) 전하를 가지는 화학종.

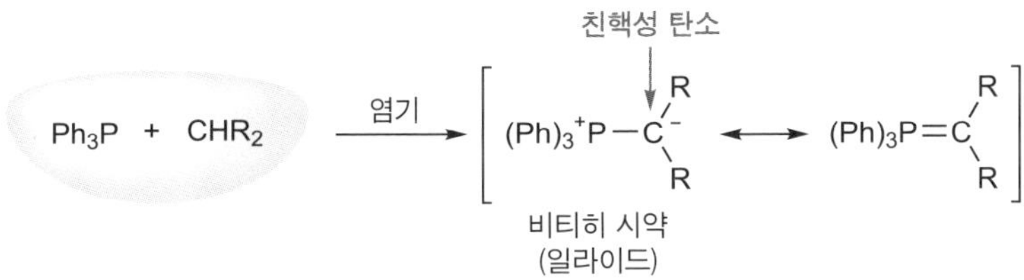

그림 8.14 비티히 시약의 제조

지 않으나, 두 개의 공명 구조를 그릴 수 있어 반응하기에 충분히 안정합니다.

그리나르 반응Grignard reaction도 유용한 알코올 제조 반응입니다. 그리나르 시약은 할로젠화 알킬(RX)과 마그네슘(Mg) 조각을 에터 용매에서 반응시켜 제조합니다. 그리나르 반응도 카보닐 탄소에 새로운 C−C 결합을 도입하는 데 유용한 반응입니다.

우리의 일상에서 자주 접하는 흥미로운 알데하이드와 케톤들이 많습니다. 폼알데하이드formaldehyde(HCHO)는 플라스틱과 합성수지의 원료이며, 포르말린formalin은 폼알데하이드의 37% 수용액으로 살균, 소독, 방부제로 사용되죠. 아세톤acetone은 용매와 반응물로 쓰이며, 생체내에서는 지방산의 분해로 생기기도 합니다. 특히 당뇨병 환자들의 혈액 내 아세톤 수치가 높게 나타나는 것이 그 예입니다. 천연물

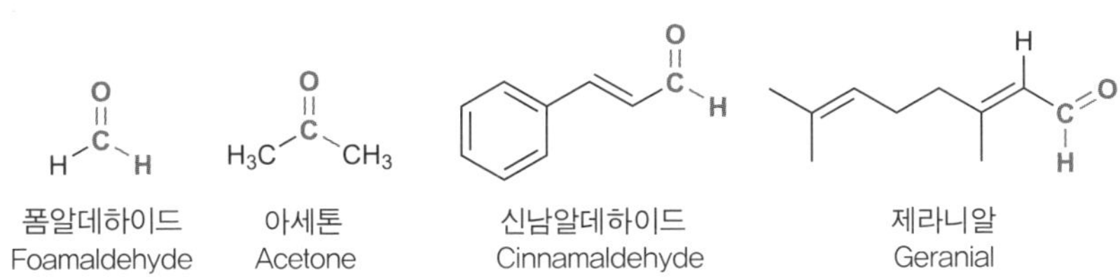

그림 8.15 일상에서 자주 접하는 알데하이드와 케톤의 예

중에서 강한 향을 내는 물질들도 있습니다. 계피 향을 내는 신남알데하이드cinnamaldehyde, 레몬 향을 내는 제라니알geranial 등이 그 예입니다. 많은 스테로 이드 호르몬들도 또한 다른 작용기와 함께 카보닐기를 포함하고 있습니다.

카복실산과 그 유도체들은 복합 작용기 분자이다

한편, 카복실산과 카복실산 유도체들은 C=O기 외에 X, OH, OR, 및 NH_2 같은 다른 작용기도 함께 포함하고 있는 복합 작용기입니다. 이들의 물리적 및 화학적 특성은 카보닐기와 카보닐 탄소에 결합된 다른 원자나 원자단에 영향을 받습니다.

먼저, 카복실산(RCOOH)을 살펴보죠. 카복실산은 이름에서 알 수 있듯이 산성 물질입니다. 이런 산성은 카복시기(−COOH)에 기인하죠. 뿐만 아니라, 카복시기를 가진 분자들은 −OH와 C=O기 사이에서 C=O…H−O 형태의 수소 결합이 가능합니다. 따라서 대부분의 카복실산은 두 분자가 수소 결합하는 고리형 이량체dimer로 존재하며, 이로 인해 끓는점이 높습니다.

6개 이상의 탄소 사슬로 구성된 카복실산은 물에 잘 녹지 않지만, NaOH나 $NaHCO_3$ 같은 염기로 처리하면 $RCO_2^-Na^+$같은 염을 형성하며 물에 잘 녹습니다. 카복실산 음이온carboxylate(RCO_2^-)은 두 개의 동등한 공명 구조로 안정화된 공명 혼성체입니다. 따라서 알콕시화 이

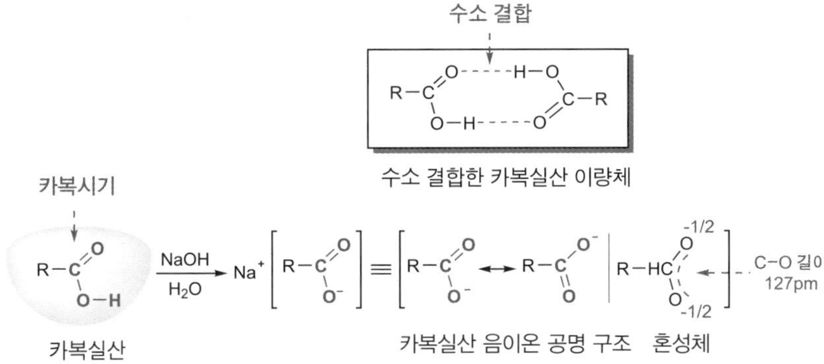

그림 8.16 카복실산의 수소 결합과 카복실산 음이온 공명 구조

온(RO^-)보다 안정해서 쉽게 생성되죠. 카복실산 음이온 혼성체 구조에서는 하나의 음전하가 두개 산소에 절반씩(−1/2) 나뉘어 있는 것으로 생각할 수 있습니다(그림 8.16). 카복실산 음이온의 공명 혼성체는 두개의 C−O 결합 길이(127 pm)가 동일하다는 실험적 증거로 확인됩니다.

한편 카복실산 산성도의 경향성은 어떨까요? 일반적으로는 지방족 카복실산보다는 방향족 카복실산의 산도가 더 높습니다. 아울러 알킬기에 결합된 치환기들이 생성된 음이온을 안정화시킬 수 있으면 카복실산의 해리가 더 유리하고, 따라서 산도도 증가합니다.

카복실산 음이온을 안정화시키려면, 전자를 당기는 기들이 유리합니다. 예를 들어 아세트산(CH_3COOH, pK_a[•] = 4.76)보다 글리콜산($HOCH_2COOH$, pK_a = 3.83)이 더 강한 산입니다. 아세트산의 H보다

- $pK_a = -\log K_a$ 식으로 계산함. K_a는 산의 해리상수 값이며, 이 값이 클수록 강한 산임. 따라서 강산일수록 pK_a 값은 작음.

글리콜산의 HO가 전자를 당기는 힘이 더 강하기 때문입니다. 이런 효과를 유발 효과inductive effect라고 합니다.

카복실산의 산성도에 대한 치환기 효과는 방향족 화합물에서도 나타납니다. 치환된 벤조산을 예로 살펴보죠. 벤조산의 pK_a는 4.19이며, 4-클로로벤조산의 pK_a는 4.0이고, 강한 전자 끄는 기인 NO_2기를 가진 4-나이트로벤조산의 pK_a는 3.41입니다. 치환기의 전자 끄는 능력이 클수록 산성이 더 증가하는 거죠.

유발 효과는 시그마 결합을 통해 작용합니다. 따라서 이 효과는 전자를 당기는 치환기의 수와 치환기의 위치에도 의존합니다. 하나의 염소 원자가 치환된 뷰탄산butanoic acid 유도체들의 예를 그림 8.18에 나타냈습니다. 전자 끄는 기인 염소(Cl)가 카복시기(COOH)에 가까울수록 더

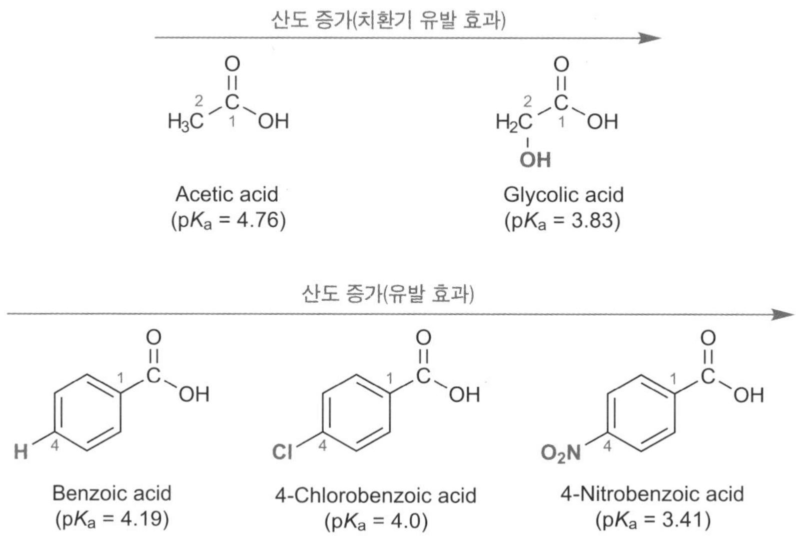

그림 8.17 유발 효과에 따른 카복실산의 산도 경향성

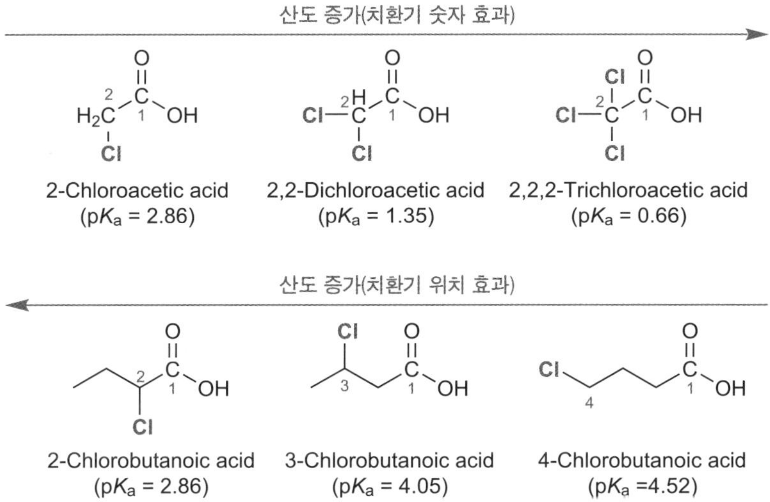

그림 8.18 치환기 수 및 위치 따른 카복실산 산도 경향성

강한 산성입니다. 즉 4−Cl < 3−Cl < 2−Cl 순으로 산도가 증가합니다.

또한 산성도는 카복실산의 알킬기의 동일 탄소에 결합된 전자 끌개 치환기 수에도 의존합니다. 클로로아세트산chloroacetic acid 유도체를 예로 들어 봅시다. 클로로아세트산 유도체의 pK_a 값은 2,2,2−Cl_3 < 2,2−Cl_2 < 2−Cl 순으로 증가합니다. 따라서 이 유도체들의 산성도는 2−Cl < 2,2−Cl_2 < 2,2,2−Cl_3으로 증가하죠.

물론 이런 유발 효과는 치환기가 전자를 밀어주는지, 당기는지에 따라 다릅니다. 전자를 밀어주는 치환기는 산성도를 더 낮아지게 합니다. 반대로 전자를 당기는 기는 산성도를 더 높아지게 합니다.

카복실산과 그 유도체들은 전기 음성도가 큰 산소(O), 할로젠(X), 질소(N) 등을 가지고 있습니다. 따라서 이들은 좋은 이탈기가 될 수

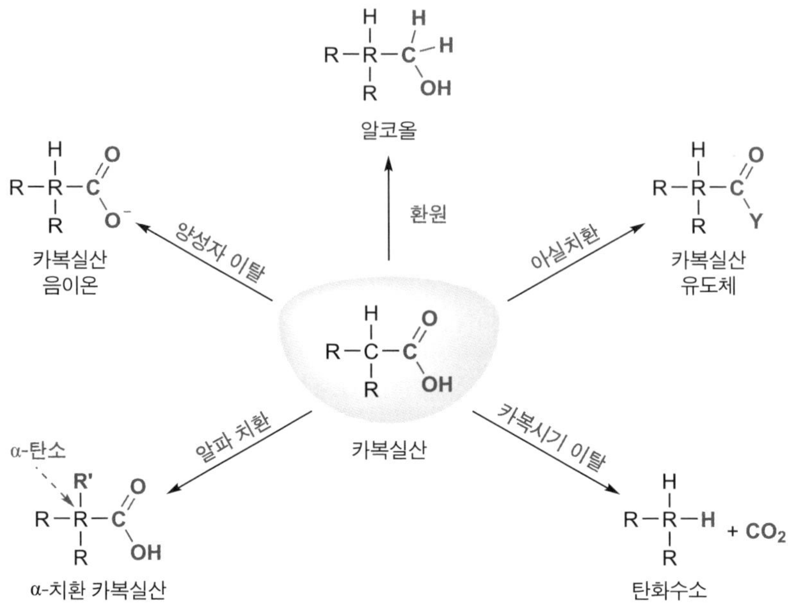

그림 8.19 카복실산의 일반적인 반응

있습니다. 카복실산과 그 유도체들은 친핵체와 쉽게 반응합니다. 이 반응은 두 단계 과정을 거쳐 이탈기가 치환된 치환 생성물을 형성합니다.

이탈기로 OH를 가지는 카복실산은 i) OH기의 양성자 이탈 반응, ii) C=O기의 환원 반응, iii) OH기의 아실 치환 반응, iv) 알파 탄소의 치환 반응 및 v) 카복시기 이탈 반응 등을 일으킵니다(그림 8.19).

카복실산 유도체들의 대표적인 반응은 친핵성 아실 치환 반응nucleophilic acyl substitution입니다. 에스터와 아마이드 같은 산 유도체들은 실험실과 산업체 및 생물화학에서 흔하게 만나는 물질들입니다. 또 산 할로젠화물과 산 무수물 역시 실험실이나 산업현장에서도 많이 사용됩니다. 싸이오에스터thioester와 아실인산염acylphosphate도 생물 화학에서 주로 접하게 되는 물질들입니다.

카복실산 유도체들의 친핵성 아실 치환 반응은 카복실산과 같은 방식으로 반응합니다. 카복실산 유도체의 친핵성 아실 치환 반응은 연속된 두 단계로 진행되죠.

1단계	친핵체가 카보닐 탄소에 첨가되어 알콕시화 이온 중간체를 형성하는 단계
2단계	알콕시 이온 중간체가 카보닐기로 되면서 기존에 결합되었던 치환기들이 이탈되는 단계

카복실산 유도체의 친핵성 아실 치환 반응의 최종 결과는 반응물의 치환기가 친핵체로 치환되는 반응입니다. 이 반응을 카보닐 탄소의 오비탈 변화로 살펴볼까요?

반응물의 카보닐 탄소는 $2sp^2$ 혼성을 하고 있습니다. 카보닐 탄소에 친핵체(Nu^-)가 첨가되면 탄소의 혼성 상태가 $2sp^3$ 혼성이 되죠. 이 중간체에서 이탈기(Z)가 제거되면서 다시 $2sp^2$ 혼성 상태가 회복됩니다. 즉 카보닐 탄소 오비탈의 혼성은 $2sp^2 \rightarrow 2sp^3 \rightarrow 2sp^2$ 경로로 변합니다.

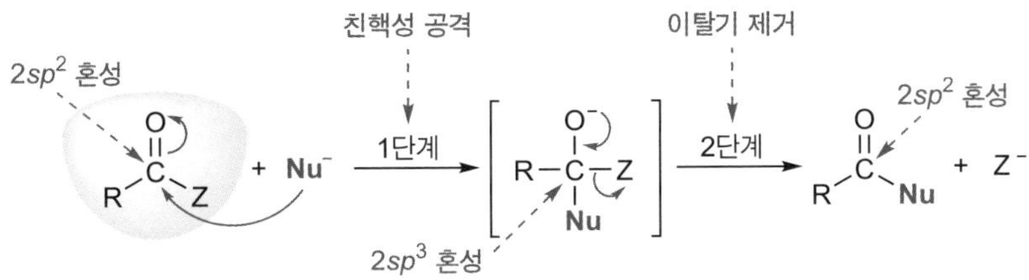

그림 8.20 친핵성 아실 치환 반응 메커니즘

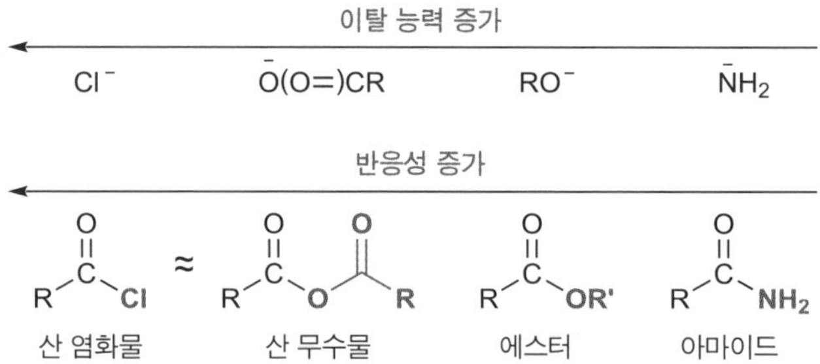

그림 8.21 카복실산 유도체 이탈기 이탈 능력과 반응성 경향성

또한 카복실산 유도체의 친핵체(Nu^-)에 대한 반응성 순서는 카보닐 탄소에 결합된 이탈기의 이탈 능력에도 비례합니다. 카복실산 유도체들(RCOZ)의 이탈기leaving group(Z)의 이탈 능력과 반응성을 그림 8.21에 나타냈습니다.

이러한 반응성 차이 때문에 반응성이 더 큰 카복실산 유도체로부터 반응성이 더 작은 카복실산 유도체를 만들 수 있습니다. 그러나 반대로 반응성이 작은 카복실산 유도체로부터 반응성이 더 큰 유도체를 만들 수는 없습니다. 예를 들면, 산 염화물(RCOX)로부터 에스터(RCOOR)나 아마이드($RCONH_2$)를 만들 수는 있지만, 아마이드로부터 산 염화물, 산 무수물 및 에스터를 직접 만들 수는 없습니다.

카복실산 유도체의 아실 치환 반응은 다양하죠. 일반적으로 잘 알려진 몇 가지 반응은 가수분해 반응hydrolysis, 가알코올 분해 반응alcoholysis, 가아민 분해 반응aminolysis, 환원 반응 및 그리나르 반응 등입니다.

에스터가 할 수 있는 특별한 반응도 있습니다. 바로 에스터의 α-탄소에 새로운 알킬기를 도입하는 반응입니다. 잘 알려진 반응으로 말

표 8.1 카복실산 유도체의 아실 치환 반응 종류

반응	설명
가수분해	물(H_2O)과 반응하여 카복실산(RCOOH)을 생성하는 반응
가알코올 분해	알코올(R'OH)과 반응하여 에스터(RCOOR')를 생성하는 반응
가아민 분해	암모니아(NH_3)/아민($R'NH_2$)과 반응하여 아마이드(RCONR')를 생성하는 반응
환원 반응	환원제(H^- 이온 공급)와 반응하여 알데하이드(RCHO) 또는 알코올(ROH)을 생성하는 반응
그리나르 반응•	유기금속 시약(특히 RMgX, R_3C^- 이온 공급)과 반응하여 케톤($R_2C{=}O$) 또는 알코올(ROH)을 생성하는 반응

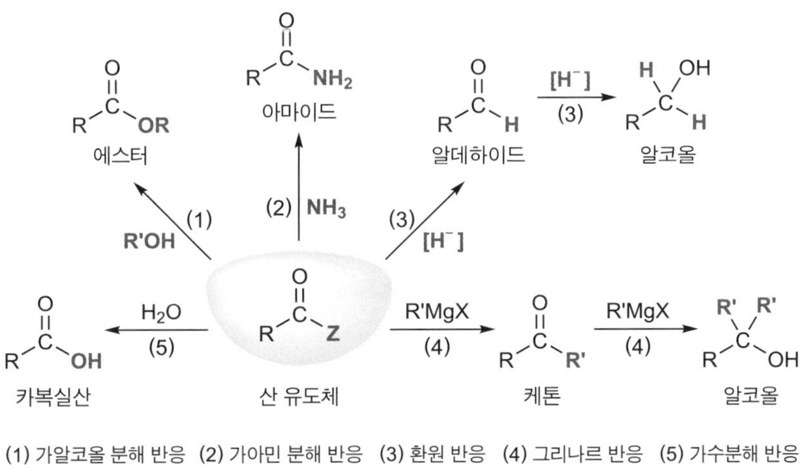

그림 8.22 카복실산 유도체의 일반적인 반응

- **그리나르 반응**Grignard reaction 그리나르 시약은 유기금속 시약의 일종으로, 이 시약을 개발한(1912년) Victor Grignard의 이름을 따서 그리나르 시약Grignard regent이라고 부른다. 그리나르 시약은 RMgX로 마그네슘(Mg)이 결합된 탄소가 부분 음이온(δ^-)을 띠어 친핵체로 작용한다. 즉 $R^{\delta-}Mg^{\delta+}X^{\delta-}$ 형태의 극성 결합이다. 유기금속 시약은 금속에 결합된 탄소를 포함한다.

표 8.2 에스터의 특별한 반응

반응	설명
말론산 에스터 합성법	할로젠화 알킬(RX)에 말론산 에스터[$CH_2(CO_2Et)_2$]를 반응시켜 카복시기(COOH)를 도입하는 반응
아세토아세트산 에스터 합성법	할로젠화 알킬(RX)에 아세토아세트산 에스터($CH_3COCH_2CO_2Et$)를 반응시켜 메틸 케톤(methyl ketone, $-COCH_3$)기를 도입하는 반응

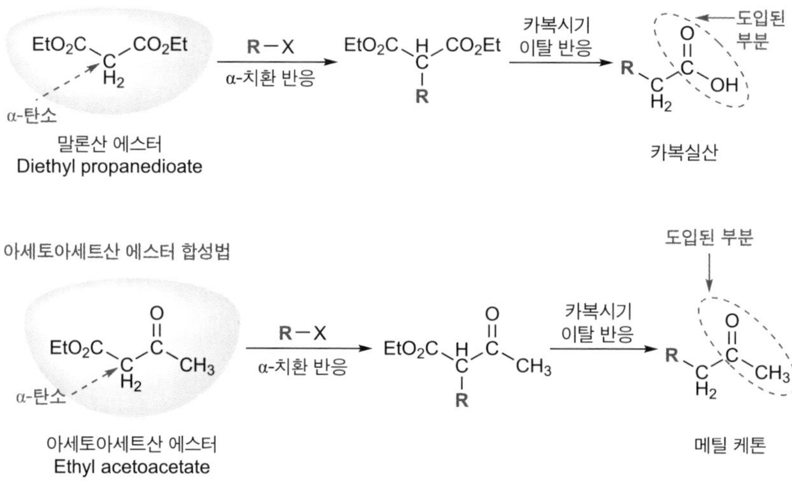

그림 8.23 말론산 에스터 합성법과 아세토아세트산 에스터 합성법

론산 에스터 합성법malonic ester synthesis과 아세토아세트산 에스터 합성법acetoacetic ester synthesis이 있습니다. 이들 두 반응은 할로젠화 알킬(RX)에 카복시기(COOH)와 메틸 케톤($COCH_3$)기를 도입하는 유용한 반응입니다.

나이트릴(RC≡N)은 카복실산 유도체로 분류되지만 카복실산 유도체들과는 다른 반응성을 보입니다. 이유는 나이트릴이 카보닐기를 포함하고 있지 않기 때문입니다. 그렇다면 왜 나이트릴을 카복실산 유도체로 분류할까요? 나이트릴을 가수분해하면 카복실산이 되며, 반대로 카복실산을 아마이드로 변환해서 탈수시키면 나이트릴을 제조할 수도 있기 때문입니다.

나이트릴은 다른 카복실산 유도체들과는 달리 이탈기가 없기 때문에 친핵성 아실 치환 반응을 일으키지는 않습니다. 대신 친핵성 첨가 반응을 일으키죠. 이유는 사이아노기가 다중 결합의 친전자성 탄소($C^{\delta+}$) 원자를 포함하고 있기 때문입니다. 즉 $C^{\delta+}{\equiv}N{:}^{\delta-}$ 형태이므로 나이트릴은 친핵체와 친핵성 첨가 반응을 합니다. 나이트릴이 가수분해되면 카복실산이나 카복실산 음이온이 만들어집니다. 나이트릴이 그리나르 시약과 반응하면 케톤이 생성되고, 환원시키면 아민이나 알데하이드를 얻을 수 있습니다.

이런 다양한 카복실산 유도체의 반응이 유기화학뿐만 아니라 생명과학을 비롯한 여러 관련 학문 분야와 산업에 관련되어 있습니다.

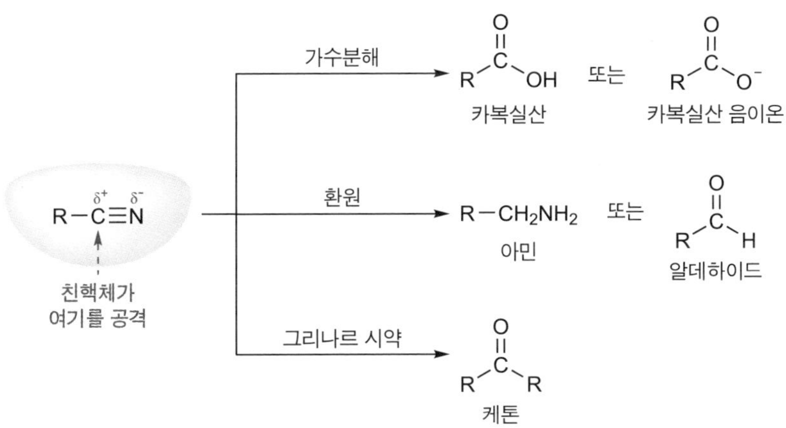

그림 8.24 나이트릴의 반응

제9강

생체 물질은 다작용기 분자이다

우리 몸은 수없이 많은 생체 분자들로 구성된 유기체입니다. 대표적인 생체 분자로는 탄수화물, 아미노산, 핵산 및 지방질이 있죠. 이런 생체 유기 분자들은 다양한 특성을 가지고 있습니다. 생체 분자들의 다양한 특성으로 인해 생명체의 삶이 유지됩니다. 생체 분자들은 하나 이상의 작용기를 가지고 있습니다. 즉 다작용기 분자들입니다. 분자들의 특성은 모두 작용기들에 의해 발현되므로, 다작용기 분자들이 다양한 특성을 보이게 되는 것입니다.

탄수화물은 살아 있는 모든 생명체에 존재합니다. 식품 속에 있는 당과 녹말, 종이와 나무 및 목화 등에 들어 있는 셀룰로스는 비교적 순수한 탄수화물입니다. 또 세포 주위를 감싸고 있는 피막의 일부도 변형된 탄수화물이죠. 건조시킨 생체 물질의 대략 50% 이상이 탄수화물이라고 하니 우리 몸에서 탄수화물이 차지하는 비중이 얼마나 높은지 가늠할 수 있겠죠.

생명체에 존재하는 단백질은 아미노산으로 구성된 고분자이며 다양한 생물학적 기능을 가지고 있습니다. 케라틴keratin은 피부나 손톱을 이루고, 피브로인fibroin은 거미줄이나 명주실의 성분입니다. 또 생화학 반응의 촉매인 효소enzyme도 아미노산으로 구성된 고분자들입니다.

지방질(지질)lipid은 물에 대한 용해도는 낮지만 유기 용매로 추출해서 얻을 수 있습니다.

한편, 살아 있는 생명체의 세포 내 유전 정보는 핵산에 의해 저장되고 전달되어 발현됩니다. DNA와 RNA같은 핵산은 세포내 유전 정보의 화학적인 운반체입니다.

이 장에서 다루려는 생체분자들에 대한 간단한 지식들은 관련 서적이나 미디어를 통해 익히 들어왔을 것으로 생각됩니다. 이 장에서는 작용기를 중심으로 생체 분자들의 생물학적 기능과 성질을 이해해 보려고 합니다.

탄수화물은 생명체의 에너지 저장고이다

초기 화학자들은 탄수화물을 탄소의 수화물hydrate of carbon이라고 생각했기 때문에 탄수화물carbohydrate이란 이름을 붙였습니다. 즉 분자식이 $C_n(H_2O)_n$인 것으로 생각했던 거죠. 오늘날에는 탄수화물을 '폴리하이드록시 알데하이드polyhydroxy aldehyde 및 케톤이거나, 가수분해되어 폴리하이드록시 알데하이드나 케톤을 생성할 수 있는 물질'로 정의합니다.

탄수화물은 화학 에너지의 저장고입니다. 탄수화물의 일종인 글루코스glucose($C_6H_{12}O_6$)는 자연에서 녹색 식물의 광합성photosynthesis을 통해 합성되며, 생명 유지에 이용되는 중요한 생체 분자입니다. 광합성은 햇빛 에너지를 이용하여 이산화 탄소(CO_2)와 물(H_2O)로부터 글루코스를 만드는 과정입니다. 태양 에너지를 글루코스의 결합에 저장하는 거죠. 이 저장된 에너지는 글루코스가 대사될 때 다시 방출되어 생명체가 살아가는 데 이용됩니다.

셀룰로스cellulose와 녹말starch은 글루코스로 만들어진 생체 고분자입니다. 사람과 대부분의 포유 동물은 녹말을 소화시킬 수 있지만, 셀룰로스는 소화시키지 못합니다.

탄수화물은 일반적으로 단당류•monosaccharide, 이당류disaccharide 그리고 다당류polysaccharide로 분류합니다. 단당류는 단순당simple sugar이라 부르기도 하죠. 이당류는 2개의 단당류로 구성되고, 다당류는 3개 이상의 단당류로 구성되어 있습니다. 따라서 이당류나 다당류를 가수분해하면, 2개 또는 여러 개의 단당류가 될 수 있습니다.

단당류는 모두 단맛이 나지만, 이 단맛은 종류에 따라 차이가 큽니다. 단당류는 이당류, 삼당류 및 다당류들을 구성하는 단위체입니다. 단당류는 일반적으로 색이 없고, 녹는점이 높은 극성 화합물이며, 물

- 단당류의 영어 표기 'monosaccharide'는 그리스어의 하나를 의미하는 'monos'와 당을 의미하는 'sacchar'로부터 유래되었음.

에 잘 녹습니다. 단당류는 가수 분해를 하더라도 더 작은 당으로 만들 수 없습니다. 대표적인 단당류로는 글루코스와 프럭토스fructose가 있습니다.

탄수화물의 기능과 특성을 이해하려면, 먼저 탄수화물의 가장 작은 단위인 단당류의 작용기와 구조 및 반응성을 이해해야 하죠. 단당류는 수용액에서 사슬 형태와 고리 형태로 존재할 수 있습니다. 고리 구조는 사슬형 구조의 헤미아세탈화를 통해 형성됩니다(그림 9.2 참고). 이 두 형태의 단당류에는 여러 개의 OH기와 카보닐(C=O) 및 에터(ROR) 작용기가 존재합니다. C=O 작용기는 사슬형(비고리형) 구조에만 존재하고, 에터(ROR) 작용기는 고리형 구조에서만 존재합니다. 단당류는 수용액에서 이들 구조가 평형을 이루므로 단당류 화학의 이해를 위해서는 이들 3가지 작용기 화학을 이해해야 합니다.

아미노($RCONR_2$)기가 존재하는 아미노당* 도 있습니다. 이들 작용기가 어떻게 탄수화물의 기능과 특성을 가능하게 하는지, 또 구조는 어떻게 표현하는지를 살펴보죠.

- **아미노당**amino sugar 당이 아미노($-NR_2$)기를 가지고 있는 물질.

단당류는 작용기와 구성 탄수 수로 구별한다

단당류는 작용기와 구성하고 있는 탄소 수로 분류합니다. 탄수화물이 가지고 있는 작용기가 알데하이드이면 알도스(aldose = ald- + -ose), 케톤기를 가지면 케토스(ketose = ket- + -ose)로 구분합니다. 분자량이 동일한 알도스와 케토스는 서로 구조 이성질체 관계에 있습니다.

구성하는 탄소 수에 따라 단당류를 구분하기도 합니다. 단당류는 구성 탄소 수를 나타내는 수사에 탄수화물을 의미하는 접미사 '-오스(-ose)를 붙여 부릅니다. 즉 수사 + -오스로 명명합니다.

당의 탄소 수가 3개면 트리(tri-), 4개면 테트라(tetra-), 5개이면 펜타(penta-), 6개이면 헥사(hexa-) 그리고 7개이면 헵타(hepta-)라는 수사로 구분하죠. 즉, triose(삼탄당), tetrose(사탄당), pentose(오탄당), hexose(육탄당) 등입니다. 괄호 안의 이름은 우리말 표기입니다.

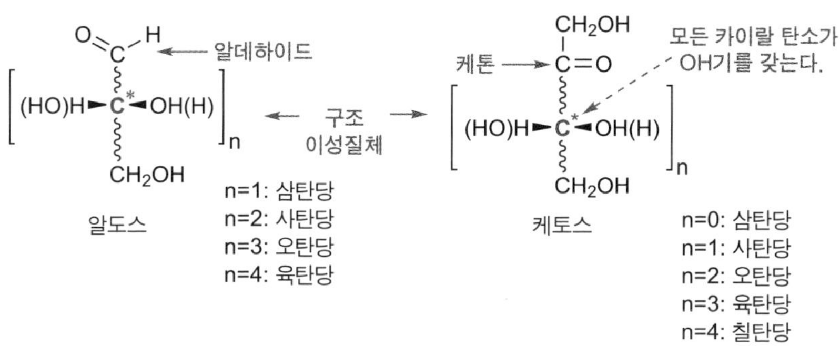

그림 9.1 탄수화물의 분류

일반적으로 당의 작용기와 탄소 수를 모두 포함시켜, (작용기 접두사 + 탄소 수의 수사 + -ose) 식으로 명명하여 구분합니다. 따라서 알데하이드기를 가진 6개 탄소로 된 글루코스($C_6H_{12}O_6$)는 알도헥소스(aldohexose, aldo + hex + ose)로 부릅니다.

단당류 구조는 어떻게 표시하나

물질의 특성을 이해하는 방법 중 하나는 구조를 정확히 아는 것입니다. 앞에서 언급했듯이 단당류는 동일 분자에 하나의 카보닐기(사슬형) 또는 에터기(고리형)와 여러 개의 OH기를 가지고 있으니, 이 작용기들의 정확한 배열과 구조를 이해해야 합니다.

단당류의 구조적 특징을 구체적으로 살펴보죠. 가장 간단한 당 분자인 단당류는 3~7개의 탄소 사슬로 이루어집니다. 그중에서 하나의 탄소 원자는 C=O 작용기이며, 나머지 탄소 원자들은 모두 OH기를 하나씩 가지고 있습니다. 이 두 작용기로 인해 단당류는 오원자 또는 육원자 고리를 형성할 수 있습니다. 이 고리 형태를 헤미아세탈hemiacetal 고리라고 합니다.

한편 단당류는 여러 개의 카이랄 탄소와 OH기들을 가지고 있습니다. OH기를 가진 탄소들은 치환기 4개가 모두 다른 카이랄(비대칭) 탄소들이므로, 이 OH기들의 배열을 구분하는 것도 중요합니다.

단당류의 배열을 편리하게 그리기 위해 도입된 방법으로 피셔 투영식Fischer projection formula이 있습니다. 이 방법에서는 카이랄 탄소에 십자선을 긋고, 각 원소나 원자단을 표시합니다. 따라서 이 구조를 십자가 식cross formula이라고도 합니다. 피셔 투영식에서 수평 결합은 가로 축으로, 수직 결합은 세로 축으로 나타내죠.

오늘날에는 (*R*,*S*)−명명법으로 카이랄 탄소의 배열을 표시하지만, 이전에는 *D*,*L*− 구분법을 사용했습니다. 카보닐기를 기준으로 가장 멀리 있는 카이랄 탄소의 OH기가 오른편에 배열되면 *D*−당, 왼편에 배열되면 *L*−당이라고 구분합니다. 이때 사용하는 *D*,*L*−은 편광회전 방향을 나타내는 *d*,*l*−과는 다르다는 점에 유의해야 합니다.

한편 당의 헤미아세탈 고리를 평면 오원자 또는 육원자 고리 구조로 그리는 방법을 호워스 투영식Haworth projection이라고 합니다. 호워스 투영식은 탄수화물의 고리 구조를 이해하고 나타내는 데 유용합니다.

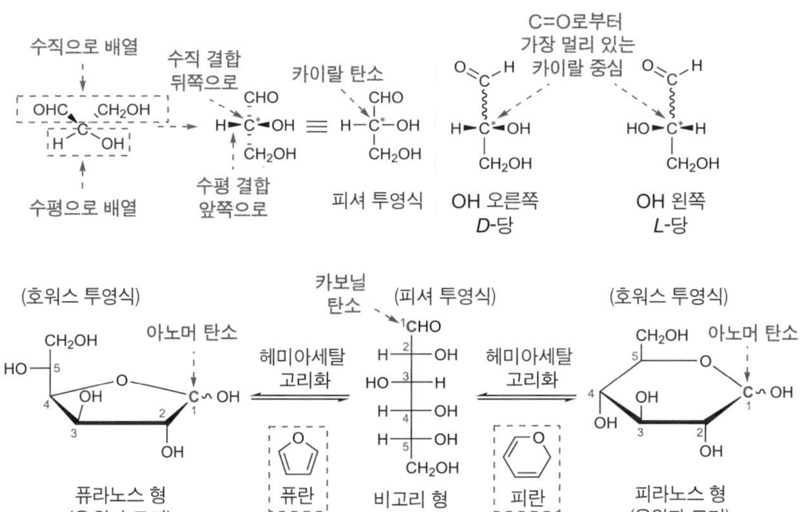

그림 9.2 탄수화물의 피셔 투영식, 호워스 투영식 및 *D*/*L*−당 구조

이런 고리 구조는 비고리형 단당류에 존재하는 C=O기와 OH기 때문에 가능합니다. 카보닐기와 5번-탄소의 OH와 반응하면 육원자 고리(피라노스pyranose)가 형성되고, 4번 탄소의 OH와 반응하면 오원자 고리(퓨라노스furanose)가 형성됩니다. 피라노스와 퓨라노스라는 이름은 각각 피란pyrane 분자, 퓨란furane 분자와 유사하다는 이유로 붙여졌습니다. 이 반응은 수용액에서 평형 반응입니다.

알도스의 고리화 반응은 카보닐기 탄소(1번 탄소)와 5번 탄소에 있는 OH기에서 일어납니다. 이 고리화의 결과로 육원자 고리인 피라노스가 형성되죠. 또 케토오스의 카보닐기 탄소(2번 탄소)와 5번 탄소에 있는 OH기에서 고리화가 일어나면, 오원자 고리인 퓨라노스가 형성됩니다.

자연에서 발견되는 탄수화물은 사슬보다는 고리 형태로 존재합니다. 탄수화물의 이런 고리화 반응을 헤미아세탈화라고 합니다. 헤미아세탈은 RR′C(OH)OR″ 형태의 일반식을 가지는 물질이며, 헤미아세탈화는 알데하이드나 케톤의 C=O기와 알코올의 OH기 사이에서 일어나는 고리화 반응입니다.

탄수화물의 고리화에서는 두 개의 이성질체가 생성됩니다. 그 이유는 카보닐기(C=O)가 평면 구조라는 데에서 찾을 수 있습니다. 카보닐기가 평면 구조이므로, OH기가 고리를 형성하기 위해 접근할 때는 위와 아래 두 방향이 가능합니다. 그 결과로 카보닐부터 유도되는 생성물의 OH기가 위(OH기가 아래에서 접근한 경우) 또는 아래(OH기가 위에서 접근하는 경우)로 배열되는 혼합물이 생성됩니다.

이 두 생성물은 서로 부분 입체 이성질체* 관계에 있고, 이 이성질체들을 아노머anomer라고 합니다. 반응 전의 카보닐 탄소를, 고리화(헤미아세탈화)가 진행된 후에는 아노머 탄소anomer carbon라고 부릅니다. 이 아노머 탄소는 카이랄 중심이 됩니다. 생성된 고리의 OH기가 5번 탄소의 CH_2OH와 같은 편으로 배열(시스 배열)되어 있으면 β-아노머라고 하죠. 반대로 OH기가 CH_2OH와 서로 반대편으로 배열(트랜스 배열)되면 α-아노머라고 합니다. 놀라운 사실은 자연에서는 β-아노머만 존재한다는 것입니다. 이는 β-아노머가 열역학적으로 더 안정하기 때문입니다.

이당류나 다당류는 단당류들의 헤미아세탈의 아노머 탄소(1번 탄소) OH와 다른 단당류의 OH가 결합해서 만들어집니다. 이 결합을 글리코사이드 결합glycoside bond이라고 하죠. 이 반응의 생성물은 일반적으로 아세탈acetal이라고 합니다.

아노머 탄소에서 형성되는 글리코사이드 결합은 α-형이거나 β-형일 수 있습니다. β-아노머의 아노머 탄소 OH로부터 만들어지는 공유결합은 β-글리코사이드 결합입니다. 반대로 α-아노머의 아노머 탄소 OH로부터 형성되는 공유 결합은 α-글리코사이드 결합입니다. 글리코사이드는 물에 녹여도 α-와 β-글리코사이드 혼합물로 되지 않습니다.

이당류는 두 개의 단당류가 글리코사이드 결합으로 연결되어 있습니다. 두 개의 단당류는 오원자나 육원자 고리이며, 일반적으로는 육

- **부분 입체 이성질체** 입체 이성질체이지만 서로 거울상 관계가 아닌 이성질체.

원자 고리가 훨씬 더 많습니다.

글리코사이드는 한 단당류의 아노머 탄소와 다른 당의 OH기가 반응하여 형성되죠. 이 OH기의 위치와 배열 방식이 당류의 많은 특성을 좌우합니다.

당류들이 하는 글리코사이드 결합은 1,4−β−글리코사이드 결합, 1,4−α−글리코사이드 결합 형태가 있습니다. 락토스lactose는 한 개의 갈락토스galactose와 한개의 글루코스가 1,4−β−글리코사이드 결합으로 연결된 분자입니다. 락토스는 사람과 소의 젖에 들어 있습니다. 한편 말토스maltose는 싹이 난 보리에서 발견되며, 두 개의 글루코스가 1,4−α−글리코사이드 결합으로 연결된 분자입니다.

셀룰로스는 글루코스가 1,4−β−글리코사이드 결합으로 연결된 고분자입니다. 1, 4−β−글리코사이드 결합이 셀룰로스 분자의 긴 사슬 모양을 만듭니다. 사람은 1,4−β−글리코사이드 결합을 소화시킬 수 있는 효소가 없습니다. 그러나 소처럼 되새김을 하는 동물은 이 효소를 가지고 있습니다.

녹말도 글루코스로 구성된 고분자이지만, 1,4−α− 및 1,6−α−글리

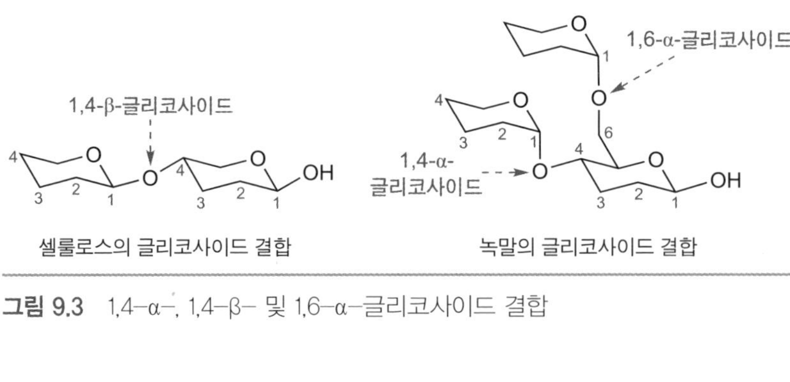

그림 9.3 1,4−α−, 1,4−β− 및 1,6−α−글리코사이드 결합

코사이드 결합으로 구성된 고분자입니다. 녹말의 두 가지 일반적인 형태는 아밀로스amylose와 아밀로펙틴amylopectin입니다. 녹말의 20%인 아밀로스는 나선형 사슬 배열을 합니다. 이 나선형 배열은 아밀로스의 1,4−α−글리코사이드 결합 때문에 분자가 꼬이기 때문에 나타납니다. 녹말 분자의 80%에 해당하는 아밀로펙틴은 1,4−α− 와 1,6−α−글리코사이드 결합을 가집니다. 녹말의 이 두 가지 형태는 모두 수용성입니다. 녹말 분자의 OH기들이 삼차원 구조의 외부로 나와 있기 때문입니다.

단당류는 수용액에서 다양한 반응이 가능하다

천연 다당류의 화학을 이해하려면 먼저 단당류들의 반응을 알아야 합니다. 앞에서 다룬 것처럼, 수용액에서 단당류는 3종류(C=O, OH, C−O−C)의 작용기를 가지고 있습니다. 따라서 이들 세 작용기들의 반응이 모두 가능합니다. 앞서 살펴보았던, C=O와 OH가 참여하는 분자 내 고리화 반응(헤미아세탈 반응)이 대표적이죠. 앞 절에서 이야기한 것처럼 이 반응에서 형성되는 고리는 산소 하나와 탄소들로 구성된 오원자 내지는 육원자 고리입니다.

이 고리화의 특이점은 사슬형 탄수화물의 카보닐기(C=O)가 헤미아세탈 고리에서 새로운 카이랄 중심 탄소(아노머 탄소)가 된다는 겁니다. 그러면서 서로 부분 입체 이성질체 관계인 α−아노머와 β−아노

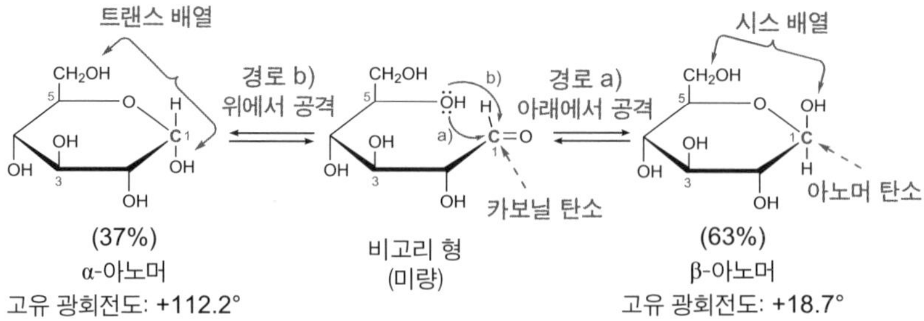

그림 9.4 탄수화물의 고리화

머가 되죠.

하이드록시 알데하이드가 고리 헤미아세탈로 전환되는 이 과정은 평형 반응입니다. 이 평형 과정은 탄수화물의 변광 회전이라는 성질과 관련이 있습니다. 변광 회전mutarotation이란 순수한 아노머를 물에 녹이면 α-와 β-아노머의 혼합 용액이 되어 편광의 회전 성질(즉 고유 광회전도)이 변하는 현상입니다.

예를 들어 순수한 β-*D*-글루코스의 고유 광회전도•specific rotation는 +18.7°이고, α-*D*-글루코스의 고유 광회전도는 +112.2°입니다. 만일 순수한 β-*D*-글루코스가 물에 녹아 평형에 이르면, α-아노머가 37%, α-아노머가 63%인 혼합물 용액으로 됩니다. 그렇게 되면 수용액의 광학 활성은 +18.7°에서 +52.5°의 평형 값으로 변합니다(그림 9.4 참고). 즉 순수한 β-아노머 용액이 β-아노머와 α-아노머의 혼합 용

• **고유 광회전도** $[\alpha]^t_D$ 시료 용액 1 dm(10㎝)를 통과할 때 평면 편광이 회전하는 각도. 고유 광회전도는 $[\alpha]^t_D$ = 관찰된 회전 각도/(시료관 길이 x 농도)로 계산함. 시료 농도는 1 g/cm^{3}을 사용한다. 편광은 보통 소듐(Na) *D*라인(589 nm)을 사용하므로 *D*로 표시하며, *t*는 측정 온도임.

액이 되므로 용액의 광학 활성이 변하게 되는 거죠. 이 현상이 곧 변광 회전입니다.

앞에서 단당류가 분자 내 고리화 반응으로 오원자 및 육원자 고리를 형성한다는 것을 배웠습니다. 이렇게 형성된 단당류 고리는 여러 개의 OH를 가지고 있어 이들은 알코올이 할 수 있는 보편적인 반응을 할 수 있습니다.

고리 단당류가 염기 조건에서 할로젠화 알킬(RX)과 반응하면 상응하는 에터(ROR)가 생성되죠.

또, 앞서 얘기했듯이 헤미아세탈의 아노머 탄소(1번 탄소) OH와 다른 단당류의 OH가 글리코사이드 결합을 할 수 있습니다. 이렇게 형성된 글리코사이드는 변광 회전 특성이 없어, 물에 녹아도 β–글리코사이드와 α–글리코사이드로 분리되지는 않습니다.

단당류를 염기와 아세트산 무수물([$(CH_3CO)_2O$]이나 염화 아세틸(CH_3COCl) 같은 카복실산 유도체와 반응시키면 상응하는 에스터(RCOOR)가 생성됩니다.

알도스의 알데하이드기[–C(=O)H]와 말단 1차 알코올(–CH_2OH)

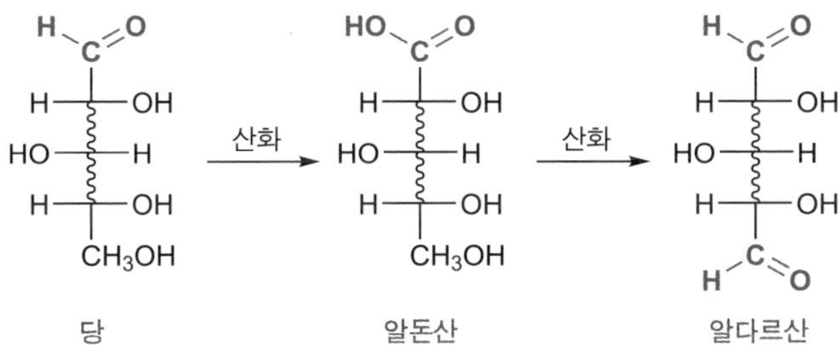

그림 9.5 알돈산 및 알다르산의 구조

은 산화되어 카복시기(−COOH)로 됩니다. 알데하이드만 산화된 당류는 알돈산aldonic acid, 1차 알코올까지 둘 다 산화되면 알다르산aldaric acid이 되죠.

단당류를 환원당reducing sugar과 비환원당nonreducing sugar으로 구분하기도 합니다. 환원당은 알데하이드나 케톤기를 가지고 있어 환원제로 작용할 수 있는 당을 말합니다. 염기성 용액에서 환원당은 환원제로 작용하여 카복실산으로 변합니다.

당은 수용액에서 비고리 알데하이드와 평형 상태로 있어(그림 9.4), 알돈산으로 산화될 수 있습니다. 이 과정에서 특징적인 색깔 변화를 나타내는 시약들이 있습니다. 톨렌스 시약Tollens reagent(NH_4OH/Ag_2O)은 부산물로 은(Ag)색 거울을 만들고, 베네딕트 시약Benedict reagent과 페엘링 시약Fehling reagent은 산화제로 구리 2가 양이온(Cu^{2+})을 이용하므로 붉은 벽돌색(Cu_2O) 빛을 나타냅니다. 그러나 아세탈인 글리코사이드는 산화되지 않으므로 비환원당nonreducing sugar이라고 합니다.

한편 알도스의 카보닐기는 1차 알코올로도 환원될 수 있습니다. 알도스가 1차 알코올로 환원된 생성물을 알디톨alditol이라고 합니다. 글루시톨glucitol은 과일과 베리 류에서 얻어지는 천연 알디톨입니다.

아미노산은 산과 염기 작용기를 함께 가지고 있다

생체 분자 4개(지질, 탄수화물, 핵산 및 단백질) 중에서 가장 넓은 범위의 기능을 나타내는 물질은 단백질입니다. 단백질은 뼈, 힘줄 및 연골 조직 등에서 발견되는 콜라젠collagen, 혈액에서 당의 농도를 조절하는 인슐린insulin, 혈액 응고와 관련된 피브리노젠fibrinogen과 트롬빈thrombin, 산소를 운반하는 헤모글로빈hemoglobin 등 우리 몸 곳곳에서 아주 중요한 역할을 담당하고 있는 분자인 셈이죠.

단백질의 이런 다양한 기능은 어떻게 가능할까요? 단백질은 아미노산amino acid이 서로 연결되어 만들어진 폴리아마이드polyamide 고분자입니다. 단백질 독특한 기능은 단백질의 구성 단위인 아미노산이 가지고 있는 COOH와 NH_2 작용기가 그 원천입니다(그림 9.6).

단백질 성분으로 천연에 존재하는 α-아미노산은 20개입니다. 모든 아미노산은 관용명을 가집니다. 이 관용명을 기준으로 세 문자 약기호 또는 한 문자 기호로 표시할 수 있습니다(그림 9.6). 20개 중에서 10개는 체내 합성이 가능하지만, 나머지 10개는 음식으로 섭취해야 합니다. 음식으로 섭취해야 하는 아미노산을 필수 아미노산essential amino acid이라고 합니다. 음식에서 얻은 아미노산은 수용성이므로 특별한 수송 시스템이 필요하지 않습니다.

필수 아미노산은 아이소류신, 류신, 아르기닌, 페닐알라닌, 라이신, 메싸이오닌, 트레오닌, 트립토판, 발린, 히스티딘 등이죠. 나머지는 필수 아미노산이 아닙니다. 아르기닌과 히스티딘은 성장기에 꼭 필요한 아미노산이므로 균형 잡힌 식사를 통해 이를 섭취할 수 있도록 주의가 필요합니다.

단백질과 펩타이드는 아미노산끼리 서로 결합하여 만들어집니다. 한 아미노산의 아미노기와 다른 아미노산의 카복시기가 반응하여 한

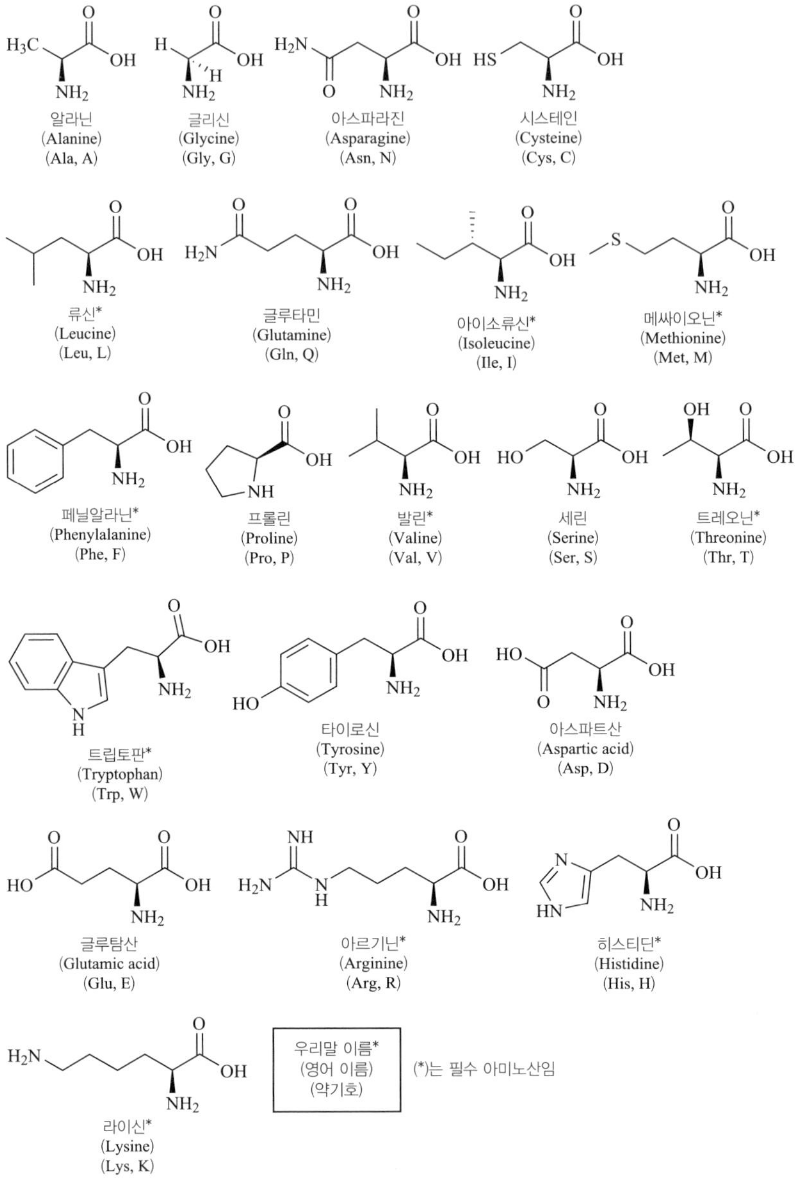

그림 9.6 천연에 존재하는 α–아미노산

분자의 물(H_2O)을 상실하면서 결합됩니다. 이 결합을 펩타이드 결합 peptide bond이라고 합니다.

펩타이드 결합은 일종의 아마이드 결합amide bond입니다. 이 아마이드 결합이 폴리펩타이드 사슬을 지그재그 배열이 되게 합니다. 어떻게 이런 배열이 가능할까요? 아마이드 결합을 조금 자세히 살펴보죠.

아마이드를 구조적으로 보면, C=O 결합과 N–H 결합이 같은 탄소에 결합되어 있습니다. 이런 구조적인 형태가 단백질의 특별한 모양과 특성이 가능하게 합니다.

아마이드의 모든 결합각은 120°이고, C=O와 N–H 결합은 서로 반대편 또는 같은 편으로 배열될 수 있습니다. C–N 시그마 결합을 기준으로 C=O와 N–H가 서로 반대편으로 배열된 것을 s–트랜스*s–trans* 형태, 서로 같은 편에 배열된 형태를 s–시스*s–cis* 형태라고 합니다. 여기

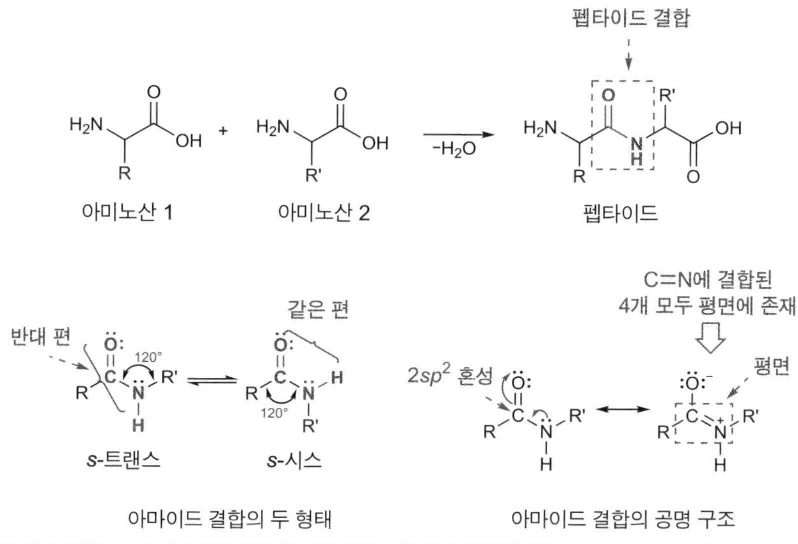

그림 9.7 펩타이드 결합과 아마이드 결합의 공명 구조

서 s–는 시그마 결합을 의미합니다. 두 형태 중에서 일반적으로 s–트랜스가 더 안정합니다. 부피가 큰 R과 R′이 더 멀리 있기 때문이죠.

한편, 아마이드는 C=O와 NH기가 이웃하고 있어, 두 개의 공명 구조가 가능합니다. 둘 중에서 C=N 결합을 포함하는 공명 구조에서 C=N 결합에 결합된 4개 치환기는 모두 같은 평면으로 배열됩니다. 이 평면 배열이 긴 사슬의 단백질을 지그재그 형태로 만들게 되죠.

펩타이드peptide는 구성 아미노산 수가 10개 미만인 중합체이며, 아미노산 수에 따라 수사를 붙여 다르게 명명합니다. 예를 들어, 두 개 아미노산으로 된 펩타이드는 다이펩타이드dipeptide, 세 개로 구성된 것은 트라이펩타이드tripeptide 등으로 부릅니다.

아미노산 수가 10~20개로 구성되면 올리고펩타이드oligopeptide라고 합니다. 아미노산이 20개를 넘어가면 폴리펩타이드polypeptide라고 하죠. 단백질은 40개 이상의 아미노산으로 구성되고, 분자량이 5000 이상이며, 여러 개의 폴리펩타이드로 구성되어 있습니다.

일반적으로 폴리펩타이드의 아미노산 사슬 순서는 왼편 끝에 아미노기(NH_2), 그리고 오른편 끝에 COOH가 오도록 표기합니다. 따라서 사슬의 가장 왼쪽은 항상 아미노기가 있게 되므로, 이를 *N*–말단*N*–terminal이라고 부릅니다. 또 오른쪽 끝은 카복시기가 있게 되며, *C*–말단*C*–terminal이라고 합니다.

펩타이드와 단백질은 큰 분자이므로, 편리성과 이해를 돕기 위해서 구성 아미노산의 약기호(세 문자 또는 한 문자)로 표시합니다. 예를 들어 세린과 알라닌의 다이펩타이드는 'Ser–Ala' 또는 'S–A'와 같이 표기합니다(그림 9.8).

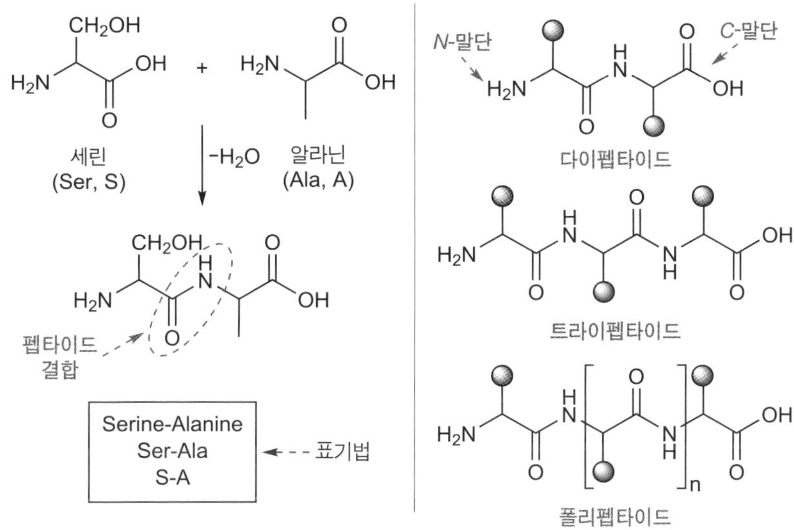

그림 9.8 펩타이드 결합의 형성 및 펩타이드 종류와 표기법

작고 단순하지만 흥미로운 펩타이드들이 있습니다. 세 종류의 아미노산으로 구성된 브래디카이닌bradykinin은 평활근을 수축시키고 혈관을 이완시키며, 통증을 유발하는 데 관여하는 노나펩타이드* 호르몬입니다. 옥시토신oxytocin과 바소프레신vasopressin도 또한 노나펩타이드입니다. 이들은 두 개의 시스테인(cys)이 서로 이황화 결합**으로 연결되어 있고, 서로 2개의 아미노산만이 다르며, C–말단에 OH 대신 NH_2기를 가지고 있습니다. 두 화합물 구조의 이런 작은 차이가 전혀 다른 생물 활성이 발현되게 하죠. 바소프레신은 평활근 수축을 통해

- * **노나펩타이드**nonapeptide 9개 아미노산으로 구성된 펩타이드.
- ** **이황화 결합**disulfide bond 황(S)–황(S)으로 이루어진 공유 결합.

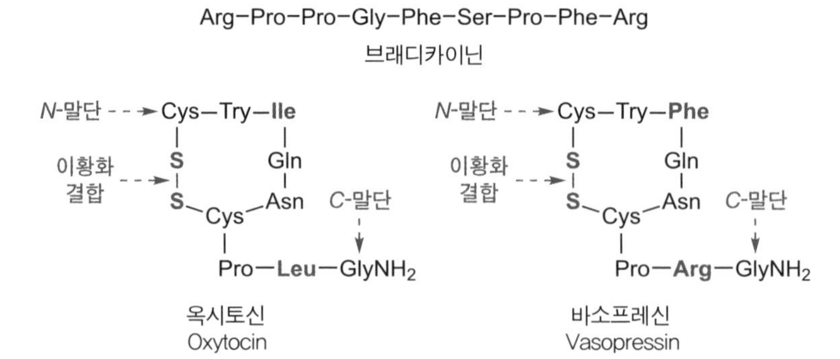

그림 9.9 브래디카이닌, 옥시토신과 바소프레신의 구조

혈압을 조절하는 호르몬입니다. 또한 옥시토신 호르몬은 자궁 근육을 수축하여 출산을 유도하고, 모유의 생산을 촉진합니다.

단백질은 어떻게 특별한 생리적 기능을 발휘할까?

단백질은 모든 살아 있는 세포에 존재합니다. 그러면서 동물 조직의 구조물(피부, 손톱, 연골, 근육)을 이루기도 하고, 산소를 운반하기도 하죠. 또한 효소로서 생체 반응을 촉진하기도 하고, 호르몬으로도 작용합니다.

단백질은 어떻게 이런 독특한 생리적 기능을 발휘할까요? 단백질과 펩타이드의 기능은 구성 아미노산이 종류에 따라 결정됩니다. 구성 아미노산들이 다르면, 단백질과 펩타이드는 곁가지의 종류, 크기와 모양이 모두 달라집니다. 이런 차이가 단백질과 펩타이드의 물리적, 화학적 그리고 생물학적 특성 등을 모두 다르게 합니다.

단백질은 다양한 작용기들을 가지는 아미노산들로 구성된 매우 큰 고분자 물질이므로 그 모양이 단순하지 않습니다. 이런 작용기들은 또한 단백질이 나름의 특성을 발현할 수 있는 적합한 구조를 이룰 수 있게 합니다. 단백질이 독특한 생물 활성을 나타내려면 생명체 안에서 특별한 형태(구조)를 이루어야 하죠. 과학자들은 단백질 구조를 이해하기 위해서 일차, 이차, 삼차 및 사차 구조로 구분합니다.

단백질의 구조는 구성 아미노산의 종류, 작용기 C=O, N−H의 수소 결합, S−H 작용기에 의해 형성되는 이황화 결합(RS−SR), 기타 다른 곁가지의 반데르발스 상호작용 및 아미노산 쯔비터 이온의 상호작용 등에 의해 결정됩니다.

일차 구조primary structure는 '단백질을 구성하고 있는 아미노산의 연결 순서'입니다. 즉 단순히 구성 아미노산의 서열입니다. 그러나 이 일차 구조가 해당 단백질의 독특한 특성을 가지게 합니다. 만일 하나의 아미노산이 다르면 단백질의 특성도 완전히 달라집니다.

헤모글로빈hemoglobin은 146개의 아미노산으로 구성되어 있습니다. 이 중에서 단 하나의 아미노산이 바뀌면 '낫 모양의 적혈구 빈혈증'이 나타납니다. 단지 하나의 아미노산이 바뀐 결과 때문이죠.

단백질의 이차 구조secondary structure는 수소 결합에 의해 나선형(α−나선 구조)을 이루거나, 병풍(β−병풍 구조)처럼 되는 두 가지가 있습니다. 이들 구조는 수소 결합을 통해 안정한 형태를 이루게 되죠. 이 수소 결합은 아미노산들의 C=O기와 N−H기 사이에서 이루어집니다.

다르게 말하면, 단백질의 이차 구조는 펩타이드 뼈대 분절•이 어떤 형태로 배열되는지를 나타내는 거죠. 즉 단백질이 '한정된 영역에서 부분적으로 취하게 되는 삼차원 형태'를 말합니다. 대부분의 단백질은 α-나선 구조와 β-병풍 구조 영역을 가지며, 또 어느 구조로도 특정 지울 수 없는 영역도 함께 가집니다. 예를 들어, 거미줄은 단백질이며, α-나선 구조와 β-병풍 구조 두 영역을 다 가지고 있어 질기면서도 탄성이 있는 것으로 밝혀졌습니다.

한편, 단백질이 수용액 속에서 활성을 가지기 위해서는 적당히 구부러지거나 꼬여야 합니다. 이런 과정을 접힘folding이라고 합니다. 이렇게 활성을 발현하기 위해 접힌 단백질의 모양을 삼차 구조tertiary structure라고 합니다. 즉 삼차 구조는 단백질 분자가 어떻게 삼차원 모양을 이루는지를 나타냅니다. 펩타이드는 일반적으로 안정성이 최대가 되도록 접힙니다. 최근에는 이런 단백질의 접힘이 잘못되어 질병으로 나타날 수 있다는 사실도 알려졌습니다.

삼차 구조의 주요 부류로 섬유상 단백질과 구형 단백질이 있습니다. 섬유상 단백질fibrous protein은 긴 섬유 다발 모양이고, 구형 단백질globular protein은 둥근 모양입니다. 섬유상 단백질은 물에 녹지 않습니다. 구형 단백질은 어떤 것은 물에 녹지만, 대부분 콜로이드 상태로 분산됩니다.

사차 구조quaternary structure는 서로 다른 단백질 분자가 어떻게 큰 집합 구조를 이루는지를 기술합니다. 어떤 단백질들은 두 개 이상의 펩타이드 사슬들의 조립체입니다. 이 단백질 복합체의 조직화 방식을

- **분절**segment 단백질의 반복되는 부분 사슬.

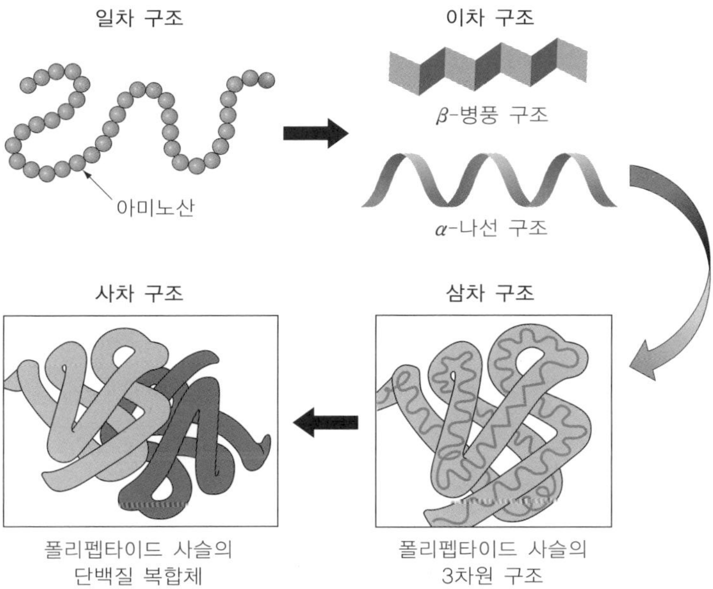

그림 9.10 단백질의 1차, 2차, 3차 및 4차 구조

사차 구조라고 하는 거죠. 즉 사차 구조는 '서로 다른 단백질 분자들이 큰 집합 구조를 이루는 방식을 나타냅니다'. 헤모글로빈을 예로 들어보죠. 헤모글로빈은 4개 헴heme과 4개의 단백질 사슬로 된 조립체입니다.

척추 동물의 헤모글로빈 분자에 존재하는 대부분의 단백질 이차 구조는 α-나선 구조를 이루고 있고, 이들 α-나선 구조들이 짧은 비나선형 펩타이드 조각들에 의해서 서로 연결되어 있습니다. 이들 이차 구조들의 상호 작용을 통해 안정화되면서 단백질 삼차 구조를 형성합니다.

단백질의 기능과 특성은 단백질 고유의 형태와 배열을 결정하는 이차, 삼차, 사차 구조들의 조합으로 결정됩니다. 안정한 단백질 구조

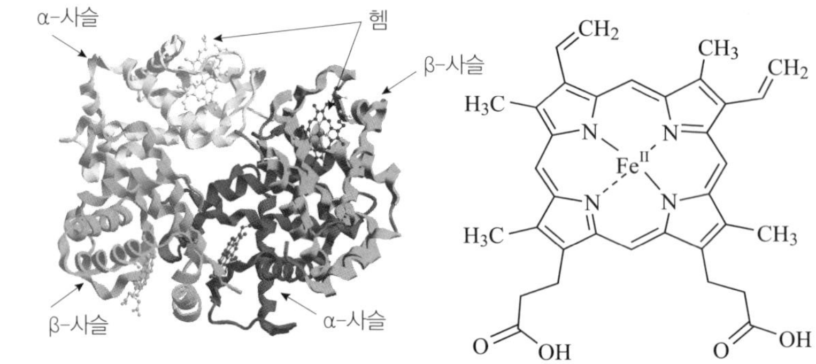

헴 구조

그림 9.11 헤모글로빈의 구조

에 영향을 줄 수 있는 물리 화학적 요인이 가해지면, 삼차 구조가 변화되어 본래의 성질을 잃게 되죠. 이 현상을 단백질의 변성denaturation of protein이라고 합니다. 예를 들어, 계란에 열을 가하면 흰자가 고체로 변화되는 과정이 곧 변성입니다.

지질은 물리적 특성으로 구분되는 생체 분자다

제6강에서 언급한 것처럼, 지질은 가수분해되는 것과 되지 않는 것으로 구분하죠. 가수분해가 되는 지방으로 왁스wax, 트라이아실그리세롤triacylglycerol, 인지질phospholipid은 대부분이 에스터기를 포함하고 있습니다. 가수분해가 되지 않는 지질로 지용성 바이타민, 에이코사노이드eicosanoid, 터펜terpene, 스테로이드steroid 등이 이 부류에 해당합니다.

왁스는 가수분해되어 지방산(RCOOH)과 고분자량의 알코올(ROH)을 형성하는 가장 간단한 지질입니다. 한편 트라이아실글리세롤은 가수분해하면, 글리세롤[$(HOCH_2)_2CHOH$]과 12~20개 탄소로 구성된 세 개의 지방산이 생성물로 얻어지죠.

놀랍게도 자연에서 생성되는 지방산은 모두 짝수의 탄소 수로 되어 있습니다. 이때 얻어지는 지방산 사슬은 포화되었거나 불포화된 탄소 사슬을 가지고 있습니다. 자연에서 생성되는 지방산의 이중 결합은 모두 Z–형입니다. 지방산의 끓는점은 사슬의 불포화 정도에 따라 다릅니다.

지방과 기름oil은 이들 지방산과 글리세롤로 만들어진 트라이에스

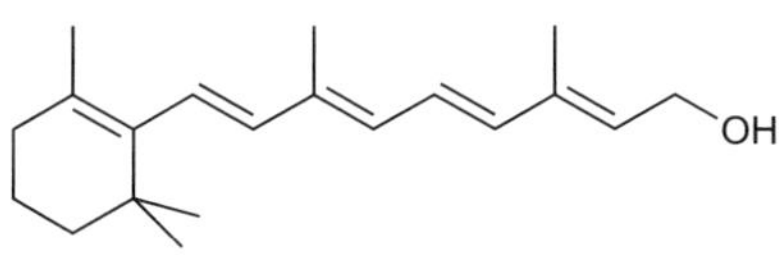

바이타민 A
Vitamin A
(지용성 바이타민)

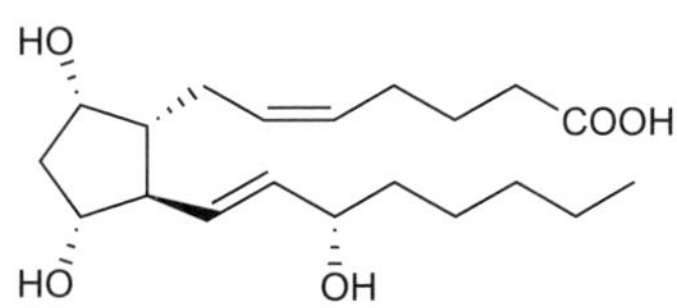

프로스타글란딘 $F_{2\alpha}$($PGF_{2\alpha}$)
Prostaglandin $F_{2\alpha}$
(에이코사노이드)

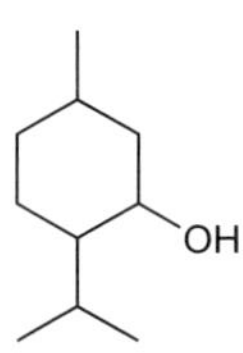

멘톨
Menthol
(터펜)

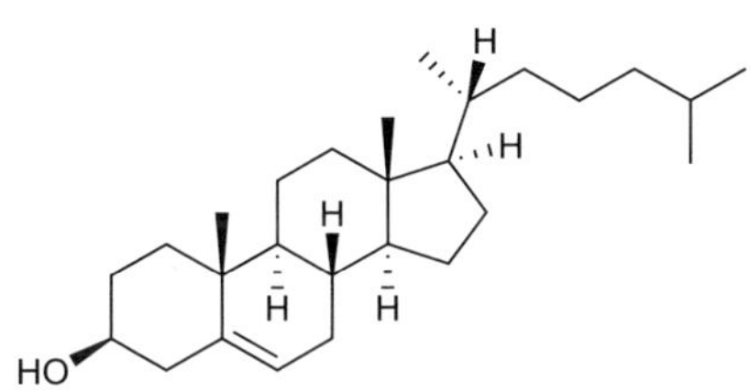

콜레스테롤
Cholesterol
(스테로이드)

그림 9.12 바이타민 A, 프로스타글란딘(PG) $F_{2\alpha}$, 멘톨 및 콜레스테롤의 구조

터triester입니다. 지방은 기름보다 더 높은 녹는점을 가지므로 실온에서 고체를 형성합니다. 반면에 기름은 녹는점이 더 낮아서 실온에서 액체로 존재합니다. 이런 녹는점 차이는 포함된 지방산의 이중 결합 수에 의존합니다. 지방산에 이중 결합 수가 증가할수록 녹는점이 낮아집니다. 동물성 지방은 포화 지방산의 비율이 높아 고체입니다. 반면에 식물성 기름은 불포화 지방산의 비율이 높아서 액체이죠.

인지질은 인(P) 원자를 포함하며, 가수분해가 가능합니다. 포스포아실글리세롤phosphoacylglycerol은 트라이아실글리세롤triacylglycerol과 유사하지만, 마지막 탄소의 OH기가 포스포다이에스터기phosphodiester[OP(=O)(OR)O−]로 되어 있습니다. 포스포아실글리세롤의 인산 곁가지는 트라이아실글리세롤과는 다른 기능을 가지게 하죠. 포스포아실글레세롤에는 인산다이에스터에 $CH_2CH_2NH_3^+$를 가지는 세파린sephalin과, $CH_2CH_2N^+(CH_3)_3$를 가지는 레시틴lecithin이 있습니다.

포스포아실글리세롤은 두 개의 지방산 사슬과 극성인 인산 에스터기를 가지고 있습니다. 두 개의 지방산 사슬은 서로 나란히 놓이는 두 개의 비극성 사슬이 되고, 전하를 띠는 인산 에스터는 극성 사슬이 되어 지방산 사슬의 반대편으로 배열됩니다. 삼차원적으로 보면 극성 머리에 두 개의 비극성 사슬이 배열되어 있습니다. 이런 인지질이 물과 섞이면 이온성 부분은 밖으로 향하고 비극성 사슬은 안쪽으로 향하는 이중층 배열을 합니다. 이를 지질 두겹층lipid bilayer이라고 합니다. 세포막cell membrane은 이러한 지질 두겹층으로 이루어져 있습니다. 세포막의 이런 두겹층 배열은 자기 조립*이라는 방법으로 형성되죠.

또 다른 인지질인 스핑고마이엘린은 아미노 알코올인 스핑고신

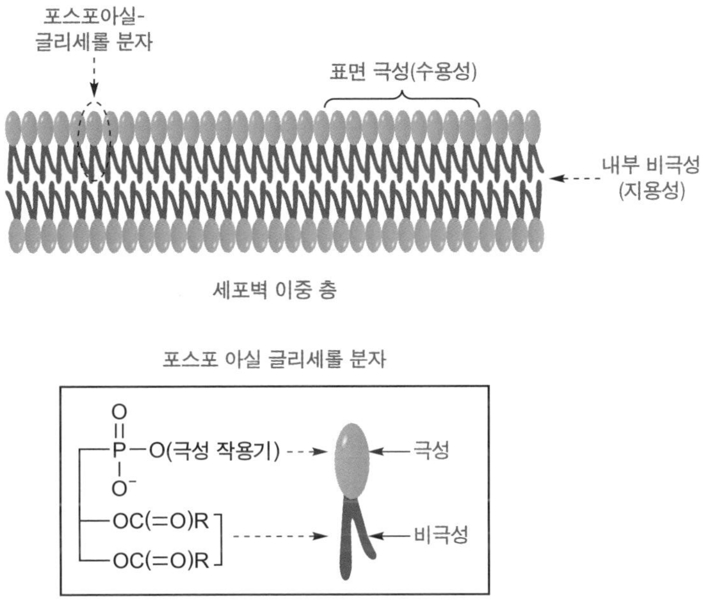

그림 9.13 포스포아실글리세롤의 세포벽 이중층 구조

spingosine의 유도체로 1번 탄소에 포스포에스터가 있고, 2번 탄소가 지방산 아마이드를 이루고 있습니다. 이 스핑고 마이엘린도 세포막의 지질 두겹층 구성 성분입니다. 특히 신경세포를 둘러싸는 미엘린 덮개myelin sheath에 풍부합니다.

바이타민(비타민)은 수용성과 지용성으로 구분하며, 지용성 바이타민은 지질입니다. 지용성 바이타민인 A, D, E, K는 유제품, 과일, 야채에서 발견됩니다. 바이타민은 정상적인 대사를 위해 단지 적은

- **자기 조립**self-assembly 무질서한 구성 물질들이 외부의 영향을 받지 않고 자신들의 상호작용에 의해 자발적으로 조직적인 구조를 형성하는 방법.

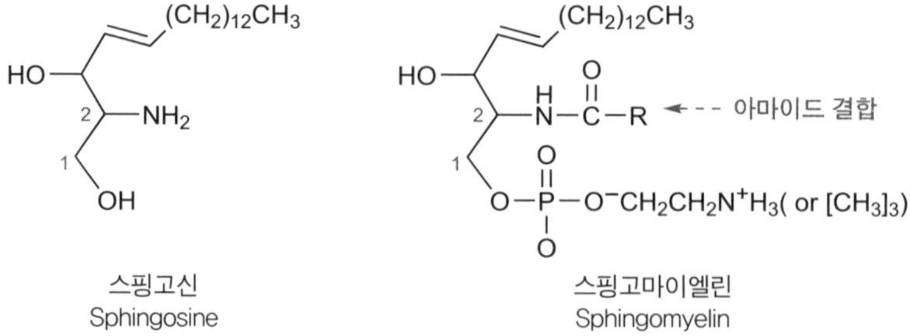

그림 9.14 스핑고신과 스핑고마이엘린의 구조

양만이 필요합니다. 이들 지용성 바이타민들도 OH나 C=O 같은 극성 작용기를 가집니다. 그러나 비극성의 C–C및 C–H 결합이 대부분이어서 하나 또는 두 개의 극성 작용기에서 발생하는 작은 쌍극자를 희석시키므로 전체적으로 비극성이거나 소수성이게 합니다.

에이코사노이드eicosanoid•는 탄소가 20개인 아라키돈산arachidonic acid으로부터 합성되는 생물 활성 물질입니다. 에이코사노이드는 세포에 낮은 농도로 존재하지만 활성은 매우 강합니다. 이들은 호르몬과는 다른 지역 매개 물질local mediator입니다. 호르몬은 우선 합성되어 혈류를 통해 반응 장소로 이동하죠. 그러나 에이코사노이드 같은 지역 매개 물질은 외부 자극에 의해 아라키돈산으로부터 합성되며 세포에 축적되 않습니다. 필요할 때만 합성해서 사용합니다.

에이코사노이드의 종류에는 프로스타글란딘prostaglandin(PG), 류코트라이엔leukotriene, 트롬복세인thromboxane 및 프로스타사이클린

- 에이코사노이드는 '20'이란 뜻을 나타내는 그리스어 'eikosi'로부터 유래된 용어임.

prostacyclin 등이 있습니다.

류코트라이엔을 제외한 관련 유도체들은 모두 아라키돈산을 출발 물질로 하여 크게 세 단계를 거쳐 합성됩니다. 아라키돈산이 과산화물인 PGG_2로되고, 이 중간체가 다시 PGH_2로 변환되어 관련 효소 반응에 의해 여러 유도체들이 합성됩니다.

프로스타글란딘은 혈압 및 염증 조절, 혈소판 응집 방해, 자궁 수축 및 자궁 평활근smooth muscle 이완 등에 관여합니다. 트롬복세인은 혈관 수축과 혈소판 응집 등에 관여하고, 프로스타사이클린은 혈관 팽창과 혈소판 응집의 방해 등과 관련이 있습니다. 또 류코트라이엔

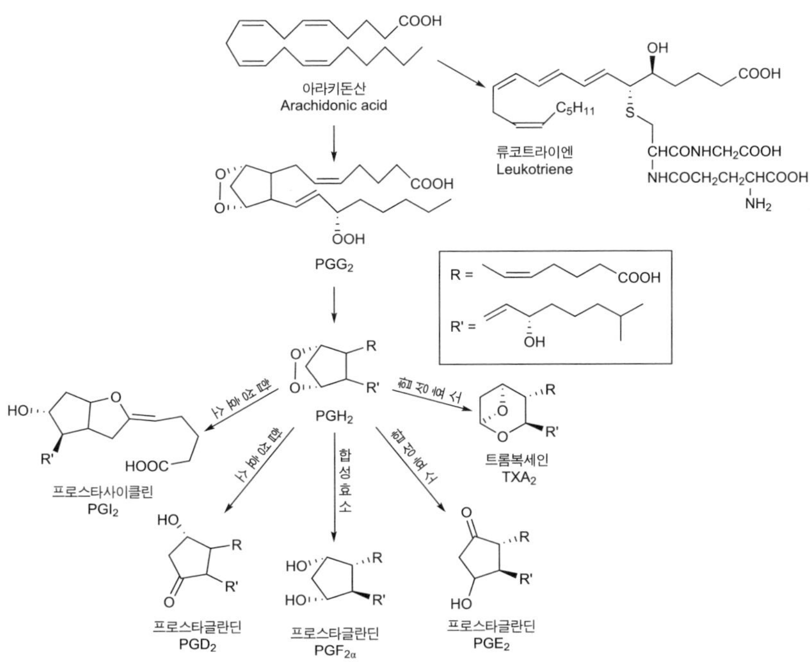

그림 9.15 아라키돈산으로부터 합성되는 유도체들

은 폐의 평활근 수축에 관여합니다.

터펜terpene은 매우 다양한 구조를 가집니다. 6강에서 다룬 것처럼 터펜은 탄소 5개로 이루어진 아이소프렌($CH_2=C(CH_3)CH=CH_2$)이라는 단위체의 반복 구조로 이루어져 있습니다. 따라서 과학자들은 포함하고 있는 아이소프렌 단위로 터펜을 구분하고 이해합니다. 이처럼 화합물이 아이소프렌 단위의 배수로 이루어진 계열을 터페노이드terpenoid 또는 아이소프레노이드isoprenoid라고 하죠.

예를 들어 월계수 열매 기름 성분인 마이르센myrcene과 박하 기름 성분인 멘톨menthol은 아이소프렌 단위를 2개씩 가진 터페노이드입니다.

터펜은 포함된 아이소프렌 단위 수로 분류합니다. 두 개의 아이소프렌 단위로 구성되어 탄소가 10개인 터펜은 모노터펜monoterpene입니다. 세 개의 아이소프렌 단위를 포함하고 있는 터펜은 세스퀴터펜

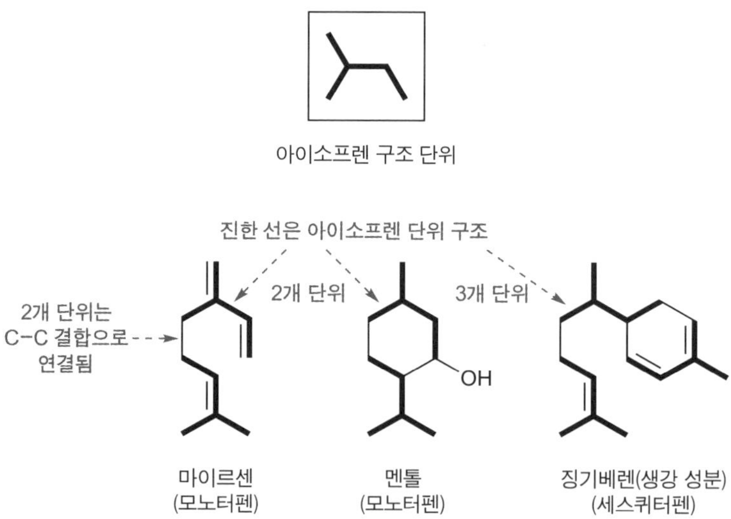

그림 9.16 아이소프렌 구조 단위와 몇 가지 터펜

sesquiterpene이라고 하며 15개의 탄소로 구성되어 있습니다. 아이소프렌 단위가 4개이며, 20개 탄소로 구성된 터펜은 다이터펜diterpene이라고 하죠.

한편 스테로이드는 네 개의 고리가 접합된fused 구조를 이루는 지질의 일종입니다. 스테로이드는 3개의 육원자 고리와 하나의 오원자 고리가 서로 연결되어 있습니다. 모든 고리 탄소의 번호는 정해져 있습니다. 또한 스테로이드를 구성하는 육원자 고리는 A, B, C로, 오원자 고리는 D로 표시하죠.

그렇다면 이 고리들은 어떻게 접합되어 있을까요? 여기서 스테로이드 고리 접합 방식에 대해 조금 구체적으로 살펴봅시다. 먼저 고리 A와 B를 보죠. 두 개의 육원자 고리가 접합되는 방법은 5번 고리 탄소의 H와 10번 고리 탄소의 CH_3가 서로 트랜스(반대편)로 배열되는 방법과 서로 시스(같은 편)로 배열되는 방법이 있습니다. 그러나 현재까지 알려진 가장 일반적인 배열은 거의 트랜스 형태의 배열입니다. 따라서 스테로이드 구조의 모든 고리가 같은 평면에 놓이게 됩니다. 이런 구조가 더 안정하기 때문이죠.

대표적인 스테로이드는 콜레스테롤cholesterol이고, 내분비선에서 분

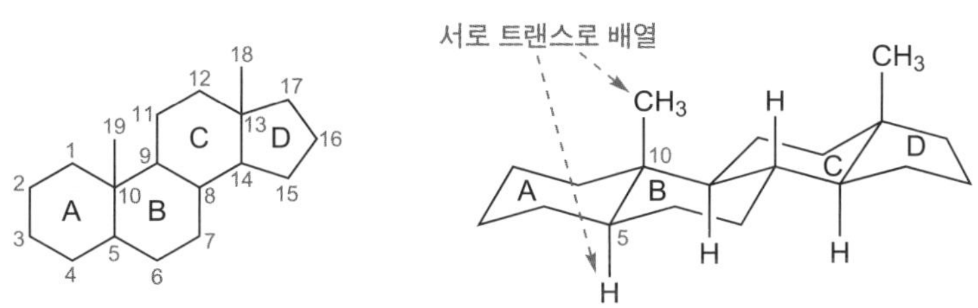

그림 9.17 스테로이드의 고리 구조와 치환기 배열

비되는 많은 종류의 스테로이드가 있습니다. 중요한 두 가지 호르몬 계열로 성 호르몬sex hormone과 부신 피질 호르몬adrenal cortical steroid이 있습니다. 여성 호르몬으로 에스트로젠estrogen과 프로제스테론progesteron 두 가지 유형이 있고, 남성 호르몬은 안드로젠androgen이라고 하죠. 여성용 경구 피임약인 에타이닐에스트라다이올ethynylestradiol과 노레틴드론norethindrone은 에스트로젠과 프로제스틴에 C≡CH기를 도입한 합성 스테로이드입니다.

한편 합성 안드로젠 유도체는 근육 성장을 촉진합니다. 이들을 동화작용 스테로이드anabolic steroid라고 합니다. 이런 동화작용 스테로이드는 몸에서 테스토스테론과 동일한 효과를 냅니다. 처음에는 수술 후 근육의 쇠약을 방지하기 위해 개발되었으나 운동선수나 보디빌더

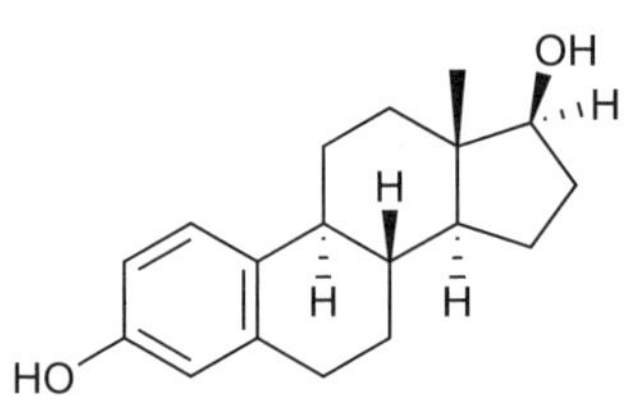

에스트라다이올(에스토로젠)
Estradiol

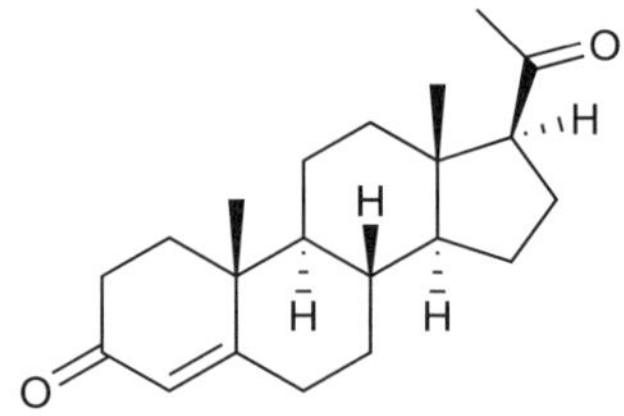

프로제스테론
Progesteron

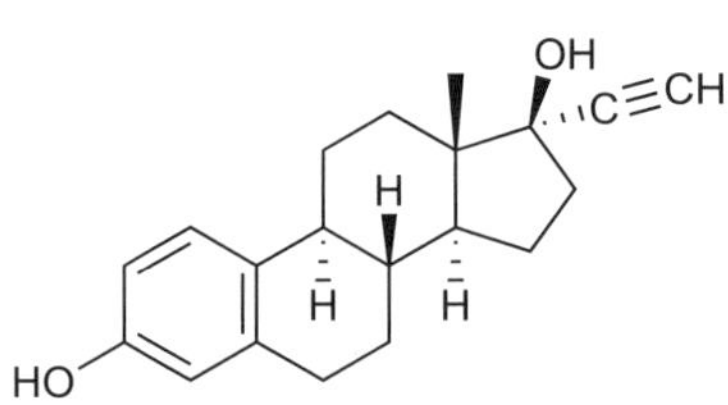

에타이닐에스트라다이올
Ethynylestradiol
(여성용 경구 피임약)

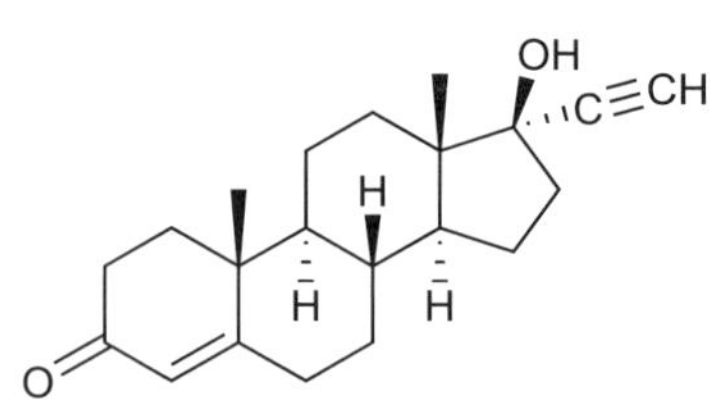

노레틴드론
Norethindrone
(여성용 경구 피임약)

그림 9.18 여성 호르몬과 경구 피임약의 구조

들이 악용하면서 올림픽 같은 국제 스포츠 대회에서 도핑 검사의 대상이 되는 약물이 되었죠.

핵산은 유전 정보의 화학적 운반체이다

DNA는 1869년 백혈구의 핵에서 발견되었고, 산성을 띠고 있어 핵산nucleic acid이라고 불렸습니다. 그후에 모든 세포가 핵에 DNA를 가진다는 것을 알게 되었습니다. 핵산이 유전정보를 가진 물질이라고 알게 된 것은 1944년이고, DNA의 이중 나선 구조는 1953년 왓슨James Watson과 크릭Francis Crick에 의해 밝혀졌습니다.

핵산은 DNAdeoxyribonucleic acid와 RNAribonucleic acid의 두 가지가 있습니다. 유기체 세포의 성장과 분열을 조절하는 유전정보는 DNA에 암호화되어 저장되어 있습니다. DNA에 저장된 유전정보는 RNA로 전사되어 세포 구조와 기능에 필요한 모든 단백질 합성에 사용됩니다. 즉 DNA는 유전정보의 보관 물질이고, RNA는 유전정보의 전달자이면서 또한 필요한 단백질의 합성자입니다.

DNA와 RNA가 어떻게 이런 기능을 발휘할 수 있을 까요? 이 비밀을 이해하기 위해서 이들의 구조를 살펴보기로 하죠.

핵산은 다음과 같은 3가지 간단한 구성 분자로 이루어져 있습니다.

1. 헤테로 고리 염기
2. 오원자 고리형 탄수화물(오탄당)

3. 당과 에스터를 형성하는 인산

염기base라고 불리는 헤테로 고리 단위가 당의 아노머 탄소에 결합되고, 인산은 당과 에스터(포스포다이에스터phosphodiester) 결합을 형성합니다. 당-염기 결합 단위를 뉴클레오사이드nucleoside라고 하며, 뉴클레오사이드에 인산이 결합된 단위를 뉴클레오타이드nucleotide라고 하죠.

당과 염기가 β-아노머 구조로 배열된 뉴클레오사이드를 β-뉴클레오사이드라고 합니다. 자연에는 대부분 β-뉴클레오사이드만 존재합니다. 열역학적으로 더 안정하기 때문이죠. 이런 구성 단위들은 핵산과 각 단위체들을 효소로 가수분해시켜보면 알 수 있습니다. 조금 구체적으로 말하면, 뉴크레오사이드는 당과 헤테로 고리형 아민 염기가 β-N-글리코사이드 결합으로 연결된 분자 단위입니다. 또 뉴클레오타이드는 뉴클레오사이드에 있는 당의 3'- 또는 5'-위치의 OH기에 인산 분자가 에스터를 형성하고 있는 분자입니다.

핵산의 1차 구조는 이런 사슬 골격을 가집니다. 즉 핵산은 뉴클레로타이드가 서로 연결된 생체 중합체입니다. 1차 구조 사슬의 양 말단은 OH기인데, 5'- 탄소가 OH로 있으면 5'-말단, 3'-탄소가 OH로 존재하면 3'-말단이라고 합니다. 관습적으로 염기의 서열은 5'-말단에서 3'-말단 쪽으로 읽습니다. 핵산의 1차 구조는 핵산 가닥의 염기 서열에 해당합니다.

뉴클레오타이드에는 C=O, C-O-C, NH, NH_2, R_2N, PO_4^-, OH 같은 다양한 작용기들이 존재합니다. 또한 DNA에는 RNA에 존재하는 2'-OH 기가 없습니다. 이러한 작용기의 존재 유무가 핵산의 독특한 기능을 가능하게 합니다. DNA와 RNA가 가지고 있는 작용기를 비교해서 살펴보죠.

DNA는 어떻게 유전정보를 저장하고, 전달하여 종을 보전할까요? 두 가지 관점으로 찾아볼 수 있습니다. 하나는 DNA와 RNA는 그 구성하는 4개 염기 중에서 하나씩만 다릅니다. 두 번째로는 당의 2′–탄소에 OH가 DNA에는 없고, RNA에는 있습니다.

먼저 염기를 살펴보죠. DNA와 RNA에는 각각 4개의 염기가 존재하는데, 이 중에서 아데닌adenine(A), 구아닌guanine(G), 사이토신

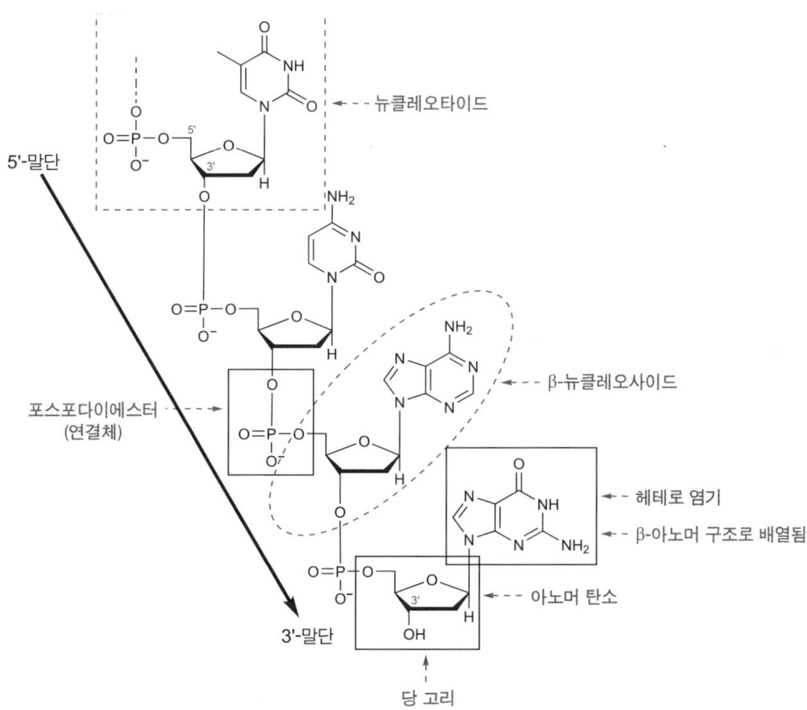

그림 9.19 핵산의 부분 구조와 명칭

cytosine(C)은 둘 다 가지고 있습니다. 나머지 염기로 DNA는 싸이민 thymine(T)을, RNA는 유라실uracil(U)을 가지고 있습니다.

뉴클레오사이드의 명칭은 각 염기의 이름에서 유래되었습니다. 즉 뉴클레오사이드가 유라실을 포함하면 유리딘uridine, 구아닌을 포함하면 구아노신guanosine, 싸이민thymine을 포함하면 싸이미딘thymidine, 아데닌을 포함하면 아데노신adenosine이라고 합니다.

DNA의 2차 구조는 이중 나선임이 밝혀졌습니다. 이 이중 나선은 어떻게 가능할까요? 앞에서 서술한 것처럼 핵산의 염기에는 $C^{\delta+}=O^{\delta-}$와 $N^{\delta-}-H^{\delta+}$ 작용기가 존재합니다. 이 두 작용기의 부분 양전자를 띠는 수소와 부분 음전하를 띠는 산소와 질소 사이에 수소 결합을 형성할 수 있습니다. 핵산의 염기들은 3개 또는 2개씩의 수소 결합을 할 수 있습니다. 싸이민(T)과 아데닌(A) 사이에서는 2개의 수소 결합이 가능하고, 사이토신(C)과 구아닌(G) 사이에서는 3개의 수소 결합이

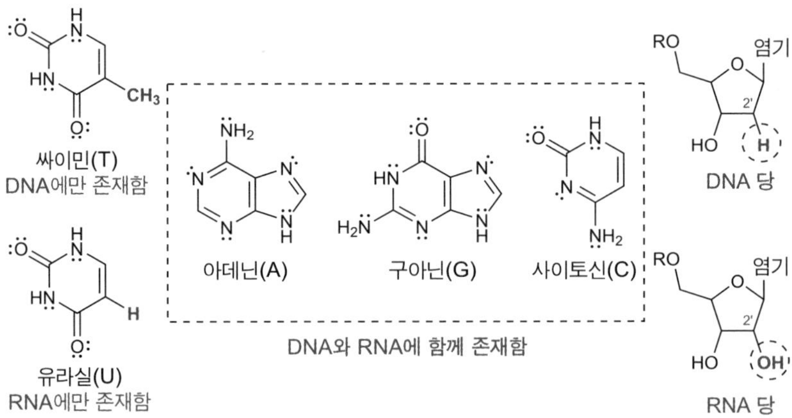

그림 9.20 DNA와 RNA에 존재하는 염기 종류

가능합니다. 이런 수소 결합이 DNA의 이중 나선 2차 구조를 가능하게 합니다. 뿐만 아니라 이 수소 결합이 곧 유전 정보의 저장과 전달이 가능하게 합니다.

이중 나선 구조에서 당-인산 구조는 골격의 밖으로 향하고, 염기는 안쪽으로 향하고 있습니다. DNA는 나선형 계단 모양이며, 염기쌍들은 계단에 해당하죠. 두 사슬은 염기들이 수소 결합을 하기 위해 서로 반대 방향으로 배열합니다.

DNA의 나선 구조에서, 한 사슬의 염기가 사이토신(C)이면 맞은 편에는 항상 구아닌(G)이 있고, 싸이민(T)이면 앞에는 항상 아데닌(A)이 놓여 있는 형태입니다. 즉 C⁝⁝⁝G, T⁝⁝A식의 수소 결합을 하기 위해서입니다. 만일 수소 결합을 3개 할 수 있는 구아닌(G) 맞은 편에 수소 결합을 2개 할 수 있는 아데닌(A)이나 싸이민(T)이 있으면 서로 안정한 수소 결합을 이루지 못합니다. DNA는 수소 결합을 통해 유전 정보를 저장하고 전달합니다. 수소 결합이 곧 DNA의 소통 언어인 거죠.

DNA는 이중 나선 구조를 이루지만, RNA는 단일 가닥으로 이루어진 핵산입니다. RNA의 일부는 나선 구조로 존재합니다.

한편 앞에서 언급한 것처럼 DNA는 당의 2'-탄소에 OH기를 가지지 않습니다. 왜 그럴까요? 세포가 일생 동안 유전정보를 잃지 않기 위해서입니다. DNA가 분해되면 생명체나 세포는 유전정보를 보전·전달할 수 없게 되고 큰 재앙과 혼란이 야기될 겁니다. 그러나 RNA는 필요한 만큼 합성되어 목적에 맞게 쓰이고 사용 후에는 파괴해도 되죠. DNA는 유전 정보를 보존하고 제공하는 물질이고, RNA는 유전정

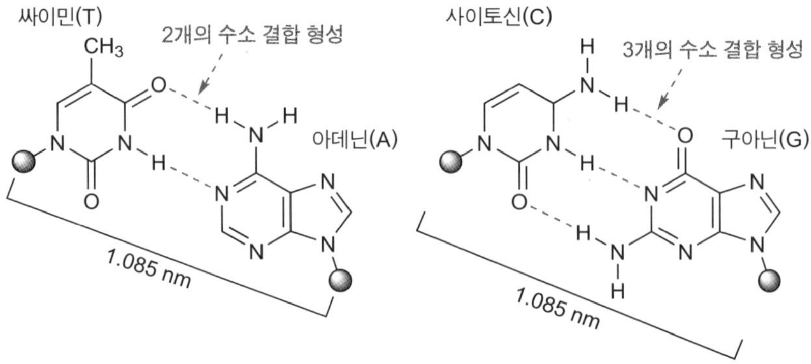

그림 9.21 싸이민(T)–아데닌(A) 및 사이토신(C)–구아닌(G)의 수소 결합

보를 전달받아 단백질을 합성하는 수행 물질이기 때문입니다. 세포에서는 이들 두 물질의 기능의 차이를 당 분자의 2′–탄소에 있는 OH의 화학적 기능이 결정합니다. 메커니즘적으로 보면 RNA의 2′–OH는 이웃 탄소인 3′–탄소에 결합된 인산 부분과 반응하여 인산기에 있는 다른 당 분자를 분해 시킵니다. 실제로 RNA는 DNA보다 약 30억 배 정도나 빨리 분해된다고 알려져 있습니다.

DNA는 피리미딘 염기 중에서 싸이민(T)을 가지며, RNA는 유라실(U)을 포함하고 있습니다. DNA는 유라실 대신 싸이민을 가지고 있음으로써 잠재적으로 가능한 돌연변이를 방지하고 있는 거죠.

어떻게 이런 돌연변이 방지가 가능할 까요? DNA와 RNA는 둘 다 피리미딘 염기인 사이토신(C) 염기를 가지고 있습니다. 이 사이토신의 아미노(NH_2)기가 카보닐(C=O)기로 변환되면 유라실(U)이 될 수 있습니다. 이 반응을 탈아민 반응deamination이라고 하죠. 그러나 싸이민(T)은 이런 탈아민 반응을 일으키지 못합니다. DNA는 유전정보의 혼란을 방지할 목적으로 싸이민 염기를 이용하는 겁니다. 즉 DNA에서 유라실(U) 대신 싸이민(T)를 가지는 것은 사이토신(C)이 변하여 생기는 유라실(U)를 구분하기 위해서죠. 놀랍게도 생체에서는 새로 복제되는 딸 DNA를 만들기 전에 DNA의 사이토신(C)이 유라실(U)로 변형된 것을 골라내어 제거하는 효소도 존재합니다. 이 효소는 복제되는 DNA에 유라실(U)이 존재하면, 이를 잘라내고 대신 그 자리에 사이토신(C)으로 치환시켜 혼란을 방지합니다.

수 없이 많은 생물 종들은 어떻게 종의 정체성을 재현할까요? 성적으로 번식하는 대부분의 고등 생물에서는 정자 세포와 난자 세포가 결합하죠. 이렇게 해서 생긴 수정된 난자는 새로운 개체로서의 기능을 발현할 수 있는 모든 정보를 가지게 됩니다. 이런 유전정보는 어떻게 전달될까요?

유전 물질은 모든 세포에 있는 염색체chromosome에 밀집되어 있습니다. 염색체는 길고 실같이 생겼으며, 단백질과 DNA로 이루어져 있습니다. 성적인 번식을 할 때 염색체는 쌍을 이루며, 쌍을 이루는 염색체의 부모에게서 하나씩 나오죠. 인간은 46개의 염색체를 가지며, 이는 난자의 염색체 23개와 정자의 염색체 23개로 이루어진 겁니다.

한 유기체의 유전자 전체를 모아 놓은 것을 유전체genome라고 합니다. 인간은 20,000~25,000개의 유전자를 가집니다. 인간의 유전체에는 31억쌍의 염기가 있습니다. 생명체가 유전정보를 전달하기 위해서는 DNA의 복제replication가 필요합니다. DNA는 이중 나선 모양을 이루고 있고, 이 두 개의 가닥은 상보적이어서 동일한 유전정보를 가집니다. 이 이중 나선이 풀리면서 각 각의 가닥에서 새로운 이중 나선을 형성하여 유전정보를 복제합니다.

복제된 유전정보는 RNA에 전달, 번역되어 필요한 단백질을 합성합니다. RNA는 DNA보다 짧고, 보통은 단일 가닥이며, 세 종류가 있습니다.

하나는 전령messenger RNA(mRNA)로 단백질 합성이 일어나는 세포질의 리보솜ribosome까지 DNA 정보를 전달하는 역할을 합니다. 다른 하나는 리보솜ribosomal RNA(rRNA)로 단백질 합성이 일어나는 입자를 만들며, 일종의 리보솜의 구성 성분입니다. 마지막 하나는 전달transfer RNA(tRNA)로 합성에 필요한 아미노산을 리보솜까지 운반합니다.

단백질은 tRNA의 3'-OH에 결합되어 운반되죠. mRNA의 세포 내 일차적인 기능은 생물체가 요구하는 수많은 펩타이드와 단백질의 합성을 관장하는 것입니다. 펩타이드나 단백질의 아미노산 결합 순서는 mRNA가 결정합니다.

단백질 합성에 필요한 아미노산은 3개의 염기 서열로 이루어진 코돈codon이라는 암호를 이용하여 지정합니다. 이 3개 염기 순서와 이들에 의해 지정되는 아미노산을 유전 암호genetic code라고 하죠.

유전 암호는 각각의 코돈이 어떤 아미노산을 부호화할지를 정해놓은 규칙입니다. 한편 코돈은 유전자 발현에서 하나의 아미노산을 지정하는 유전 정보 부호입니다. 유전 암호는 모두 64개의 코돈으로 되어 있음이 확인되었습니다.

그렇다면 유전 암호가 꼭 64개인 이유가 있을까요? 하나의 코돈은 모두 3개의 염기로 이루어지지만, 유전 암호에 쓰이는 염기 수는 모두 4종류(U, C, A, G) 입니다. 이 4개 염기로 세 글자 암호를 만드는 방법은 64개(4×4×4)이기 때문에 64개의 코돈이 필요한 것이죠. 생체 합성에 필요한 20개 아미노산에 대한 가장 효율적인 암호화 방법은 하나의 코돈을 3개 염기 쌍으로 구성하는 것입니다.

단백질의 합성은 크게 다음과 같은 과정으로 이루어집니다.

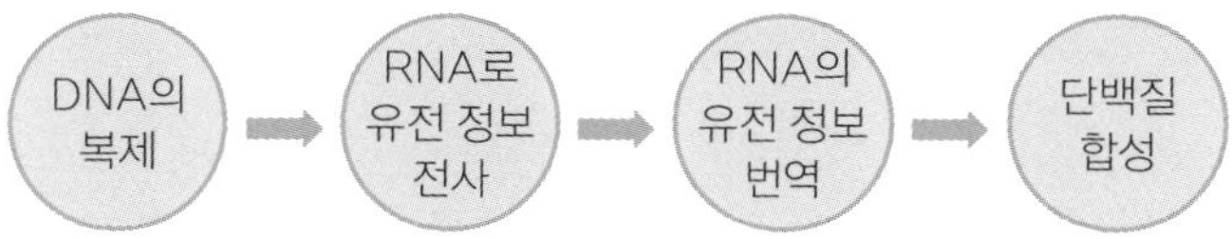

표 9.1 유전 암호

첫 번째 염기 (5' 말단)	두 번째 염기 U	두 번째 염기 C	두 번째 염기 A	두 번째 염기 G	세 번째 염기 (3' 말단)
U	UUU 페닐알라닌	UCU 세린	UAU 타이로신	UGU 시스테인	U
	UUC 페닐알라닌	UCC 세린	UAC 타이로신	UGC 시스테인	C
	UUA 류신	UCA 세린	UAA 종료	UGA 종료	A
	UUG 류신	UCG 세린	UAG 종료	UGG 트립토판	G
C	CUU 류신	CCU 프롤린	CAU 히스티딘	CGU 아르기닌	U
	CUC 류신	CCC 프롤린	CAC 히스티딘	CGC 아르기닌	C
	CUA 류신	CCA 프롤린	CAA 글루타민	CGA 아르기닌	A
	CUG 류신	CCG 프롤린	CAG 글루타민	CGG 아르기닌	G

첫 번째 염기 (5' 말단)	두 번째 염기				세 번째 염기 (3' 말단)
	U	C	A	G	
A	AUU 이소류신	ACU 트레오닌	AAU 아스파라진	AGU 세린	U
	AUC 이소류신	ACC 트레오닌	AAC 아스파라진	AGC 세린	C
	AUA 이소류신	ACA 트레오닌	AAA 라이신	AGA 아르기닌	A
	AUG 메티오닌	ACG 트레오닌	AAG 라이신	AGG 아르기닌	G
G	GUU 발린	GCU 알라닌	GAU 아스파라긴산	GGU 글리신	U
	GUC 발린	GCC 알라닌	GAC 아스파라긴산	GGC 글리신	C
	GUA 발린	GCA 알라닌	GAA 글루타민산	GGA 글리신	A
	GUG 발린	GCG 알라닌	GAG 글루타민산	GGG 글리신	G

제10강

유기 분자가 금속을 만나다

지금까지는 대부분의 탄소가 수소, 산소, 질소 및 할로젠 같은 원소와 결합하여 구성된 유기물을 다루었습니다. 탄소가 수소를 제외한 헤테로 원자들과 결합하면 탄소는 항상 전자가 부족한 상태여서 친전자성 자리(δ^+)가 되죠. 탄소에 결합된 헤테로 원자나 작용기들의 전기 음성도가 탄소보다 더 크기 때문에 나타난 결과입니다.

그렇다면 탄소 원자가 부분적으로 음이온성이거나 음전하를 띠는 탄소 화합물은 없을까요? 그렇지 않습니다. 탄소 원자가 전기 음성도가 작은 금속(M) 원자들과 결합하면, 탄소는 $C^{\delta-}-M^{\delta+}$ 형태로 존재하여 부분적으로 음이온성을 띠게 되죠. 이렇게 되면 탄소 원자가 친전자성 자리가 되므로 탄소 양이온과는 정반대의 반응성을 보일 겁니다.

탄소-금속(C-M) 결합을 가진 물질을 유기금속 화합물organometallic

compound이라고 합니다. 유기금속 화합물들을 다루는 분야는 유기금속 화학organometallic chemistry이라고 하죠. 즉 유기금속 화학은 유기화학과 무기화학이 합쳐진 분야입니다.

한편 유기물은 다양한 형태의 헤테로 원자(C와 H를 제외한)들을 포함하고 있습니다. 유기물에 포함된 헤테로 원자들은 대부분 비공유 전자쌍을 가지고 있고, 또한 비교적 안정한 음이온 상태로 존재하기도 합니다. 이런 전자가 풍부한 화학종이 전자가 비어 있는 금속 원자와 만나면 일종의 착화합물complex compound이 형성됩니다. 유기금속과 착화합물의 특성은 유기 분자와는 다릅니다.

오늘날 유기금속과 착화합물의 특성에 대한 연구가 여러 분야에서 활발하게 이루어지고 있습니다. 특히 착화합물 화학은 나노과학 분야에서 중요한 기초가 되고 있습니다. 여기서는 탄소와 금속이 직접 결합하거나, 유기물 단위체가 금속과 상호작용하여 착화합물을 이루는 경우에 대해 조금 더 살펴보죠.

먼저 탄소(C)와 금속(M)이 직접 결합하는 경우를 살펴 보죠. 탄소는 금속 원자들보다 전기 음성도가 큽니다. 만일 탄소가 금속 원자와 직접 결합하면, 탄소는 부분적으로 음전하(δ^-)를 띠고 금속 원자는 부분 양전하(δ^+)를 띠게 될 겁니다. 그 대표적인 예가 그리나르 시약(R−Mg−X)입니다. 그리나르 시약에서 탄소는 부분적으로 음이온성($C^{\delta-}$)이고, 마그네슘은 부분적으로 양이온성($Mg^{\delta+}$) 원자가 됩니다. 따라서 탄소−금속($C^{\delta-}-M^{\delta+}$) 결합은 대부분 극성 공유 결합에 해당합니다.

만약 전자가 풍부하거나 비공유 전자쌍을 가지는 유기 분자와 금속이 만나면 어떻게 될까요? 전자 오비탈이 비어 있는 금속은 비금속 원소의 전자쌍과 상호작용을 할 수 있겠죠. 따라서 금속이 산소(O), 질소(N), 황(S), 인(P) 및 할로젠(X)을 포함하는 화학종과 분자 간 상호작용을 하면 어떤 형태이든 또 다른 집합체를 만듭니다. 이런 집합체는 일종의 상호 인식 방법으로 형성됩니다.

금속은 저마다 전자가 풍부한 다른 화학종과 결합할 수 있는 숫자가 정해져 있습니다. 이 결합 수는 비어 있는 전자 오비탈의 수에 따라 결정됩니다. 빈 오비탈에만 전자를 받을 수 있기 때문입니다. 중심 금속의 결합 수에 따라 생성되는 화학종의 구조가 달라집니다. 따라서 금속과 유기 분자가 형성하는 착화합물은 결합 수에 따라 각기 특별하고 다양한 구조를 형성합니다.

생명체에도 많은 금속 원자들이 존재하고 각기 특별한 기능을 발휘합니다. 인체에는 철(Fe), 아연(Zn), 망가니즈(Mn), 셀레늄(Se), 구리(Cu), 소듐(Na), 포타슘(K) 같은 많은 금속들이 존재합니다. 이런 금속들이 부족하면 정상적인 기능을 발현하지 못하므로 몸에 이상이 발생하죠. 인체의 95% 이상이 수소, 탄소, 산소, 질소로 이루어져 있습니다. 이런 비금속 원소로 이루어진 유기 분자들과 체내 금속들이 서로를 인식하여 생체 기능의 발현에 적합한 물질의 구조를 이룹니다. 이처럼 착물을 형성할 수 있는 상대를 인식하는 능력을 분자 인식molecular recognition이라고 합니다. 단백질들은 이런 분자 인식을 통해 자발적으로 자기 조립하여 특정한 구조를 만들죠. 즉 이것은 단백질의 나노기술인 셈입니다.

유기금속 화학은 특별하다

앞에서 언급한 것처럼 유기금속 화합물은 탄소–금속(C–M) 결합을 포함하는 화합물입니다. 유기금속 시약으로 가장 흔하게 사용되는 것은 유기리튬 시약(R–Li), 유기마그네슘 시약(그리나르 시약, R–MgX), 유기구리 시약($R-Cu-Li^{+}$) 등입니다. 유기구리 시약은 유기구리염이라고도 합니다.

유기금속 물질의 특성은 탄소–금속의 결합 형태에 따라 달라집니다. 앞에서 이야기했듯이 금속 원자의 전자가 비워진 최외각 오비탈의 수에 따라 결합 수와 형태가 달라집니다. 탄소–금속 결합의 극성이 클수록 반응성이 더 좋은 유기금속 시약입니다. 유기금속 화합물은 탄소–금속 결합의 극성 때문에 유기합성에서 다양하게 이용됩니다.

유기금속 시약은 센 염기이므로 물과 알코올(ROH) 또는 카복실산(RCOOH)의 OH로부터 양성자를 쉽게 떼어낼 수 있습니다. 즉 양성자 제거 반응입니다. 또한 유기금속 시약은 친전자성 탄소 원자와 반응하여 새로운 탄소–탄소(C–C) 결합을 형성하므로 매우 유용합니다. 이 반응은 알데하이드(RCHO), 케톤($R_2C=O$) 및 카복실산 유도체

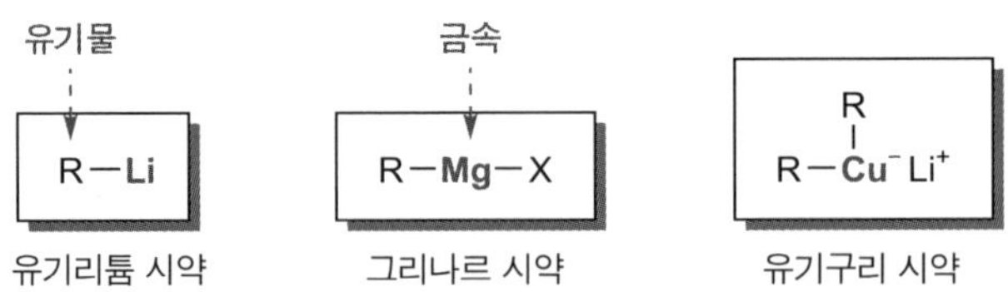

그림 10.1 유기금속 시약의 예

(RCOZ) 등의 카보닐 탄소에 새로운 알킬기를 도입하는 데 유용합니다(그림 10.2).

그리나르 시약을 예로 들어 보죠. 그리나르 시약은 유기 할로젠화합물(RX, X= Cl, Br, I)과 마그네슘(Mg)을 다이에틸 에터diethyl ether(EtOEt) 또는 테트라하이드로퓨란tetrahydrofuran(THF) 용매에서 반응시켜 만들 수 있습니다. 이 반응에 사용하는 에터 용매가 생성된 그리나르 시약을 안정화하는 것으로 알려져 있습니다. 할로젠화물로

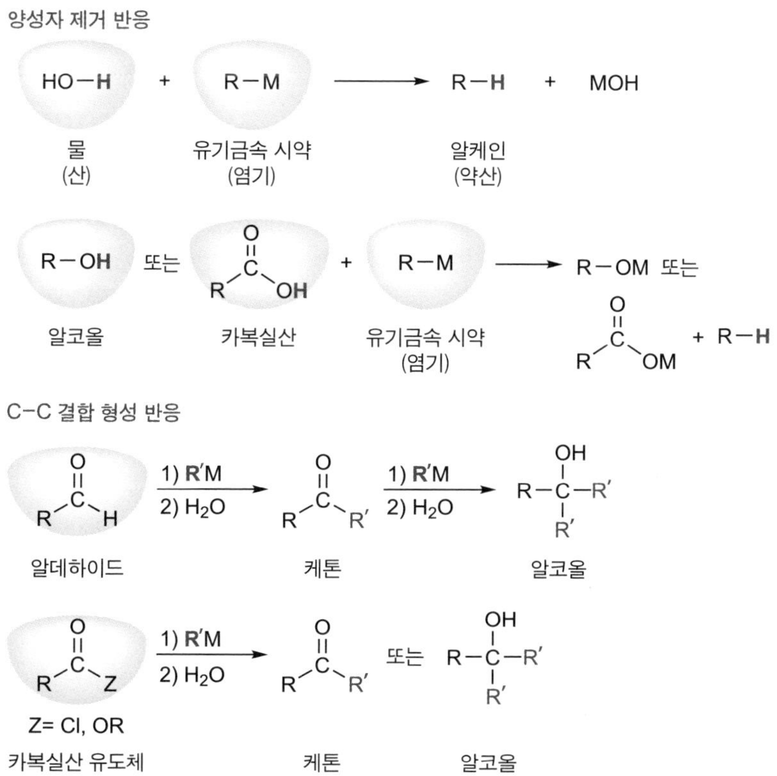

그림 10.2 유기금속 시약의 반응 예

는 Cl, Br, I이 사용되며, 아이오딘(I)이 가장 반응성이 좋고, F는 거의 반응하지 않습니다.

앞서 살펴봤듯이, 유기 할로젠(R–X) 물질에서 할로젠과 결합한 탄소는 부분 양이온(δ^+)를 띠는 친전자성(산성) 자리입니다. 그러나 그리나르 시약으로 변형 시키면, 이 탄소의 성질이 부분 음이온(δ^-)을 띠는 친핵성(염기성) 자리로 됩니다. 즉 $R^{\delta+}-X^{\delta-}$형(부분 양이온)에서 $R^{\delta-}-Mg^{\delta+}X$(부분 음이온)형으로 되는 겁니다. 따라서 그리나르 시약은 탄소 음이온carbanion 시약이 됩니다. 탄소 음이온은 센 염기이므로 물에 의해 쉽게 분해됩니다. 그래서 그리나르 시약은 공기 중의 수분으로부터 보호해야 하죠.

한편 이 그리나르 시약의 가수분해 반응은 유기 할로젠화물을 알켄으로 변환하는 데 유용하게 이용됩니다.

유기리튬 금속 화합물도 할로젠화물과 리튬 금속을 반응시켜 제조합니다. 유기구리 시약은 유기리튬 시약 및 Cu^+ 염(CuI 같은)과 반응시켜 얻습니다. 유기구리 염에는 R_2CuI처럼 두개의 알킬기가 결합되어 있지만, 이 중에서 하나의 알킬기만이 반응에 이용됩니다.

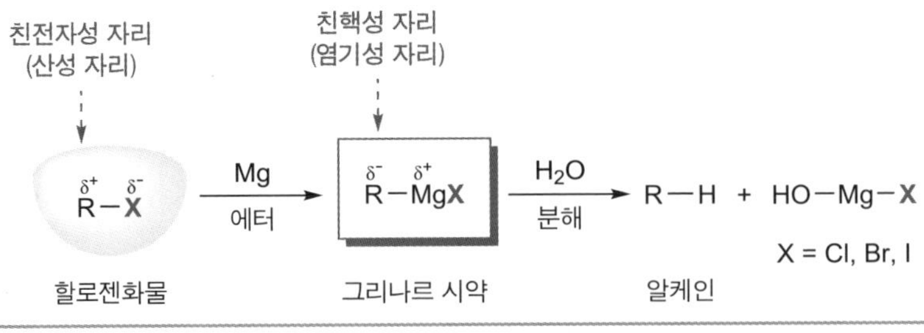

그림 10.3 할로젠화물을 알켄으로 변환하는 반응

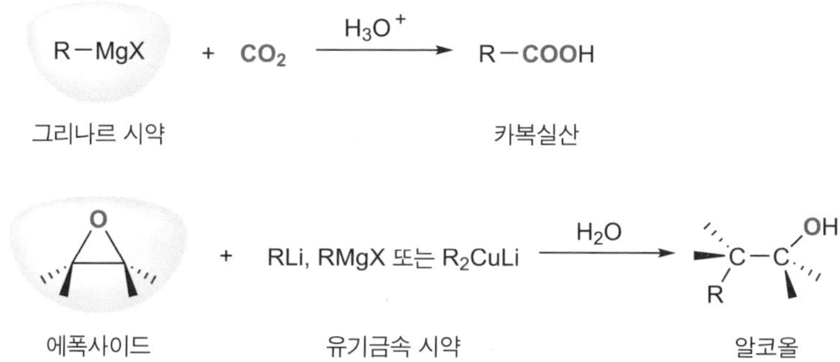

그림 10.4 유기금속 시약의 반응 예

흥미롭고 유용한 유기금속 시약의 반응도 있습니다. 그리나르 시약(RMgX)과 이산화 탄소(CO_2)를 반응시키면, 카복실산(RCOOH)으로 변환됩니다. 예를 들어 클로로벤젠chlorobenzene(C_6H_5Cl)을 그리나르 시약으로 만들어, 이산화 탄소와 반응시키면 벤조산benzoic acid(C_6H_5COOH)이 생성되죠. 즉 유기 할로젠화물을 유기 카복실산으로 변형시킬 수 있는 좋은 방법입니다. 이 반응을 카복실화carboxylation라고 합니다.

또 다른 유기금속 반응도 유기합성에서 유용합니다. 에폭사이드epoxide에 RLi, RMgX 또는 R_2CuLi 같은 유기금속 시약을 반응시키면, 상응하는 알코올을 얻을 수 있습니다. 이 반응은 에폭사이드의 고리 열림 반응입니다.

새로운 탄소–탄소 결합을 만들 수 있다

유기화학이 발전하면서 새로운 탄소–탄소 결합을 형성하는 반응이 여럿 개발되었습니다. 여기서는 비교적 온화한 반응 조건에서 금속 촉매를 이용하여 새로운 탄소–탄소 결합을 형성하는 반응을 몇 가지 소개하려고 합니다(그림 10.5).

첫 번째로는 유기구리 시약과 유기 할로젠화물의 반응을 통한 새로운 결합의 형성이 있습니다. 두 번째는 팔라듐(Pd) 촉매하에서 유기 할로젠화물과 유기붕소 화합물을 반응시켜 C–C 결합을 형성하는 반응이며, 마지막은 팔라듐(Pd) 촉매하에서 유기 할로젠화물과 알켄

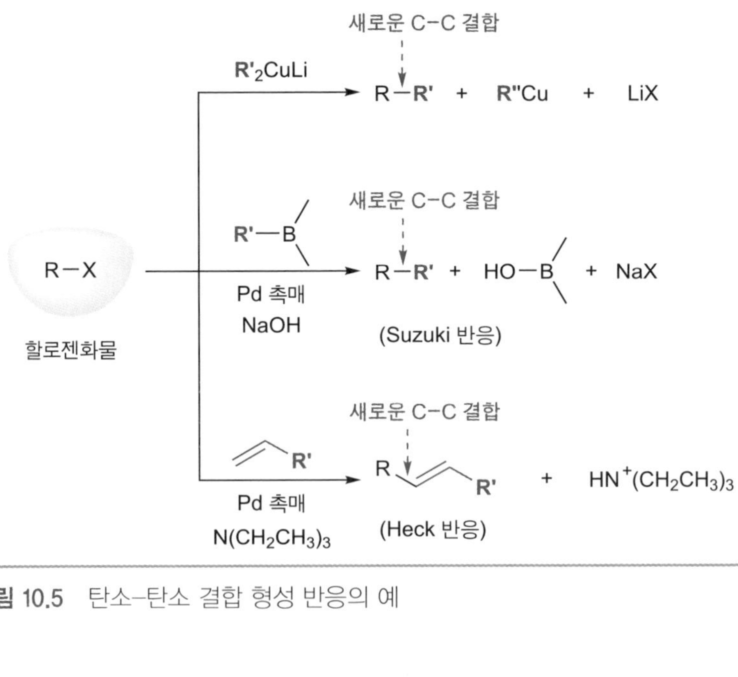

그림 10.5 탄소–탄소 결합 형성 반응의 예

을 반응시켜 탄소–탄소 결합을 형성시키는 반응입니다.

팔라듐 촉매하에서 유기 할로젠화물과 유기 붕소 화합물로 새로운 탄소–탄소 결합을 형성하는 반응은 스즈키 반응* Suzuki reaction으로 알려져 있습니다. 또 유기 할로젠화물과 알켄류를 팔라듐 촉매 존재하에서 반응시켜 새로운 탄소–탄소 결합을 형성하는 반응은 헤크 반응 Heck reaction으로 불립니다. 이들 탄소–탄소 결합 반응은 큰 유기 분자를 합성하는 데 매우 유용한 반응들입니다.

유기물과 금속이 만나면 나노 구조를 형성한다

유기물과 금속이 만드는 배위 화합물(착화합물)은 근대 화학이 시작되던 1800년도 중반부터 알려져 관심을 가지게 되었습니다. 배위 화합물은 빈 오비탈을 가진 금속과 비공유 전자쌍을 가진 유기물인 리간드ligand 사이에서 이루어집니다. 중심 금속은 루이스 산으로, 리간드는 루이스 염기로 작용합니다. 착물 형성은 금속이 불안정한 이온 상태로 존재하는 것보다는 착물을 형성하여 더 안정화되려는 거죠. 이렇게 형성된 착화합물은 전혀 다른 성질을 나타냅니다.

착물에서 이루어지는 금속과 리간드 간의 결합을 배위 결합

---

* 스즈키 반응은 2010년 노벨상을 수상하였음.

coordination bond이라고 합니다. 배위 결합은 비공유 전자쌍을 가진 원자에서 전자가 부족한 다른 원자로 전자쌍을 제공하여 이루어지는 결합입니다. 따라서 두 원자가 동등하게 전자를 제공하여 형성되는 공유 결합과는 다릅니다.

리간드는 비공유 전자쌍을 가지는 중성 분자이거나 음이온입니다. 이들은 전자쌍을 금속에 제공하여 배위 결합을 형성하는 화학종들입니다.

리간드가 중심 금속과 몇 개의 배위 결합을 형성하는지에 따라 리간드의 자리 수가 결정됩니다. 하나의 결합을 형성하면 한 자리monodendate 리간드, 두 개면 두 자리bidendate 리간드, 그리고 여러 개 결합을 형성하면 여러 자리polydendate 리간드라고 합니다.

중심 금속과 결합하는 리간드의 수를 배위수coordination number라고 합니다. 즉 배위수는 금속에 제공되는 리간드의 비공유 전자쌍 개수에 해당합니다. 비공유 전자쌍이 하나인 리간드 착물에서는 배위수와 리간드 수가 동일하지만, 그렇지 않은 경우도 있습니다. 여러 개의 비공유 전자쌍을 가진 리간드의 경우에는 하나 이상의 비공유 전자쌍이 착물 형성에 관여할 수도 있기 때문입니다.

배위수는 금속 이온의 크기, 전하, 전자 배치에 따라 2~8개까지 가능합니다. 2배위 착물은 선형 구조를, 4배위 착물은 사면체나 사각 평면 구조를, 6배위 착물은 팔면체 구조를 이룹니다(그림 10.6). 가장 흔하게 발견되는 착물은 6배위 착물입니다.

배위 화합물은 다양한 기하 이성질체, 구조 이성질체 및 광학 이성질체가 존재하며, 이에 따라 성질도 다양합니다. 배위 화합물은 금속

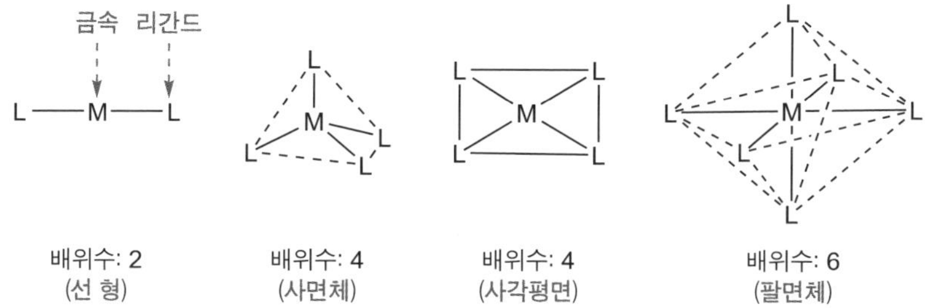

그림 10.6 배위수에 따른 착물의 구조

이 수용액에 존재할 수 있게 합니다. 뿐만 아니라 배위 화합물은 초분자 화학supramolecula chemistry에 유용하게 활용되기도 합니다.

초분자 화학은 주인 분자host molecule와 손님 분자guest molecule 간에 착화합물이 형성되는 것으로부터 시작됩니다. 초분자supramolecule는 분자나 화학종들이 수소 결합, 정전기적 힘, 반데르발스 힘, 소수성 효과hydrophobic effect, π–π 스태킹π–π stacking 및 배위 결합 같은 비공유 결합적인 힘에 의해 질서 있게 배열된 분자 응집체로 정의합니다(Angew. Chem. Int. Ed. Engl. 1988, 27, 90). 초분자는 금속 원자를 중심 원자로 사용하고, 리간드와의 배위 결합을 이용하여 원하는 크기와 모양으로 합성할 수 있습니다.

초분자 합성에는 세 가지 방법을 이용합니다. 첫째는 중심 금속의 결합 방향성을 이용하는 방법입니다. 둘째는 물질들의 대칭 상호 작용을 이용합니다. 셋째로는 약한 배위 결합을 이용하는 방법이 있습니다.

초분자는 촉매와 도구의 기능을 가지고 있어, 다양한 분자 장치와 기계로 활용될 수 있어 폭넓게 연구되죠. 초분자 화학의 핵심 개념은 분자 인식과 자기 조립입니다.

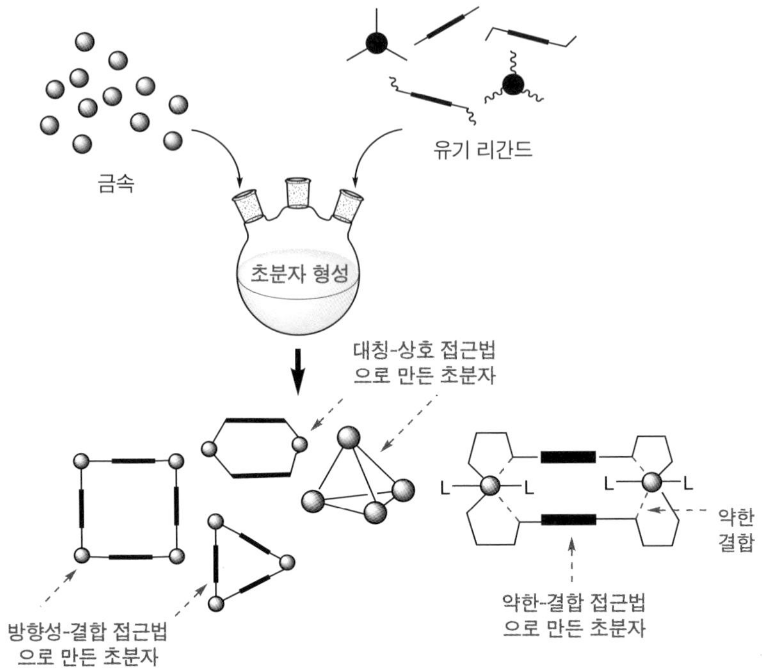

그림 10.7 초분자 합성 방법

분자 인식은 분자가 상호작용할 상대를 스스로 인식하는 능력이죠. 또 자기 조립이란, 분자가 주어진 환경에서 가장 안정한 형태를 이루는 방식입니다. 어떤 효소가 특정 기질에만 작용하는 선택성은 효소의 분자 인식 능력 덕분에 가능합니다. 초분자가 가지는 분자 인식 능력과 자기 조립 능력을 잘 이용하면 특별한 기능을 가지는 인공 초분자 구조체도 만들 수 있습니다. 즉 초분자는 매우 다양한 분야에 응용할 수 있습니다. 응용 분야 중 하나로 스위치나 모터를 등을 나노미터 크기의 분자 기계로 제조하여 이들을 응용하는 연구 등이 활발하게 이루어지고 있습니다.

제11강

빛이 구조 정보를 제공한다

반응은 언제 어디서나 일어납니다. 반응의 결과로 생성된 물질은 알려진 것일 수도 있고 새로운 것일 수도 있죠. 이러한 생성물을 규명하고 이용하기 위해서는 이들을 분리하여 정확한 구조를 아는 것이 필수적입니다. 물질 구조 확인의 중요성은 실험실에서 얻어지는 작은 분자이든, 생명체에서 발견되는 단백질이나 핵산 같은 거대 분자이든 모든 물질에 대해 동일합니다. 특별히 분자 구조에 따라 성질과 기능이 다양한 유기 분자의 경우는 더욱 중요하죠.

따라서 화학자들은 미지 물질의 구조를 밝히는 방법의 개발에 상당한 힘을 쏟아 왔습니다. 그 결과로 오늘날 다양한 방법들이 확립되었고, 오늘날의 첨단 과학의 태동과 발달을 뒷받침하고 있습니다.

미지 물질의 실체를 밝히는 것은 화학에서 매우 중요한 일입니다. 분자식은 무엇이며, 어떤 작용기를 가지며, 3차원 구조는 어떤 모습

인가 등에 대한 자료를 통해 우리는 물질의 실체를 엿볼 수 있습니다. 특히 그 미지 물질이 유기물질이라면 분자의 크기와 분자식, 작용기의 종류 외에도 분자의 탄소 골격의 형태를 알아야 합니다.

그렇다면 분자에 대한 이런 정보는 어떻게 알 수 있을까요? 놀랍게도 이런 정보들은 빛을 이용하여 얻을 수 있습니다.

20세기 중반까지, 유기 화합물의 구조 결정은 많은 시간이 소요되는 어려운 과정이었습니다. 그러나 오늘날에는 빛의 성질과 거동을 이용해 유기 분자의 구조적 정보를 쉽게 얻을 수 있습니다.

먼저 오늘날처럼 분자 구조에 대한 정보를 쉽게 얻게 된 역사적 배경을 살펴보죠.

17~18세기, 유럽에서는 유기물의 탄소와 수소에 대한 연소 분석combustion analysis 기법이 완성됨에 따라 복잡한 유기 화합물에 대한 분자식도 얻을 수 있게 되었습니다. 1800년대부터 많은 새로운 부류의 화합물들이 발견되고 합성됨에 따라 물질을 분리하고 정제하여 그 구조를 결정하는 물리적인 방법도 점점 발전했습니다.

1930년대부터 물질의 분리에 크로마토그래피chromatography가 도입되어 다양한 유기 화합물들을 분리할 수 있게 되었습니다. 이렇게 물질을 순수하게 분리할 수 있으면서 분자 구조를 정확히 밝히려는 노력들이 이루어졌습니다. 특히 빛을 이해하면서 원자 구조의 연구가 가속화되었습니다. 빛은 전자기 복사선electromagnetic radiation의 한 가지 형태입니다.

전자기 복사선의 파장과 진동수는 엄청난 범위를 포함하죠. 파장과 진동수가 다른 복사선들은 우리의 삶에 다양하게 영향을 미칩니다. 에너지가 다른 복사선이 원자나 분자에 다양한 영향을 미친다는 것이 밝혀지면서, 과학자들은 이런 영향을 구체적으로 이해하기 시작했습니다. 그 결과로 물질의 구조를 알아낼 수 있는 다양한 기기들을 개발하기 시작했습니다.

유기 물질과 빛의 상호 작용을 이용하여 분자의 구조적 정보를 얻는 분야를 분광학spectroscopy이라고 합니다. 즉 특정 파장의 빛을 물질에 쪼여 흡수되는 파장으로부터 구조적 정보를 알아내는 거죠. 유기물 구조 분석에 주로 이용되는 분광기에는 자외선-가시선 분광기UV-Vis spectroscopy, UV-Vis, 적외선 분광기infrared spectroscopy, IR, 핵자기 공명 분광기nuclear magnetic resonance spectroscopy, NMR 등이 있습니다. 이외에도 시료에 전자 빛살을 쪼여 얻어지는 이온들의 질량을 측정하여 분자량

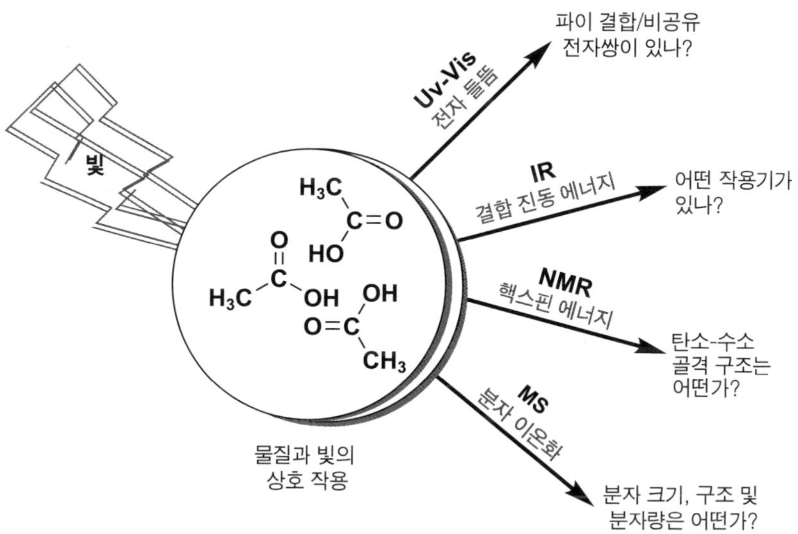

그림 11.1 분광기와 분자의 구조적 정보

과 부수적인 구조적 정보를 얻어내는 질량 분석기mass spectrometer도 있습니다. 이 분광기들은 각기 다른 파장의 복사선을 이용합니다.

자외선-가시선 분광기에서는 자외선과 가시선 영역을, 적외선 분광기에서는 적외선 영역을, 핵자기 공명 분광기에서는 라디오파를, 질량 분석기에서는 빛 대신 전자 빛살을 이용합니다. 이들 분광기들로 얻을 수 있는 구조적 정보를 그림 11.1에 간단히 나타냈습니다.

오늘날에는 질량 분석법으로 분자량을 소수점 네 자리까지 정확히 알 수 있습니다. 질량 분석기에서는 시료가 분해되지만, 적외선, 자외선 및 핵자기 공명 분광법에서는 시료가 파괴되지 않는다는 장점이 있습니다. 새로운 물질을 얻으면 기본적으로 이들 네 가지 분석 정보를 제시하여야 합니다.

물질에 복사선을 쪼이면 다양한 구조 정보를 얻을 수 있다

우리는 일상생활에서 여러 종류의 전자기 복사선을 경험합니다. 책을 읽을 때는 가시광선이 이용되고, 전자레인지에서는 초단파를 이용하여 조리를 하며, 자외선 차단을 위해 피부에 차단제를 바릅니다.

가시광선, X-선, 마이크로파 및 라디오파 등은 종류가 다른 전자기 복사선입니다. 이들은 모두 연속되는 전자기 스펙트럼의 구성 성분이지만, 임의의 범위로 구분해 놓은 것입니다. 전자기 복사선은 종류에 따라 에너지가 다릅니다. 복사선의 에너지(E)는 진동수(ν)에 비례하고($E = h\nu$, h = 플랑크 상수*), 진동수는 파장(λ)에 반비례합니다($\nu = c/\lambda$, c = 빛의 속도**). 진동수가 높고, 파장이 짧은 복사선은 에너지가 높죠. 즉 감마선이 그렇습니다. 반면에 라디오파는 낮은 진동수와 긴 파장을 가지고 있어 에너지가 낮습니다.

유기 화합물이 전자기 복사선에 노출되면, 어떤 파장의 에너지는 흡수되고, 어떤 파장의 에너지는 투과되거나 통과됩니다. 화합물에 복사선을 쪼여서 흡수되는 파장을 스펙트럼으로 얻습니다. 이 스펙트럼을 흡수 스펙트럼absorption spectrum이라고 하죠.

화합물에 흡수되는 복사선은 전자 들뜸, 결합의 진동 및 전자나 핵의 스핀 에너지에 해당하는 파장들입니다. 즉 분자 내부의 어떤 변화에 필요한 에너지가 흡수되는 거죠.

예를 들어 자외선(UV) 에너지는 화합물의 전자를 들뜨게 합니다. 따라서 화합물의 자외선 흡수 스펙트럼으로 파이 전자나 비공유 전자쌍의 존재를 알 수 있습니다. 이런 목적으로 개발된 분광기가 자외선-가시광선 분광기입니다.

적외선(IR) 에너지는 결합의 진동 및 회전 에너지와 관련이 있습니다. 적외선 흡수 스펙트럼은 분자 운동의 형태를 알 수 있게 하며, 이를 통해 분자에 존재하는 작용기를 알아낼 수 있습니다. 적외선 분광기는 이 원리를 이용합니다.

---

* 플랑크 상수(*h*, *ha*로 발음)= 6.626×10^{-34} Js
** 빛의 속도(c) = 2.998×10^{8} ms^{-1}

한편 에너지가 낮은 라디오파(RF)가 분자에 쪼여지면 수소(^1H)나 탄소(^{13}C)를 비롯한 몇 가지 원자 핵의 스핀 상태를 변화시킵니다. 이는 원자 핵 스핀 간의 에너지 차이가 작기 때문에 가능합니다. 과학자들은 이 원리를 이용하여 핵자기 공명 분광기를 만들었습니다.

오늘날 유기 연구실에서는 이런 분광기들을 이용하여, 간단하게 유기 분자의 구조적 정보를 얻고 있습니다.

자외선을 이용하여 불포화 결합 정보를 얻을 수 있다

자외선(UV) 영역은 전자기 스펙트럼에서 가시선(Vis) 영역(4×10^{-7} m)의 단파장 끝 부분부터 X-선 영역(10^{-8} m)의 장파장 끝 부분에 해당합니다. 그러나 이 중에서 200~400 nm(1 nm = 10^{-9} m) 영역이 유기화학에서 관심이 있는 부분입니다.

자외선은 유기 분자에 있는 결합 전자나 비공유 전자쌍을 바닥 상태로부터 에너지 준위가 더 높은 오비탈로 들뜨게 할 수 있습니다. 분자에 있는 결합 전자나 비공유 전자쌍은 놓인 환경에 따라 다양한 에너지를 가집니다. 따라서 이들을 들뜨게 하는 데에도 각기 다른 영역의 파장(에너지)이 필요합니다. 이런 특성이 더 많은 구조적 정보를 얻을 수 있게 합니다.

특정 전자를 들뜨게 하기 위해 흡수되는 파장을 검출하여, 파장과 흡광도absorbance(A)를 그래프로 나타낼 수 있습니다. UV 스펙트럼에서는 흡수된 부분이 바탕선 위에 봉우리로 나타냅니다. 흡수된 자외선의 양은 시료의 몰 흡광계수molar absorption(ε)로 나타냅니다. 흡광도는 다음과 같이 정의됩니다.

$$흡광도(A) = \log \frac{I_o}{I}$$

I_o = 시료 투과 전 빛의 세기, I = 시료를 투과한 빛의 세기

$$몰\ 흡광계수(\varepsilon) = \frac{A}{c \times I}$$

A = 흡광도, c = 농도(mol/L), l = 시료 관 길이(cm)

몰 흡광계수는 관찰하는 시료의 특성적인 물리적 상수이며, 곧 시료에 존재하는 특정 π 전자계의 특성이기도 합니다. 몰 흡광계수 식은 UV를 이용하여 미지 시료의 농도(c)를 알아내는 데도 유용합니다. 앞에서 제시된 식을 변형하면 c = A/(ε× l)이 됩니다.

자외선 분광법은 특별히 콘쥬게이션 전자계의 구조 결정에 유용

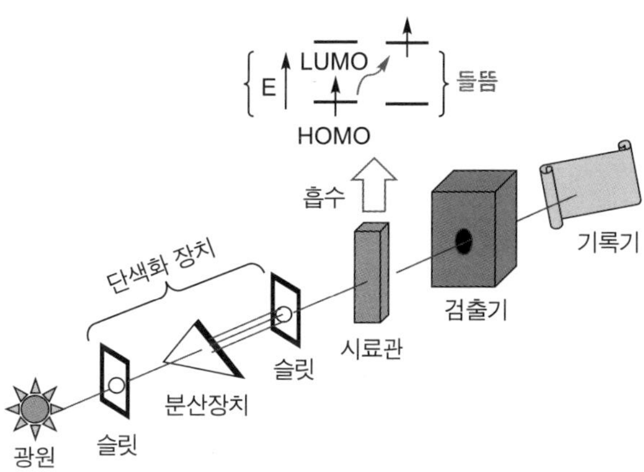

그림 11.2 자외선 분광기 얼개 그림

합니다. 콘쥬게이션 분자에 자외선을 쪼이면 에너지 흡수가 일어나고, π 전자가 채워진 최고 점유 분자 오비탈*에서 전자가 채워지지 않은 최저 비점유 분자 오비탈**로 들뜨게 되죠. 이때 흡수되는 에너지는 각 분자마다 특징적입니다. 일반적으로 콘쥬게이션 정도가 클수록 더 작은 에너지가 흡수됩니다. 예를 들어 1,3-뷰타다이엔 1,3-butadiene($H_2C{=}CHCH{=}CH_2$)의 흡수 복사선은 217 nm입니다.

자외선 기기에서는 필요한 자외선 영역을 만드는 광원을 이용합니다. 우리는 일상에서 햇빛을 통해 늘 자외선에 노출됩니다. 대부분의 유해한 자외선은 오존층에 의해 차단되지만, 일부 유해한 자외선은 지표면까지 도달합니다.

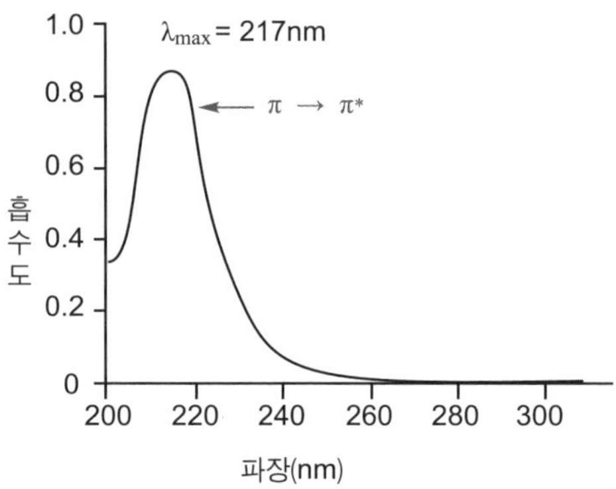

그림 11.3 1,3-Butadiene($H_2C{=}CHCH{=}CH_2$)의 자외선 스펙트럼

- * **최고 점유 분자 오비탈**Highest Occupied Molecular Orbital, HOMO 분자 오비탈 중에서 전자가 채워진 최고 에너지 오비탈.
- ** **최저 비점유 분자 오비탈**Lowest Unoccupied Molecular Orbital, LUMO 분자 오비탈 중에서 전자가 채워지지 않은 최저 에너지 오비탈.

피부암과 햇빛의 관계가 밝혀지면서 자외선 차단제가 등장했습니다. 유해한 자외선에는 UV–A(315~400 nm)와 UV–B(280~315 nm) 두 종류가 있습니다. 에너지가 더 높은 UV–B가 더 위험하지만, UV–A는 피부에 더 깊이 침투할 수 있죠. 최근 들어서는 자외선에 의한 DNA 손상 메커니즘도 많이 밝혀졌습니다. 따라서 위험한 자외선을 차단하기 위한 차단제가 다양하게 개발되어 있습니다.

자외선 차단제는 유기물 차단제와 무기물 차단제가 있습니다. TiO_2나 ZnO 같은 무기물 차단제는 자외선을 반사하고 분산시킵니다. 유기물 차단제는 자외선을 흡수하여 열로 방출하는 콘쥬게이션 파이(π) 결합을 가진 물질들입니다. 상품화된 차단제는 무기 차단제와 유기 차단제 모두를 포함하고 있고, 자외선 차단 지수sun protection factor, SPF가 높습니다. 이 자외선 차단 지수는 UV–B로부터의 보호 능력을 표시하는 것입니다. UV–A에 대한 차단 능력은 PAprotection grade of UV–A로 표시된 것을 확인하면 됩니다. SPF 수치가 높을수록, PA에 +가 많이 붙어있을수록 자외선을 더 많이, 더 오래 차단합니다.

적외선은 분자의 결합 운동 에너지와 관련이 있다

분자가 가지는 작용기는 어떻게 결정할까요? 적외선(IR) 스펙트럼이 분자 내 작용기 종류를 알 수 있게 합니다. 유기 화학에서 이용하는 적외선 영역은 2.5×10^{-6} m에서 2.5×10^{-5} m 부분이며,

이는 적외선의 중간 부분에 해당합니다. 이 영역의 적외선을 유기 분자에 쪼이면, 특정 파장은 흡수되고 나머지는 흡수되지 않습니다.

왜 특정 파장만 흡수되고 다른 파장은 흡수되지 않을까요? 모든 분자는 특정한 양의 에너지(양자화된 에너지)를 가지며, 규칙적인 운동을 합니다. 분자에 적외선을 쪼이면, 신축 또는 굽힘 진동 에너지와 일치하는 에너지만 흡수됩니다. 따라서 어떤 파장이 흡수되는지를 측정하면 분자 운동의 종류를 알 수 있습니다. 이 정보를 해석하면 궁극적으로 분자의 작용기를 알게 됩니다.

분자의 진동 운동은 수없이 많기 때문에 이들의 흡수 스펙트럼도 복잡하게 나타납니다. 분자 운동을 크게 신축stretching 운동과 굽힘bending운동으로 구분할 수 있습니다. 직선 운동인 신축 진동에는 대칭적인 운동과 비대칭적인 것으로 구분되죠. 굽힘 운동은 분자 평면 내에서 일어나는 운동과 분자 평면 밖으로 일어나는 운동이 있습니다.

결합의 종류와 운동의 형태에 따라 운동 에너지가 다르므로 흡수되는 적외선 파장도 각기 다릅니다.

적외선 스펙트럼은 자외선 스펙트럼과는 다르게 단순하지 않으며,

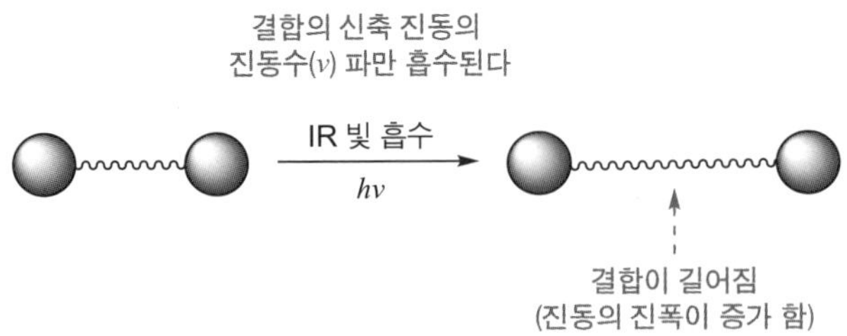

그림 11.4 IR 빛 흡수에 따른 결합의 신축 진동 변화

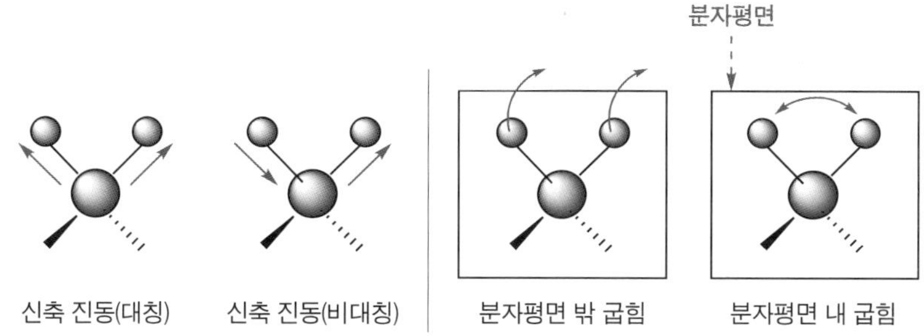

그림 11.5 시그마 결합의 운동 형태

넓은 곡선 모양으로 나타납니다. 적외선 스펙트럼에서 흡수 봉우리는 아래로 내려갑니다.

세로 축(y축)은 빛의 투과율을 퍼센트로 나타내며, 가로축(x축)은 흡수되는 파장 또는 파수를 나타냅니다. 투과율이 100%라는 것은 빛이 모두 통과되었다는 것을 뜻하며, 0%는 모든 빛이 흡수되었다는 것을 의미합니다. 가로 축은 파수이며, 4000 cm^{-1}(왼쪽 말단)에서 500 cm^{-1}(오른쪽 말단)의 범위를 기록합니다. 적외선 분광법에서 적외선의 진동수는 흔히 파수wavenumber로 나타냅니다. 파수는 파장에 반비례하며 센티미터의 역수(cm^{-1})의 단위를 가집니다.

각각의 봉우리는 특정 결합의 종류에 해당합니다. 각 결합의 진동에 필요한 에너지의 빛살만 흡수가 일어납니다. 따라서 어떤 빛살이 흡수되는지를 알면 결합의 종류를 알게 되는 거죠.

결합이 적외선을 흡수하는 위치는 '결합의 세기와 원자의 질량'에 따라 결정됩니다. 이런 관계를 후크의 법칙Hooke law이라고 합니다. 즉 센 결합은 높은 진동수에서 진동하므로 높은 파수의 적외선을 흡수

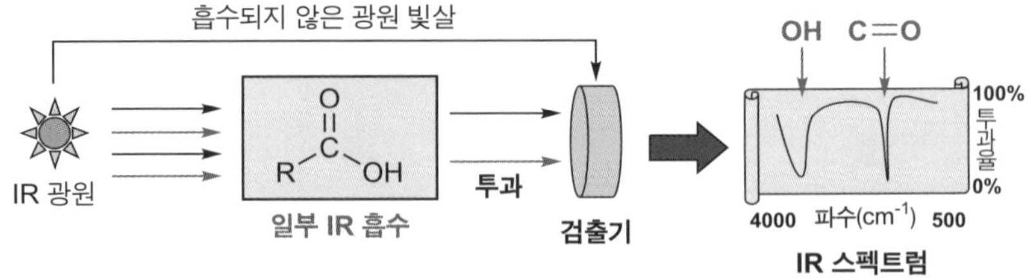

그림 11.6 IR 기기의 얼개 그림

합니다. 또 가벼운 원자를 갖는 결합은 더 높은 진동수에서 진동하므로 더 높은 파수의 적외선을 흡수합니다. 두 원자가 하나의 용수철로 연결되었다고 생각하면 쉽게 이해할 수 있습니다. 센 용수철의 진동수가 더 높고, 가벼운 원자가 달린 용수철이 더 높은 진동수로 진동하죠.

적외선 스펙트럼은 작용기 영역과 지문 영역으로 나뉩니다. 4000~1500 cm^{-1} 영역은 작용기 영역functional group region이라고 하며, 1500 cm^{-1} 이하의 영역은 지문 영역fingerprint region이라고 합니다.

적외선 스펙트럼이 결합의 세기와 원자의 질량에 따라 흡수 위치가 달라지므로, 화학 결합이 흡수를 일으키리라 예상되는 영역을 크게 네 개 영역으로 나눌 수 있습니다.

수소(H)와 연결된 결합(H–Y, Y=C, O, N 등)은 항상 스펙트럼의 왼쪽(높은 진동수 영역, 3600~2500 cm^{-1})에 나타납니다. 수소의 질량이 작아서 진동수가 높기 때문이죠. 삼중 결합은 대략 2500~2000 cm^{-1} 영역에서, 이중 결합은 대략 2000~1500 cm^{-1} 영역에서, 그리고 단일 결합은 1500 cm^{-1} 영역 이하에서 나타납니다.

유기물을 이해하려면 대표적인 작용기 결합들의 흡수 영역을 아는 것이 필요하죠. 이런 자료만으로도 해당 분자에 어떤 작용기가 포함

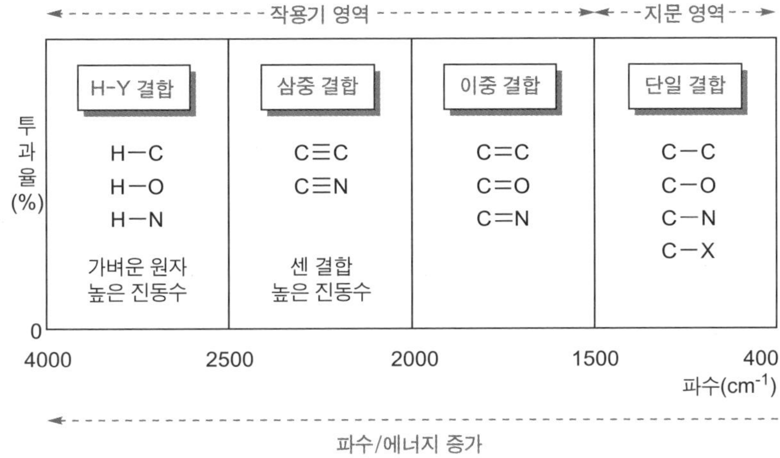

그림 11.7 대표적인 결합들의 적외선 흡수 영역

되어 있는지 쉽게 알 수 있기 때문입니다. 관련 서적에는 작용기 영역에서의 흡수 봉우리 위치를 수치로 나타내고 있습니다.

적외선 분광법이 개발된 이후, 이 방법은 유기 분자의 작용기를 예측하는 데 요긴한 방법으로 사용되어 왔습니다. 예를 들면 1940년대에 페니실린 G의 구조를 밝히는 데 IR이 큰 역할을 했습니다. 페니실린 G가 처음 알려졌을 때는 정확한 구조를 알지 못했습니다. IR 분광기가 사용되면서야 비로소 정확한 구조를 알게 되었습니다.

페니실린 G는 β−락탐β-lactam 고리가 오원자 고리와 접합된 구조(그림 11.8의 왼쪽)로 되어 있습니다. β−락탐 카보닐기(C=O)는 다른 카보닐기보다 훨씬 높은 진동수(~1760 cm^{-1})에서 흡수를 일으킵니다.

한편 일상 생활에서도 적외선 영역의 빛을 이용하는 방법이나 기기가 이용되고 있습니다. 야광 투시경이나 적외선 감지기가 그 예입니

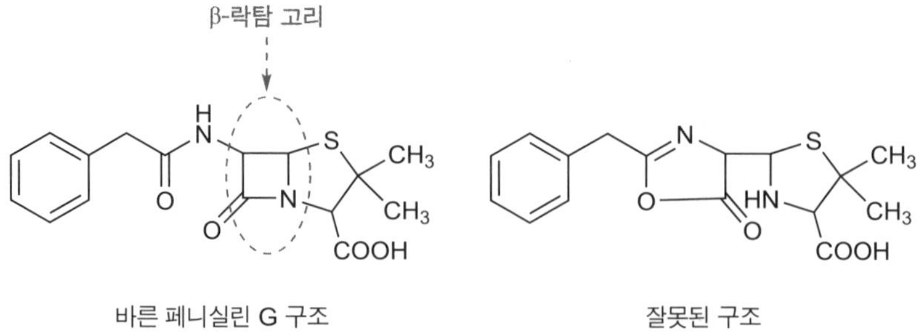

그림 11.8 페니실린 G의 바른 구조와 잘못된 구조

다. 앞에서 결합이 진동하여 더 높은 에너지 상태를 이루기 위해 적외선을 흡수한다는 것을 알았습니다. 그러나 자연에서는 이와 반대되는 현상도 일어납니다. 즉 진동하는 결합이 적외선(에너지)을 방출하며 더 낮은 에너지 상태로 되는 거죠. 같은 원리로 따뜻한 물체는 가지고 있는 에너지를 적외선으로 방출하여 더 낮은 에너지 상태가 됩니다. 야간 투시경은 어두운 곳에서도 이 방출 적외선을 감지하여 영상을 만들죠.

최근에는 같은 원리로 암을 진단하기도 합니다. 적외선 감지기로 신체에서 차가운 곳과 따뜻한 곳을 찾아 영상으로 만드는 겁니다. 사람이 찬 공기에 노출되면 신체 표면의 정상 세포 조직과 암세포 조직에서의 혈류량이 다르기 때문에 진단이 가능합니다. 인체의 다양한 부위마다 각기 다른 색깔로 검출되며 가장 따뜻한 부위가 붉은색으로, 가장 찬 부위는 파란색으로 나타납니다. 이 열 영상(또는 열 화상) 기법으로 유방암의 조기 발견도 가능해졌습니다.

핵자기 공명 스펙트럼으로 탄소 골격 정보를 얻을 수 있다

핵자기 공명 분광법으로 알 수 있는 구조적 정보는 무엇일까요?

핵자기 공명 분광법은 화합물의 탄소 골격을 정확하게 알려 주는 매우 유용한 방법입니다. NMR 분광법에서는 라디오파(RF) 에너지를 이용합니다. 라디오 파는 파장이 길고, 따라서 진동수와 에너지는 상대적으로 매우 낮습니다. 이 정도의 낮은 에너지를 가진 라디오파가 분자와 만나면 수소(^{1}H)나 탄소(^{13}C)를 비롯한 몇 가지 원자 핵의 스핀 상태를 변화시키죠.

양성자처럼 전하를 띤 입자가 자전하는 축을 따라 회전(자전)하면 자기장이 발생합니다. 이런 원자들은 마치 일종의 자석처럼 거동합니다. 그렇다면 이들 원자에 자기장을 쪼이면 어떤 일이 벌어질까요?

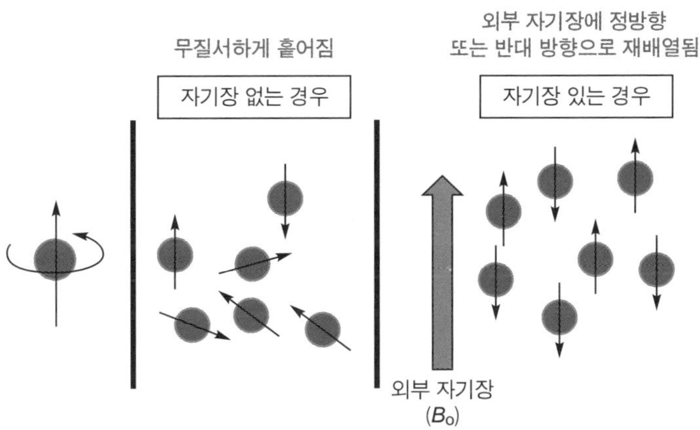

그림 11.9 자기장 속에서 핵의 스핀 배향 방식

통상적으로 막대 자석은 무질서하게 배열되어 있지만, 자기장을 걸어주면 이 외부 자기장(B_o)과 같은 방향이거나 반대 방향으로 재배열됩니다. 이 두 상태의 에너지 차이는 매우 작고(약 0.4 J/mol), 외부 자기장과 같은 방향으로 배열하는 경우의 에너지가 조금 더 낮습니다. 따라서 걸어준 외부 자기장(B_o)의 방향과 같은 방향으로 배열되는 수가 더 많습니다.

만일 외부 자기장과 같은 방향이어서 에너지가 낮은 상태의 핵에 두 상태의 에너지 차이만큼의 에너지가 흡수되면, 핵의 스핀 방향이 뒤집어집니다. 이런 현상을 스핀 젖혀짐spin flip이라고 합니다. 핵이 라디오파를 흡수하여 스핀 젖혀짐 현상이 일어나는 상황을 공명resonance을 일으킨다고 합니다. 공명을 일으키는 데 필요한 진동수와 외부 자기장의 세기는 서로 비례합니다. 외부 자기장의 세기가 커질수록 핵의 두 스핀 간의 에너지 차이도 커지고, 따라서 공명에 필요한 진동수도 높아집니다.

주어진 외부 자기장에서 모든 양성자가 동일한 진동수에서 흡수가

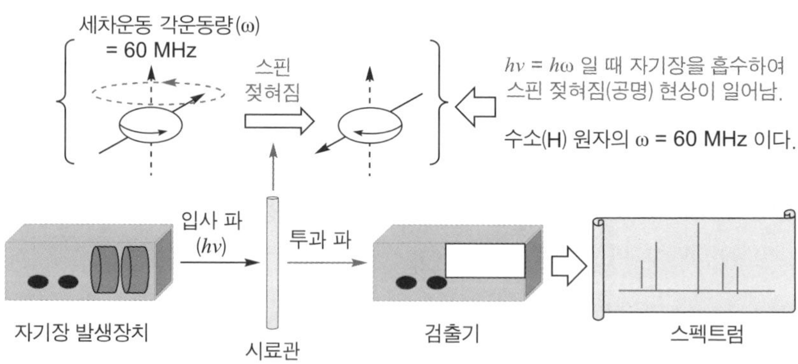

그림 11.10 NMR 기기 얼개 그림

일어난다면 모든 화합물의 NMR 스펙트럼은 한 줄로 나타날 겁니다. 만일 그렇게 되면 화합물 구조 결정에 전혀 도움이 되지 않을 겁니다.

다행스럽게도, 모든 양성자는 동일한 진동수에서 흡수를 일으키지 않습니다. 전자적 환경이 다른 양성자는 각기 다른 진동수에서 흡수를 일으키며, 핵자기 공명 분광기는 이 차이를 구별해 냅니다.

그렇다면 모든 원자가 NMR에서 신호를 줄까요? 그렇지는 않습니다. 질량수가 홀수(^{1}H, ^{13}C, ^{19}F, ^{31}P)이거나 홀수의 원자 번호를 가진 원소(^{2}H, ^{14}N)만이 NMR 신호를 줍니다. 특별히 유기 분자에는 ^{1}H와 ^{13}C가 있어, 탄소-수소 골격을 결정하는 데 유용합니다.

앞에서 이야기한 것처럼, 양성자가 흡수를 일으키는 위치는 해당 양성자가 처한 전자적 환경에 따라 결정됩니다. 핵 주위의 전자적 환경이 영향을 미친다는 것은 어떤 의미일까요?

핵은 전자로 둘러싸여 있죠. 이 핵 주위의 전자가 외부 자기장(B_o)에 노출되면, 외부 자기장의 반대 방향으로 약한 자기장(유도 자기장, B_{ind})을 발생합니다. 그렇게 되면 실제로 핵이 느끼는 외부 자기장(유효 자기장, B_{eff})은 그만큼 줄어들게 됩니다. 이런 현상을 전자의 가림 효과shielding effect라고 말합니다.

가림 효과의 정도는 핵 주변의 전자 밀도의 크기에 의존합니다. 전자가 증가하면 가림 효과가 증가하고, 전자가 감소하면 벗김 효과deshielding effect가 발생합니다.

예를 들어 수소 원자의 세차운동(공명)에 필요한 외부 자기장(60 MHz)을 쪼여준다고 해도, 60 MHz 전체가 수소 핵에 쪼여지지 않습니다. 결국 H가 세차운동을 하게 하려면, 더 많은 자기장을 쪼여 60

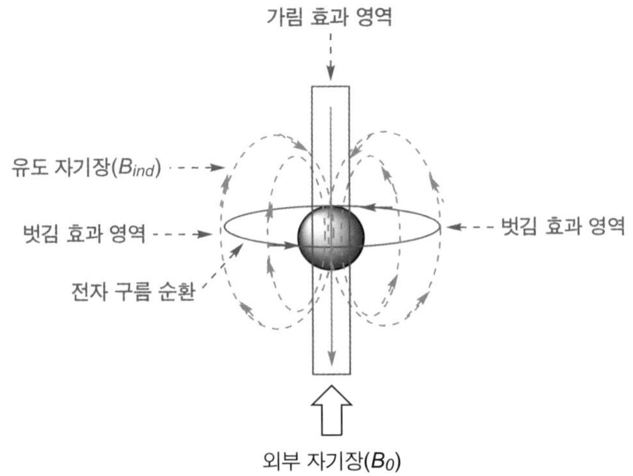

그림 11.11 유도 자기장에 의한 가림 및 벗김 효과

MHz에 도달하게 해야 합니다.

$$\text{유효 자기장}(B_{eff}) = \text{외부 자기장}(B_o) - \text{유도 자기장}(B_{ind})$$

핵 주위의 전자 밀도에 의한 가림 효과나 벗김 효과가 화학적 이동 값을 달라지게 합니다. 즉 유기 분자 내 수소들의 가림 및 벗김 효과는 C–H 결합의 극성, 수소가 결합하고 있는 탄소의 혼성 상태, C–H 결합 탄소에 있는 작용기의 종류에 따라 달라집니다. 결합된 작용기들은 C–H 결합의 탄소에 전자를 밀어 주거나(가림 효과) 당김으로써(벗김 효과) 영향을 미칩니다. 가림 효과는 NMR 스펙트럼에서 피크의 위치를 오른쪽(높은 장upfield)으로 이동시키고, 벗김 효과는 피크의 위치를 왼쪽(낮은 장downfield)으로 이동시킵니다.

NMR 분광기는 핵의 공명을 일으키는 데 필요한 라디오파의 진동수에 따라 300 MHz 또는 500 MHz 등으로 구분하죠. 외부 자기장에 따라 공명을 일으키는 작동 주파수가 다르므로 NMR 스펙트럼에서는 가림 효과가 가장 큰 물질*을 기준으로 한 화학적 이동chemical shift 값**으로 신호들을 기록합니다.

화학적 이동값은 δ(ppm)로 나타냅니다. 스펙트럼에서 신호의 상대적 위치를 높은 장 또는 낮은 장으로 나타내기도 합니다. 높은 장이란 어떤 기준 피크보다 더 오른쪽에 있음을 의미하며, 낮은 장은 어떤 기준 피크보다 왼편에 있음을 의미합니다.

^{1}H NMR 스펙트럼 신호의 세 가지 특징

① 스펙트럼 상의 신호 위치(화학적 이동값)는 해당하는 양성자 주변의 전자적 상황을 알려준다.

② 신호의 면적이 신호를 유발하는 수소의 수와 비례한다.

③ 각 신호의 갈라짐 형태로 이웃한 탄소에 존재하는 수소의 수를 예측할 수 있다. 이는 NMR의 분자 구조 결정에 더욱 유용하다.

특정 C–H 결합의 화학적 이동값은 탄소에 연결된 R기의 수에 따라 다릅니다. 즉 C–H 결합의 화학적 이동값은 알킬 치환기의 수가 증가할수록 따라서 증가합니다.

- * NMR에서 가장 보편적으로 사용하는 표준 기준 물질은 TMS[tetramethylsilane, $(CH_3)_4Si$]임.
- ** 화학적 이동값(δ, ppm) = TMS로부터 신호까지의 거리(Hz) / 분광기 진동수(ν, MHz)

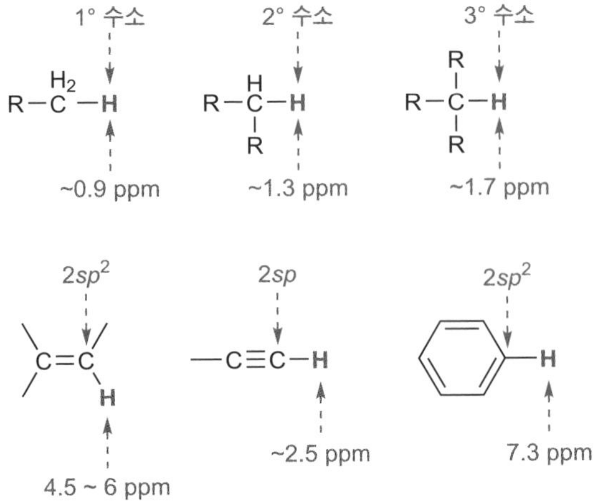

그림 11.12 몇 가지 양성자의 화학적 이동값

한편 H가 결합된 탄소가 어떤 혼성을 하는가에 따라서도 화학적 이동값은 달라집니다. C−H 결합 수소의 화학적 이동값은 1차 수소 < 2차 수소 < 3차 수소 순으로 증가합니다. 또 $2sp^2$ 혼성 탄소와 결합한 수소의 화학적 이동값은 $2sp$ 혼성 탄소에 결합한 수소의 화학적 이동값보다 더 큽니다. 그러나 모든 탄소가 $2sp^2$ 혼성을 하고 있는 벤젠에 있는 수소(양성자)의 화학적 이동값은 다른 C_{2sp^2}−H 양성자의 화학적 이동값보다 훨씬 커서 7.3 ppm에 해당합니다.

벤젠 수소의 화학적 이동값이 더 큰 이유는 벤젠 고리에 콘쥬게이션된 파이(π) 전자들 때문입니다. 이 고리의 여섯 개 전자는 자기장 속에서 순환하면서 유도 자기장induced magnetic field인 고리 전류를 일으킵니다. 벤젠 고리의 수소는 자기장의 방향이 외부 자기장의 방향과 같은 방향인 위치에 놓여 있습니다. 즉 벗김 효과를 받아 낮은 장에서

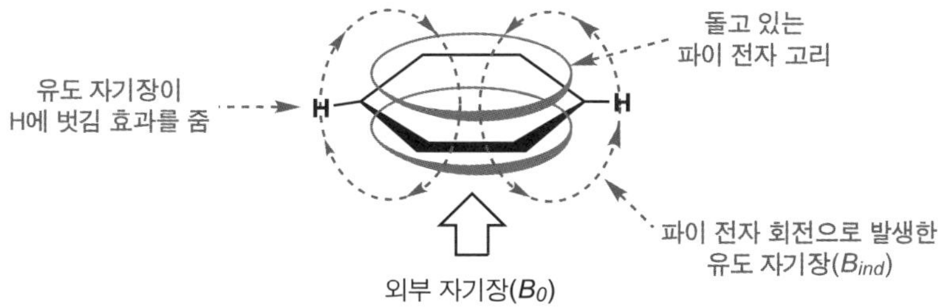

그림 11.13 벤젠에서의 H의 벗김 효과

신호가 나타납니다. 치환기가 없는 벤젠의 양성자 신호는 단 하나만 나타나죠.

NMR 스펙트럼의 피크는 단일선singlet으로 나타나기도 하고, 이중선doublet 또는 그 이상의 선들로 이루어진 다중선multiplet으로 나타나기도 합니다. 이런 현상은 이웃한 탄소에 존재하는 수소들 때문입니다. 이와 같은 피크의 갈라짐은 흡수를 일으키는 양성자(관찰 대상)에 이웃한 양성자에 의해 발생합니다. 이웃한 양성자는 두 방향의 다른 스핀을 가지므로, 관찰 대상인 양성자의 피크를 둘로 갈라지게 합니다. 이 현상을 스핀–스핀 갈라짐spin–spin splitting이라고 하죠.

스핀–스핀 갈라짐은 어떻게 가능할까요? 양성자가 외부 자기장에 놓이면 작은 자석처럼 거동합니다. 따라서 외부 자기장과 같은 방향이거나 반대 방향으로 정렬합니다. 이런 다른 정렬 상태는 인접한 양성자도 다르게 느끼죠. 그 결과로 피크가 갈라집니다. 이런 스핀–스핀 갈라짐은 같은 탄소 또는 인접해 있는 탄소에 결합된 양성자의 화학적 환경이 다를 때만 나타납니다. 만일 이웃한 탄소에 동등하지 않은 양성자 수가 n개 있으면 n +1개의 피크로 나타납니다. 물론 화합물에 따라 매우 다양한 스핀-스핀 갈라짐 현상이 관찰되지만, 화학자들은 스핀-스핀 갈라짐 자료를 분석하여 분자의 C-H 골격을 예측합니다.

한편 ^{13}C NMR 분광법 역시 유기 분자 구조를 결정하는 데 유용한 수단입니다. ^{13}C NMR 분광법에서는 ^{13}C을 이용하며, 물리적 기초 이온은 ^{1}H NMR 분광법과 동일합니다. ^{1}H NMR과 마찬가지로 TMS를 기준 물질로 사용하여 피크를 그립니다.

자연에 존재하는 ^{13}C은 단지 1.1% 정도이므로 ^{1}H NMR 신호에 비해 매우 약하지만, 오늘날에는 기계적 도구와 수학적 도구를 이용하여 신호의 감도를 증가시키고 잡음 신호도 감소시켜 깨끗한 그래프를 만들어냅니다.

^{13}C NMR은 피크가 갈라지지 않으므로, 각기 다른 종류의 탄소는 각기 하나의 피크로 나타납니다. 이유는 ^{13}C의 존재 비율이 낮아서 이웃한 두 탄소가 모두 ^{13}C일 확률이 매우 낮기 때문입니다. 물론 ^{13}C NMR 피크도 이웃한 양성자에 의해 피이크가 갈라질 수는 있지만, 기기적으로 $^{13}C-^{1}H$ 상호작용을 제거하여 단순한 스펙트럼을 만듭니다.

^{13}C 스펙트럼에서 나타나는 신호는 분자 내에 존재하는 화학적 환경이 다른 탄소 수에 해당합니다. 예를 들어 CH_3OCH_3의 ^{13}C NMR 스펙트럼에서는 단 하나의 피크만 나타납니다. 그러나 CH_3CH_2Cl의 경우는 두 개의 피크가 나타납니다. 즉 CH_3OCH_3의 두 탄소는 화학적 환경이 동일하며, CH_3CH_2Cl의 두 탄소는 화학적 환경이 다릅니다.

NMR에서 각 흡수 신호의 상대적인 값을 예측할 수 있습니다. 뿐

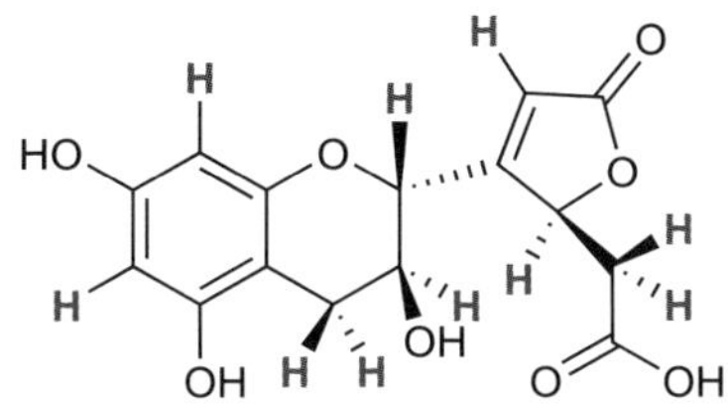

그림 11.14 비니페론의 구조

만 아니라 양성자의 종류에 대한 대략적인 화학적 이동값도 예측할 수 있어 유기화학에서 유용합니다.

NMR 기법은 복잡한 천연물 구조 결정 등에도 유용하게 이용됩니다. 하나의 예로 포도씨에서 분리된 비니페론viniferone은 15개의 탄소로 구성된 천연물입니다. 이 물질의 특성 규명에 NMR이 이용되었습니다. 이 물질은 3개의 고리와 곁 가지에 다양한 배열의 H를 가지고 있습니다. 이들의 배열은 ^{13}C NMR 및 ^{1}H NMR 방법을 활용하여 확립되었습니다. 이 물질은 라디칼과 산화성 스트레스에 활성이 높은 물질로 알려져 있습니다.

또 다른 예로 작용기가 다양하고 복잡한 구조를 이루고 있는 프로스타글란딘(PG)(제9강 242쪽 참고) 구조도 ^{13}C NMR 및 ^{1}H NMR 기법으로 빠르게 확인할 수 있습니다.

오늘날 진료에 사용되는 자기 영상 공명법magnetic resonance imaging, MRI의 기본 원리도 NMR과 같습니다. 살아 있는 조직에서는 수많은 양성자(특히 H_2O)가 다양한 농도와 환경에 존재하기 때문에 이러한 공명 영상을 찍을 수 있습니다.

인체에 자기장을 쪼이면 양성자가 높은 에너지의 스핀 상태로 들뜬 다음, 다시 낮은 에너지 스핀 상태로 내려오게 되죠. 이때 발생하는 자료를 컴퓨터로 분석하여 몸 안의 양성자 밀도를 얻어냅니다. MRI 기기는 몸속의 연조직을 들여다보는 데 특히 유용합니다. MRI는 어떤 방향으로도 내부 단면을 기록할 수 있고, 뼈나 두개골로 가려진 연조직의 내부도 들여다볼 수 있습니다. 2003년 노벨 생리 의학상은 MRI의 개발자인 폴 라우터버Paul C. Lauterbur와 피터 맨스필드Peter Mansfield에게 주어졌습니다. MRI는 에너지가 낮은 라디오파를 이용하므로 X-선을 이용하는 방법보다 더 안전합니다.

질량 분석기로 분자량을 알 수 있다

분자의 질량을 알아 내는 것은 매우 중요합니다. 화학이 정량 과학이기 때문입니다. 그러나 하나의 분자를 계량할 수 있는 저울은 없습니다. 과학자들은 분자 질량을 알아내는 매우 정확한 다른 방법을 찾아 냈습니다. 이는 중성인 분자를 이온화시켜 질량을 알아내는 방법입니다. 이 방법을 이용한 기기가 곧 질량 분석기입니다.

질량 분석기는 순수한 중성 시료 분자에 전자 빛살을 쪼여 분해되는 이온 조각의 질량을 측정하여 얻은 자료로 분자량을 결정합니다. 이 때 사용되는 전자 빛살electron beam은 대략 70 전자 볼트(eV), 즉 6,700 kJ/mol 정도입니다. 이 높은 에너지의 전자 빛살이 분자에 쪼여지면, 분자는 양이온 라디칼($M^{+\cdot}$)이 되고, 이후에 여러 토막으로 분해되죠.

분해된 조각 중에서 일부는 양이온을 띠고, 일부는 중성 조각입니다. 형성된 양이온들은 주어진 조건에서 더 안정한 조각으로 연속해서 분해됩니다. 이 과정을 토막 내기fragmentation라고 합니다. 이 조각들을 강한 자기장을 띠는 굽은 관 속으로 통과시킵니다. 강한 자기장을 통과하는 입자들은 질량/전하(m/z)의 비에 따라 각기 다른 경로

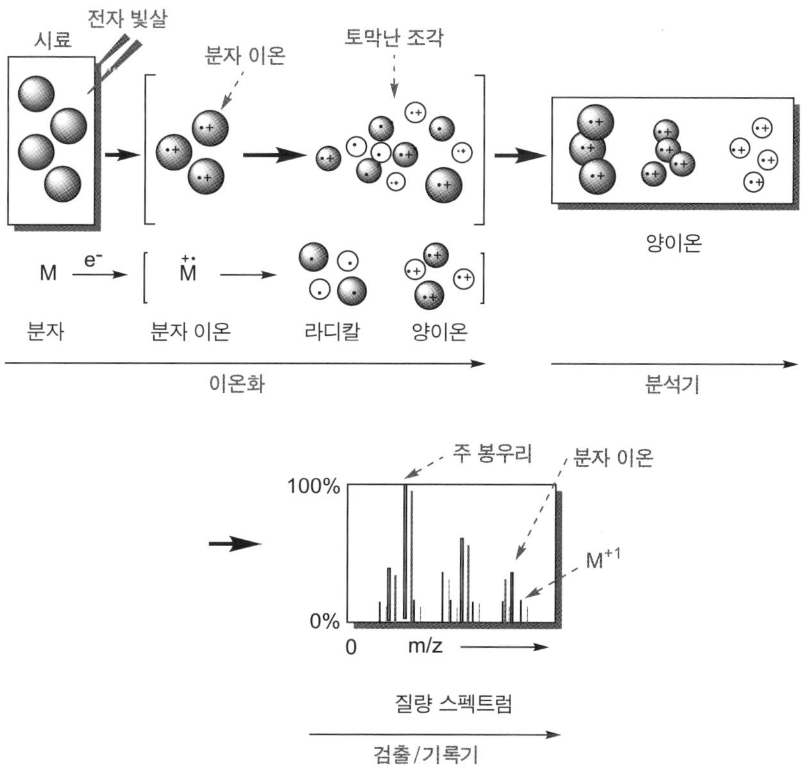

그림 11.15 질량 분석기의 원리

로 휘어집니다. 중성 조각들은 휘어지지 않고 관 벽에서 소멸됩니다. 그러나 전하를 띠는 조각들은 검출기에서 분류되어 질량/전하의 비에 따라 기록지에 봉우리(피크)로 기록됩니다. 이렇게 나타난 그림을 질량 스펙트럼mass spectrum이라고 하죠.

질량 분석기에서 생성되는 이온의 전하는 '1'이므로, 각 이온의 질량/전하 비(m/z)는 곧 해당 이온의 질량에 해당합니다. 분자에서 하나의 전자가 상실되어 이온이 되었으므로, 이 이온의 질량을 곧 분자량으로 인정하는 겁니다. 전자 한 개의 질량은 $9.1093837 \times 10^{-31}$ kg이며 양성자보다 1836배나 작다는 것을 상기하세요. 분자에서 전자 하나를 상실하고 생성된 라디칼 이온 종을 분자 이온molecular ion(M^{+}.)이라고 합니다.

질량 스펙트럼은 봉우리들이 뭉쳐서 나타납니다. 질량 차이가 크지 않은 조각들과 동위 원소 때문이죠. 따라서 분자량보다 질량이 1, 2 또는 4씩 더 큰 봉우리도 나타납니다. 분자 이온보다 질량이 1만큼 더 큰 봉우리를 M+1, 2 만큼 더 큰 봉우리는 M+2 봉우리라고 부릅니다. 따라서 이들 봉우리를 해석하면 동위 원소 비율도 알 수 있습니다.

질량 스펙트럼에서는 질량/전하(m/z)를 가로 축(x축)에, 해당 이온의 존재 비는 세로 축(y축)에 막대 그래프로 나타냅니다. 가장 큰 봉우리를 주 봉우리base peak라고 하며, 이 봉우리의 세기를 100%로 하여 다른 봉우리들의 크기를 비율로 나타냅니다. 주 봉우리에 해당하는 이온이 주어진 조건에서 가장 안정하므로 가장 많이 존재합니다.

질량 스펙트럼에서 토막 내기 과정은 매우 복잡하지만, 이 자료를 분석하고 조립하면 다양한 분자 정보를 얻을 수 있습니다. 확인되는 작은 질량의 물질(분자 조각)들을 조합하면 본래 분자의 구조도 예측할 수 있습니다. 마치 기성품 옷을 모두 풀어서 다시 재단하고, 조립하여 같은 모양의 다른 옷을 만드는 것과 같습니다.

1980년대 이전에 질량 스펙트럼을 얻을 수 있는 물질은 분자량이 대체로 800 이하이면서 끓는점이 낮아 쉽게 기체화할 수 있는 것들이었습니다. 최근에는 단백질이나 탄수화물 같은 거대한 생체 분자들의 분자량도 측정할 수 있습니다. 이는 단백질이나 탄수화물들을 분해되지 않은 체로 분자 이온을 만드는 기술(전기 분무 이온화법electrospray ionization, ESI)의 발전으로 가능해졌습니다. 미국 예일 대학의 존 펜John Fenn 박사는 이 기술을 개발한 공로로 노벨상(2002년)을 수상했습니다.

질량 분석기의 급속한 발전으로 소수점 아래 네 자리까지 측정할 수 있는 고분해능 질량 분석기와 기체 크로마토그래피gas chromatography, GC 기기가 조합된 질량 분석기(GC-MS)들이 개발되어 여러 분야에서 다양하게 활용되고 있습니다.

크로마토그래피 기능은 혼합물을 순수한 성분들로 분리할 수 있습니다. 따라서 혼합물 시료를 사용하더라도 섞여 있는 각 물질의 질량 스펙트럼을 얻을 수 있어 유용합니다.

분자량으로 화합물을 확인하는 기술이 발전하면서 이온 이동성 분석기 같은 보안 장비가 개발되었습니다. 오늘날 많은 공항에서는 이 장비를 이용하여 폭발물, 독성물질, 마약, 화학 전쟁 물질 등의 검출에 이용합니다. 뿐만 아니라 국제 스포츠 경기에서 금지 약물을 검출하는 데에도 활용됩니다.

전자레인지도 분광학을 응용한 기기이다

우리가 가정에서 자주 사용하는 전자레인지는 양자역학과 분광학을 응용한 기기입니다. 전자레인지의 원리를 들여다보면서, 화학적 원리들이 실생활 곳곳에 녹아 있다는 것을 알게 될 것입니다.

지금까지 우리는 분자들의 회전과 운동이 오직 특정한 에너지에서만 가능하다는 것을 배웠습니다. 분자들이 특정 영역의 마이크로파를 흡수하면 회전 전이 상태가 됩니다. 흡수되는 마이크로파의 에너지는 분자의 특성에 의존하며, 상당 부분은 영구 쌍극자 모멘트의 존재에 좌우됩니다. 전자레인지에서는 물 분자를 활용합니다. 대부분의 식품은 물을 가장 많이 함유하고 있기 때문이죠.

물(H−O−H) 분자는 강한 쌍극자 모멘트를 가지고 있어 아주 효율적으로 마이크로파를 흡수하죠. 예를 들어 찬 음식을 레인지에 넣고 마이크로파를 조사하면 음식물 안에 있는 물 분자가 마이크로파를 흡수하여 빠르게 회전합니다. 이때 이웃한 분자들이 서로 충돌하면서 회전 에너지가 열(또는 병진 운동 에너지)로 전환되어 음식의 온도를 빠른 속도로 올립니다. 이런 과정은 오직 물 분자가 있을 때만 일어납니다. 이처럼 전파로 음식물을 가열하는 원리를 유전 가열dielectric heating 방식이라고 하죠.

물 분자가 가장 잘 흡수하는 파의 영역은 9,000 MHz대이지만, 이 영역의 파를 쪼이면 음식물 표면의 물 분자가 에너지를 모두 흡수하여 음식물 표면만 타고 속까지 데워지지는 않습니다. 따라서 가정용

전자레인지에서는 음식물 속에 있는 물 분자까지 전자파가 전달되도록 2,400~2,500 MHz 정도의 빛을 쪼여줍니다.

가정에서 전자레인지로 음식물을 조리할 때는 전자파가 통과할 수 있는 유리나 도자기 같은 용기를 사용해야 합니다. 편의점에서 쉽게 살 수 있는 전자레인지 조리용 포장 음식들은 내열 처리가 된 플라스틱 용기로 포장되어 있어 사용할 수 있죠. 이런 즉석 식품은 포장제를 제거하지 않은 채로 레인지에서 가열합니다. 포장 용기는 뜨거워지지 않으면서 음식물만 데워지므로 매우 편리하죠. 플라스틱 분자는 긴 폴리머 사슬로 되어 있어 전자레인지의 에너지로는 회전할 수 없어 가열되지 않습니다. 그렇다고 모든 플라스틱 용기를 사용해도 되는 것은 아닙니다. 내열 처리가 되지 않은 플라스틱 용기는 사용할 때 용기의 변형이 일어날 수 있으므로 주의해야 합니다.

한편 전자 레인지에 알루미늄 같은 금속제를 넣고 가동하면 스파크가 일어나 위험합니다. 왜 그럴까요? 금속에서는 분자의 회전 들뜸 외에도 전자 들뜸도 일어나기 때문입니다. 전자레인지 안과 같은 환경에서 스파크가 일어나면 고장의 원인이 되므로 금속을 전자레인지에 돌리지 않도록 각별한 주의가 필요하다고 하겠습니다.

찾아보기

ㅇ

ㅈ

참고 문헌

1. Organic Chemistry, 8th ed., J. E. McMurry, 2012, Cengage Learning
2. Organic Chemistry, 4th ed., J. G. Smith, 2014, Chaosbook
3. Organic Chemistry, 6th ed., P. Vollhrdt and N. Schore, 2011, W. H. Freeman & Company
4. Organic Chemistry, 9th ed., F. A. Carey & R. M. Giuliano, 2013, McGraw Hill
5. Spectroscopy, 2nd ed., D. L. Pavia, et al., 1996, Saunders Golden Sunburst Series, Harcourt Brace College Publishers
6. 이공학도를 위한 핵심 유기화학, 윤용진, 2015, 자유아카데미
7. 생명과학도를 위한 Yoon's 유기화학, 윤용진, 윤효재, 2016, 자유아카데미
8. 한 권으로 끝내는 유기화학 기초 연습, 윤용진, 윤효재, 2020, 자유아카데미
9. Principle of Chemistry: The molecular Science, J. W. Moore et al., 2010, Brooks/Cole Cengare Learning
10. Chemistry: Core concepts, 1st ed., A. Bridgeman, et al., 2016, John Wiley & Sons
11. Chemistry: The Centural Science, T. L. Brown, et al., 2019, Pearson

유기화학 입문자들에게 들려주는

도란도란 탄소 이야기

저　　자 윤용진
발 행 인 김지영
발 행 처 자유아카데미
주　　소 경기도 파주시 회동길 37-42
파주출판도시
전　　화 031-955-1321
팩　　스 031-955-1322
홈페이지 www.freeaca.com
전자우편 main@freeaca.com(대표)
editor@freeaca.com(편집)
crm@freeaca.com(영업)
등　　록 제406-2003-017호, 1980. 7. 12
제1판1쇄 2022년 10월 19일 발행

ISBN 979-11-5808-380-9 93430